실험으로 원리를 익히는

항공 · 전기전자회로실험

오상광, 박윤명, 김정래, 송병호, 신동호

도서출판 진 영 사

항공 · 전기전자회로실험

오상광, 박윤명, 김정래, 송병호, 신동호

2014년 02월 24일 초판 인쇄
2015년 10월 27일 개정판 발행
2020년 03월 11일 개정2판 발행

발행인 박 진 영
발행처 도서출판 진영사
인천광역시 부평구 갈산동 185번지 풍진빌딩 303호
전화 : 032)505-4207
팩스 : 032)505-4206
E-mail : 0183734207@hanmail.net
등록 : 122-91-77317

ISBN 978-89-6541-164-2 93550
값 20,000원

머 리 말

공학은 반복을 요하는 학문이다. 공학에서 어떤 한 문제의 해결하고자 할 때, 그 문제와 관련된 실험은 해당 시스템의 장단점을 파악하여, 이로부터 더 좋은 방법을 찾아낼 수 있고 더욱 좋은 제품을 제작하기 위해 반드시 필요한 분야이다. 따라서 공학실험은 이론과 실제의 열쇠고리로서 반복을 통해 익히는 것이 필요하다. 아무리 훌륭한 이론이라도 이를 증명하고 뒷받침하는 실험이 없다면 아무런 소용이 없다. 이러한 의미에서 실험은 공학을 비롯한 자연과학에서 필수적인 것이라 할 수 있다.

이 교재는 모든 공학에 필요한 기본적인 전기전자분야 실험실습을 다루고 있으며 실험을 통해 이론적인 증명이 서로서로 연결되도록 하여, 상호 관련된 내용을 몸으로 익히도록 유도하고 있다. 많은 수의 교재들이 출판되어 있으나 초심자들을 배려하지 못하고 미리 어느 정도의 실력을 갖춘 것으로 생각하여 집필한 서적도 많이 있으며 또는 부분적으로 설명이 미흡하여 이해하기 애매한 면 등이 있어 왔다. 이 교재는 실험에 익숙하지 못한 학생들이 어떻게 할지를 몰라 실험진행을 주저하는 것에 초점을 맞추어 활용할 수 있도록 했다. 각 단원마다 "왜?"라는 문제를 제기하고 여러 해 동안 학생들의 대한 경험을 파악하여 각 장마다 연결성을 유지하면서 효과적인 학습이 되도록 최선을 다하고자 했다. 각 장의 실험은 학생들의 수준 및 담당교수의 재량에 따라 수행할 수도 있다. 전기전자분야, 신소재 및 재료분야 그리고 군수장비분야에 활용되는 부품특성들을 평가하는 기초지식으로 활용될 수 있도록 기본이론, 장비사용법, 저항회로, 리엑턴스 회로, 3상회로 및 각종 반도체회로 순으로 배치하였으며 이를 바탕으로 릴레이와 트랜지스터를 활용한 조명제어, 화재감지, 경고회로 등에 활용할 수 있도록 구성하였다. 증폭회로분야는 기초단계를 벗어나므로 해당 공학분야에서 연산증폭기를 학습하길 추천한다.

이 교재의 실험내용은 반드시 알아야 하는 내용을 단계적으로 익히고, 이를 바탕으로 예비문제를 해결하도록 구성되어 있다. 따라서 학생들은 실험을 하기 전에 반드시 예비보고서를 작성하고 익힌 후, 이를 바탕으로 실험을 수행하여 결과보고서를 작성하도록 하였다. 특히 순서대로 실험을 충실히 수행하면 교육내용을 자연스럽게 파악할 수 있도록 하였다. 이 실험교재를 통해 실험한 학생들이 다른 응용회로에 접해서도 관련지식을 더 잘 이해하고 더 나은 학습을 수행하는 데 조금이나마 도움이 되길 바랍니다.

저자 일동

실험내용

실험 1 실험기초지식

실험목적

실험을 수행하는 데 필요한 예비지식을 얻기 위하여 전기 및 전자공학에서 사용하는 전기적인 양의 표시단위, 컬러코드(color code)에 의한 저항값을 읽는 방법 및 실험을 수행하는데 필요한 장비사용법을 익힌다.

기초이론

1. 실험을 위한 예비지식

1〉 실험 방법

실험이란 학문적 이론을 실제적으로 증명하거나, 새로운 이론을 만들기 위해 거쳐야 하는 중요한 과정이다. 이 책은 이미 확립되어 있는 전기전자회로의 관련이론을 증명하고 응용력을 향상시키는데 목적이 있으므로 학생들은 실험에 앞서 실험목적을 확실히 알고, 실험방법에 대한 충분한 이해가 있어야만 실험효과를 최대로 얻을 수 있을 것이다.

실험방법에 있어 가장 문제가 되는 것은 각종 계측기의 사용방법과 회로의 구성이다. 대부분의 전기·전자분야에 사용되는 계측기들은 해당 실험과제에만 적합하도록 만들어진 것이 아니고 여러 가지 목적에 사용하도록 다양한 기능을 가지고 있다. 따라서 동일한 목적으로 만들어진 계측기라고 하더라도 제조업체에 따라서는 사용방법이나 외형이 상당히 다를 수 있다. 그러므로 계측기의 기본원리와 각 스위치의 용도를 정확히 익혀 계측기를 다루는데 익숙해지도록 하여야 한다.

또한 이 책에서 이용되는 실험의 회로들은 비교적 간단한 것들이지만 전원을 여러 개 사용하는 경우에는 접지(ground) 문제 등에 세심한 주의를 기울여야 한다.

2) 실험조 편성

모든 일을 혼자서 할 수 없는 것과 마찬가지로 실험 역시 혼자의 힘만으로 완전하게 수행할 수 없다. 또한 실험은 목적이 동일하여도 사람에 따라 다르게 수행될 수 있다. 그러나 여러 사람이 함께 수행하면 좀 더 나은 방법을 찾을 수 있다. 즉, 실험은 여러 사람이 함께 참여함으로써 항상 쉽고 새로운 방법이 찾아지는 것이므로 쉬운 것이라도 여러 사람이 참여할 수 있도록 하는 것이 바람직하다.

이 책의 실험을 수행하는 데는 3~5명 정도가 한 조를 이루게 되는데, 여러 사람이 수행하는 실험은 작은 일이라도 서로 분담함으로써 쉽게 처리할 수 있으며, 항상 함께 관찰하고 연구하여야만 실험을 능률적으로 수행할 수 있고 좋은 결과를 얻을 수 있는 것이다. 실험조에 몇 명이 편성되든지 구경만 하는 사람은 없도록 하여야 하며, 실험이 완료된 후에는 조원들끼리 실험결과에 대하여 토의를 하는 것이 바람직하다.

3) 실험보고서

실험보고서는 예비보고서와 결과보고서로 나눌 수 있는데, 예비보고서는 수행할 실험에 대한 관련 이론과 실험방법 들을 이해하기 위한 것이다. 또한 결과보고서는 측정된 데이터를 기록하고, 실험 결과를 토대로 이론에 대한 증명이나 문제점을 제시하고 나아가서 실험조원들 사이의 토의사항까지 기록하는 것이 그 실험을 충분히 이해하는데 도움이 된다.

2. 기호 및 단위

일반적으로 전기·전자공학에서 전기적인 양의 표시 단위는 주로 길이를 나타내는 미터(meter), 질량을 나타내는 킬로그램(kilogram), 시간을 나타내는 초(second)를 기본으로 MKS 단위계에 필요한 이차적인 단위를 부가하여 [표 1-1]과 같이 사용하고 있다. 또한 숫자의 배수를 나타내는 표준 접두기호는 [표 1-2]와 같다.

[표 1-1] 주요 단위 및 기호

Quantity	Symbol	Unit		Quantity	Symbol	Unit	
전 하	Q	[C]	coulomb	전 력	P	[W]	watt
전 류	I	[A]	ampere	에 너 지	W	[J]	joule
전 압	V	[V]	volt	정전용량	C	[F]	farad
저 항	R	[Ω]	ohm	인덕턴스	L	[H]	henry
컨덕턴스	G	[S]	simens	주 파 수		[Hz]	hertz

[표 1-2] 표준 접두기호

Metric Prefix	Metric Symbol	Power of Ten	Value
tera	T		one trillion
giga	G		one billion
mega	M		one million
kilo	k		one thousand
milli	m		one-thousandth
micro	μ		one-millionth
nano	n		one-billionth
pico	p		one-trillionth

3. 저항의 색 표시법

전기회로에서 가장 많이 사용되는 소자 가운데 하나인 저항의 크기를 나타내는 데는 컬러코드(color code) 방법을 사용하고 있다. 컬러코드표시는 원래 미국의 EIA(Electronic Industrial Association: 전자산업협회)에서 고안한 것으로서 매우 편리하기 때문에 세계적으로 사용하게 되었다.

저항의 물리적인 크기는 그 저항이 열 형태로 소모할 수 있는 전력량과 관계가 있다. 즉 저항에 전류가 흐르면 열이 발생한다. 단위시간당 소모되는 열의 양은 와트(watt)로 측정되며, 각 저항은 그 자체의 정격전력을 가진다. 이 전력정격(power rating)은 저항을 연속적으로 안전하게 다룰 수 있는 최대전력이며 저항의 물리적인 크기가 클수록 많은 열을 소모할 수 있다.

고정저항의 크기를 컬러코드로 나타내는 방법을 [그림 1-1]과 [표 1-3]에 나타내었으며, 4개의 컬러코드를 갖는 저항은 ±5% 이내의 오차를 갖는 일반 용도의 저항이며, 5개의 컬러코드를 갖는 저항은 ±2% 이내의 오차를 갖는 정밀저항이다.

예를 들어, 5%의 허용오차란 실제저항값이 색띠로 표현된 저항값의 ±5% 이내임을 의미한다. 따라서 100Ω의 저항은 낮게는 95Ω에서 높게는 105Ω사이의 저항값을 가질 수 있다.

일반저항

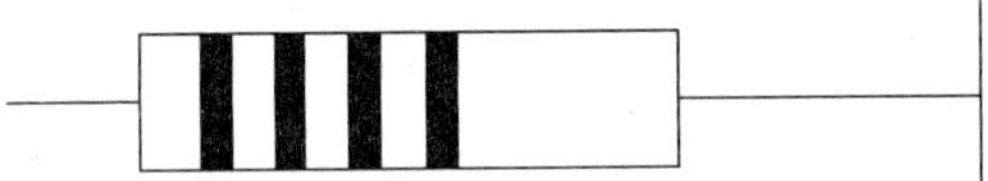

(1)(2)(3)(4)

(1) 1st band
(2) 2nd band
(3) 3rd band : multiplier
(4) 4th band : percent tolerance
- Gold : ±5[%]
- Silver : ±10[%]
- None : ±20[%]

Reading : (1)(2)×10(3)±(4)

정밀저항

(1)(2)(3)(4)(5)

(1) 1st band
(2) 2nd band
(3) 3rd band
(4) 4th band : multiplier
(5) 5th band : percent tolerance
- Brown : ±1[%]
- Red : ±2[%]

Reading : (1)(2)(3)×10(4)±(5)

[그림 1-1] 일반저항 및 정밀저항의 색 표시 방법

[표 1-3] 색띠 부호가 나타내는 숫자 및 배수

	Color	Digit	Multiplier	Tolerance
Resistance Value : First three bands	Black	0		–
	Brown	1		–
	Red	2		–
	Orange	3		–
	Yellow	4		–
	Green	5		–
	Blue	6		–
	Violet	7		–
	Gray	8		–
	White	9		–
	Gold	–		–
	Silver	–		–
Tolerance : 4th band	Gold	–	–	±5[%]
	Silver	–	–	±10[%]
	No band	–	–	±20[%]

Examples

1> | Gray | Red | Brown | Silver | $\Rightarrow$ R: $82 \times 10^1 [\Omega] = 820\Omega$

허용오차가 10%이므로 $\pm 82[\Omega]$

따라서 저항의 범위는 $820[\Omega] - 82[\Omega] \le R \le 820[\Omega] + 82[\Omega]$이다.

2> | Red | Red | Green | Gold | $\Rightarrow$ R: $22 \times 10^5 [\Omega] = 2.2[M\Omega]$

허용오차가 5%이므로 $\pm 0.11[M\Omega]$

따라서 저항의 범위는 $2.2[M\Omega] - 0.11[M\Omega] \le R \le 2.2[M\Omega] + 0.11[M\Omega]$이다.

3. 실험장비명

1) 직류 전원공급기 (DC power supply)

직류전원공급기는 회로에 필요한 정전압 및 정전류값을 가변시켜 사용할 수 있다.

- 전원스위치 / 접지단자
- 전압조절단자 / 전류조절단자
- 전압 및 전류값 디스플레이
- CV LED: 정전압임을 나타내고 녹색 빛을 낸다. 회로가 정상적인 구성이 되었음을 나타낸다.
- CC LED: 정전류를 표시하며 적색으로 표시만약 적색이 되면 회로가 단락이 일어나 전류가 지나치게 흐르므로 전원을 차단하고 회로를 점검해야 한다.

2) 실험용 기판(Breadboard)

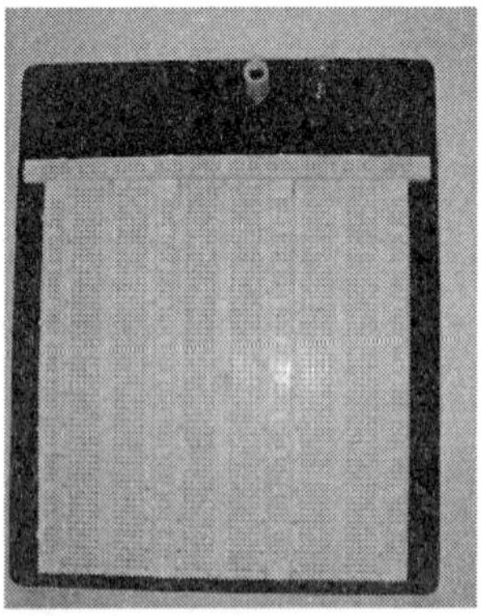

실험용기판은 여러 가지 회로 시험들을 편리하게 수행할 수 있도록 만들어져 있다. 실험에 필요한 여러 가지 부품들을 모두 이 기판 상에 연결하여 각 장의 실험회로를 구성하고 측정할 수 있다.

3) Wire Stripper 및 Long-nosed Plier

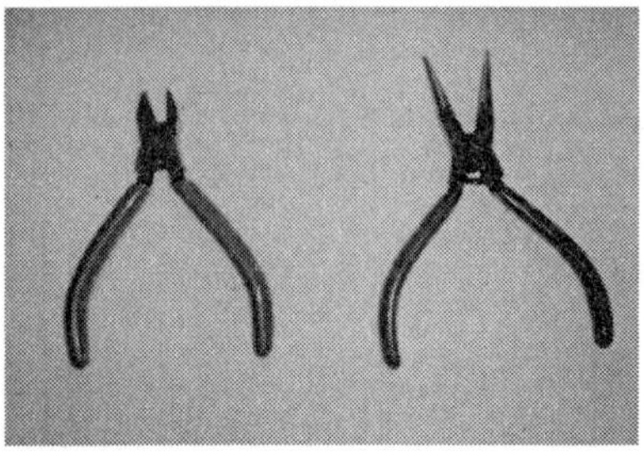

- Wire stripper는 도선을 적당한 길이로 절단하고 절연피복을 제거하는데 사용된다.

- Long-nosed plier는 실험기판에 부품을 연결하고 회로연결을 위해 사용하는 와이어 등의 단자선을 펴고 구부리는데 활용된다.

4〉 멀티미터(Multimeter)

멀티미터는 저항(R), 전류(I) 및 전압(V)을 측정하기 위한 계측기이다.

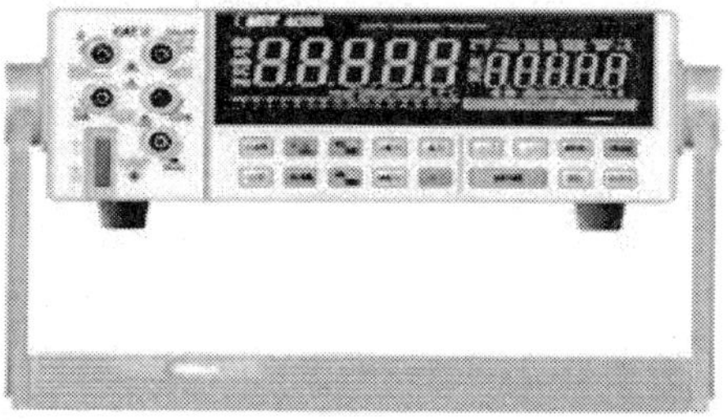
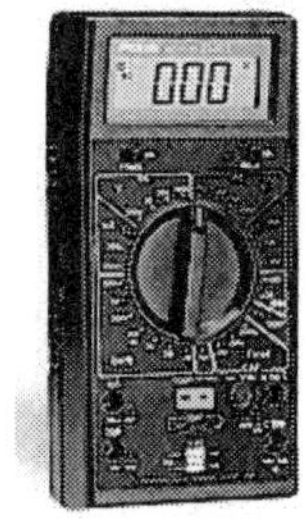

5〉 오실로스코프(Oscilloscope)

각종 측정된 파형을 그래픽으로 나타낸다. 이것의 설명은 10장에 제시한다.

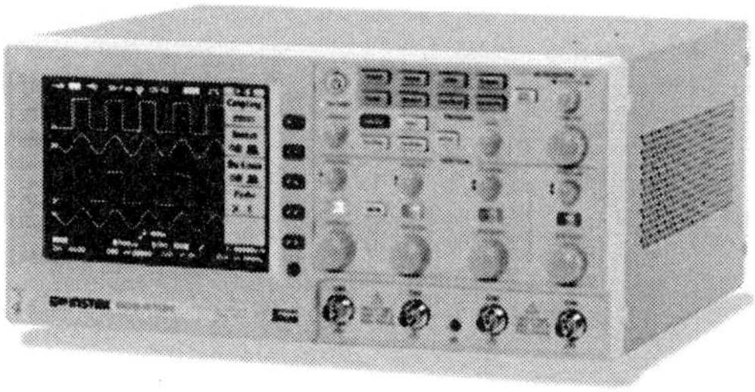
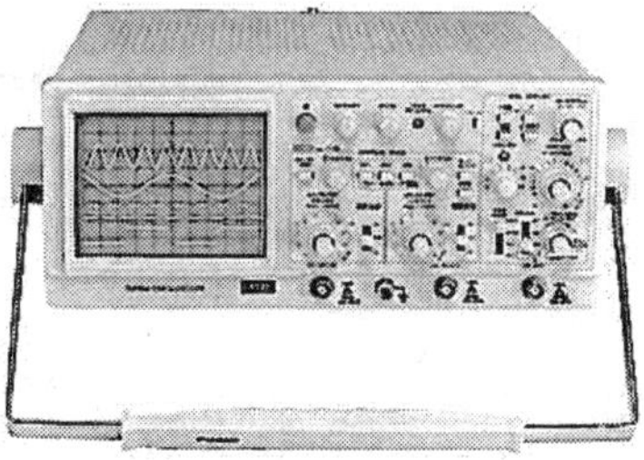

[실험장비 및 부품]

사용장비	품 목	정 격	소요량
Multimeter Breadboard	Resistor	임의의 정격	5개

[예비보고서]

1. 전류(I), 전압(V) 및 저항(R)의 단위는 각각 무엇인가?

2. 저항의 역할은 무엇인가?

3. 전력(power)는 전류(I)와 전압(V)의 곱이다. 기호와 단위는 무엇인가?

4. 전기전자에 사용되는 기본적인 단위 변환을 익히고자 한다. 미터법의 접두기호를 참고하여 아래 표를 단위에 맞게 변환하시오.

10 $[k\Omega]$	$[\Omega]$	10 $[V]$	$[mV]$
1 $[M\Omega]$	$[k\Omega]$	1 $[mV]$	$[\mu V]$
1,000 $[\Omega]$	$[M\Omega]$	1,000 $[\mu V]$	$[V]$
100 $[\mu A]$	$[mA]$	1 $[kHz]$	$[Hz]$
10 $[mA]$	$[\mu A]$	10 $[MHz]$	$[kHz]$

5. 4개의 색띠들을 가지는 일반저항에 대해 각각의 저항값을 구하시오.

	1st	2nd	3rd	4th	Resistance Value	Tolerance ($\pm\Omega$)
1	Brown	Gray	Brown	Gold		
2	Orange	Black	Brown	Gold		
3	Gray	Red	Brown	Silver		
4	Brown	Green	Red	Gold		
5	Yellow	Violet	Red	Silver		
6	Red	Violet	Orange	Gold		
7	Brown	Black	Yellow	Silver		
8	Red	Red	Green	Gold		
9	Blue	Gray	Gold	None		
10	Green	Violet	Brown	None		

[결과보고서]

<table>
<tr><td>실험제목</td><td colspan="5"></td></tr>
<tr><td>실험일자</td><td colspan="3">월 일 (요일)</td><td>담당교수</td><td>㊞</td></tr>
<tr><td>실 험 조</td><td></td><td>학 번</td><td></td><td>성 명</td><td></td></tr>
</table>

1. 각 조별로 임의의 저항(R) 5개에 대해 Color code에 따른 저항값을 구하시오.

	1st	2nd	3rd	4th	Resistance Value	허용오차($\pm\Omega$)
R_1						
R_2						
R_3						
R_4						
R_5						

2. Breadboard 사용법 및 저항배열 기법

[Breadboard 배치도]

그림과 같이 내부에 금속 스트립(strip)이 연결되어 있으므로 회로를 구성하는데 주의하여 연결해야 한다. 잘못 연결하면 엉뚱한 회로를 구성할 수 있다.

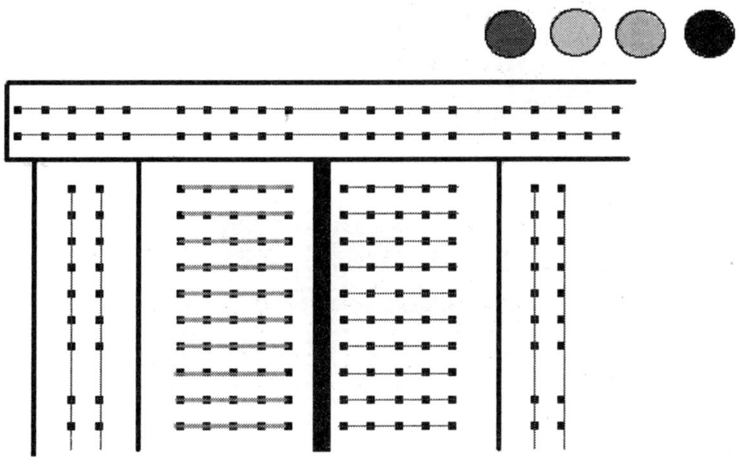

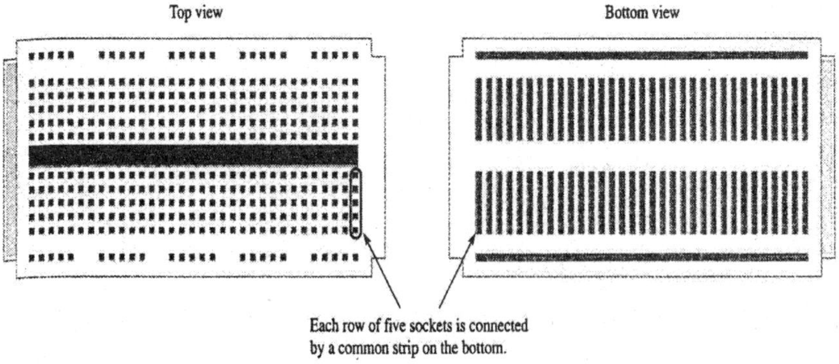
Top view
Bottom view
Each row of five sockets is connected
by a common strip on the bottom.

[회로도]

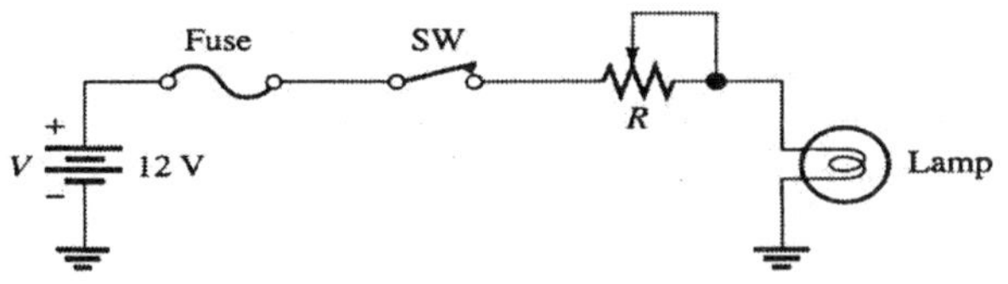
Fuse
SW
R
V
12 V
Lamp

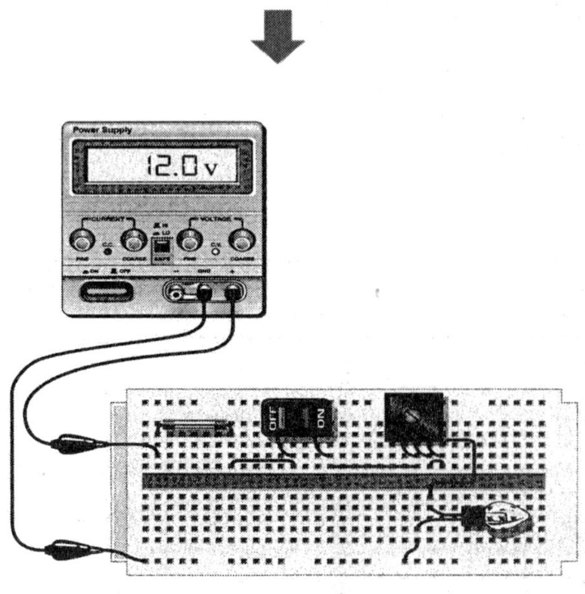
12.0 v
OFF
ON

아래의 회로를 각각 Breadboard에 구현하시오. 각 회로에 대해, 가능한 여러 가지 방법으로 연결하여 나타내시오.

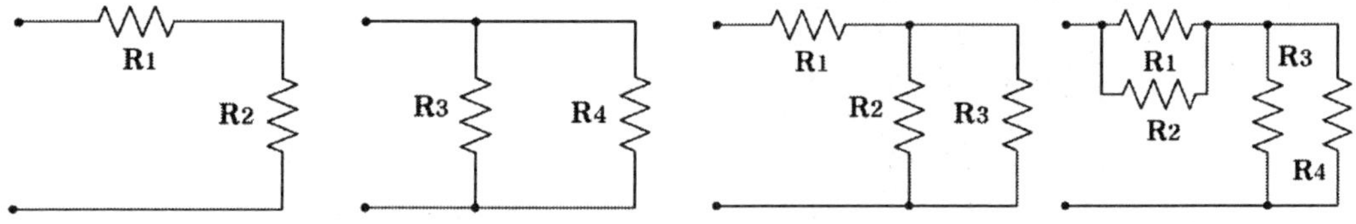

(a) (b) (c) (d)

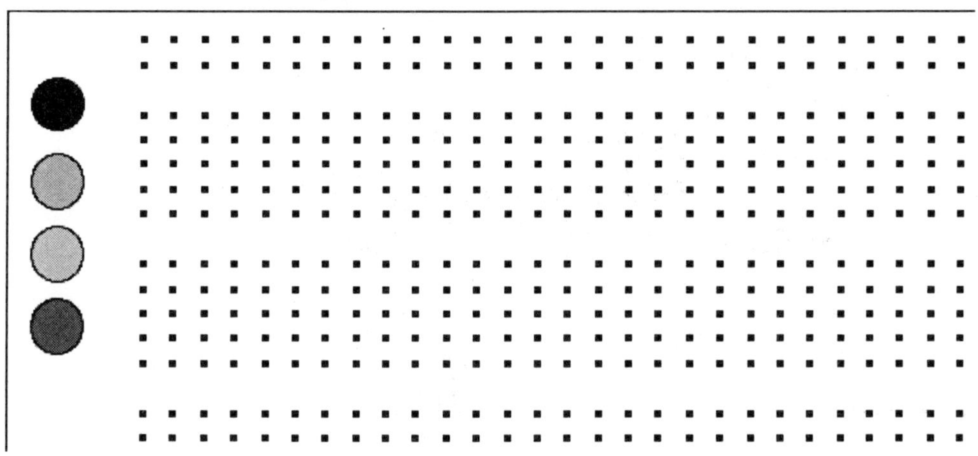

(a) (b)

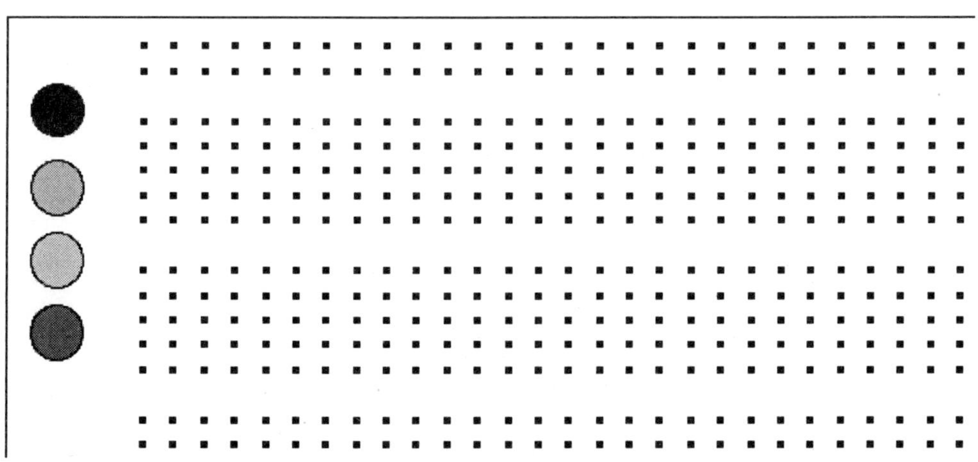

(c) (d)

3. 다음 브레드보드에 구현된 회로를 바탕으로 회로도를 그리시오.

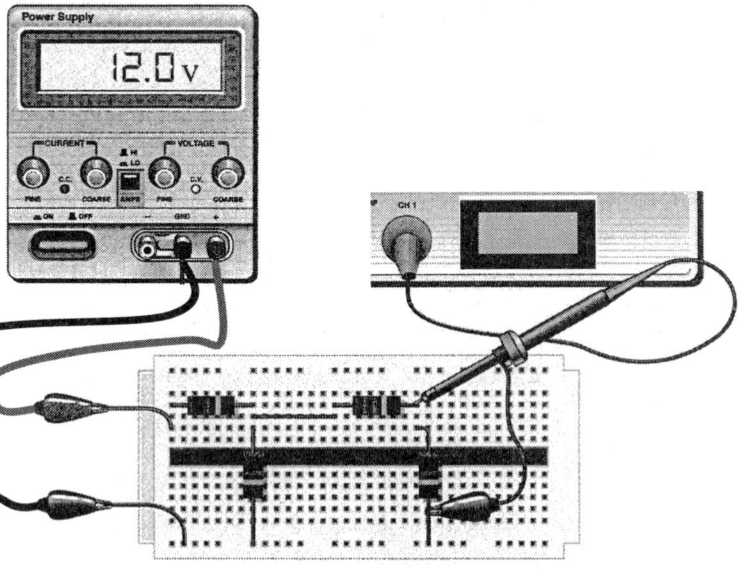

토의사항

1. 왜 저항기에 저항값을 Color code로 표기하는가?

2. 저항에서 색상에 따른 값을 익히고 읽는 방법은?

3. 멀티미터(multimeter)란 무엇을 측정하는 것인가?

4. 브레드보드(breadboard)의 내부 레일연결에 따른 특성을 익히자.

실험 2 저항, 전압 및 전류측정

실험목적

전기전자공학자들은 전압(voltage: V), 전류(current: I) 및 저항(resistance: R)을 측정하는 방법을 모르면 아무것도 할 수 없다. 주어진 회로에서 측정도구인 멀티미터를 이용하여 저항, 전압 및 전류를 측정하는 방법을 익힌다.

기초이론

많은 전기전자실험에서 저항, 전압 및 전류를 측정하여야 한다. 저항은 전기회로에서 전류흐름을 방해하며, 어떤 전기회로에 흐르는 전류의 양은 그 전기회로 내의 저항의 크기에 따라 달라진다. 여기서 저항(R), 전압(V) 및 전류(I)를 측정할 수 있는 이 계측기를 **멀티미터(multimeter)**라고 하며 아날로그(analog)형과 디지털(digital)형이 있다. 측정하고자 하는 항목은 레인지 선택스위치를 이용하여 선택버튼을 누른 후 측정한다. 디지털 멀티미터를 사용하여 전기회로 내의 저항, 전압 및 전류를 측정하는 방법을 익힌다.

1. 저항측정

멀티미터로 저항을 측정하기 위해서는 레인지 선택스위치를 반드시 저항측정 레인지에 둔다. 여기서 멀티미터에서 사용되는 테스트 리드선(test lead)은 일반적으로 적색(red)과 흑색(black)이며, 주로 적색은 양(+)의 극성을 흑색은 음(−)의 극성을 나타낸다. 이러한 색깔구별은 어느 리드선이 멀티미터의 양(+) 또는 음(−)의 극성인가를 확인하는데 도움을 준다. 이것은 직류값을 측정할 때 매우 중요하다.

이제 적색 리드선은 멀티미터의 V,Ω 잭에 끼우고, 흑색 리드선은 −잭(COM)에 끼운다. 우선 선택단자를 저항에 놓고, 두 리드선을 서로 접촉(단락)시켜 값이 0 이 되도록 영점 조정기(zero adjustor)를 조정한다. 멀티미터로 저항을 측정하려면 극성에 관계없이 저항의 양단에 리드선을 접속시켜 저항값을 읽으면 된다. 측정범위 버튼은 계기에 쓰여진 큰 값(20MΩ)에서 작은 값(200Ω)으로 내려오면서 가장 정확한 곳에서 측정하면 된다. 또는 디지털에서는 해당 버튼(저항측정)을 누르면 된다.

만일 전기회로상의 저항을 측정하는 경우에는 그림 2-1과 같이 저항을 회로에서 **완전히 분리**하거나 저항의 **한쪽을 회로에서 분리**하여 측정하여야 한다. 이는 전류가 흐르지 않도록 하기 위함이다. 저항의 양쪽이 모두 회로에 연결된 상태로 측정하는 경우에는 저항에 연결된 주변 회로로 인하여 저항값이 다르게 측정될 수 있기 때문이다.

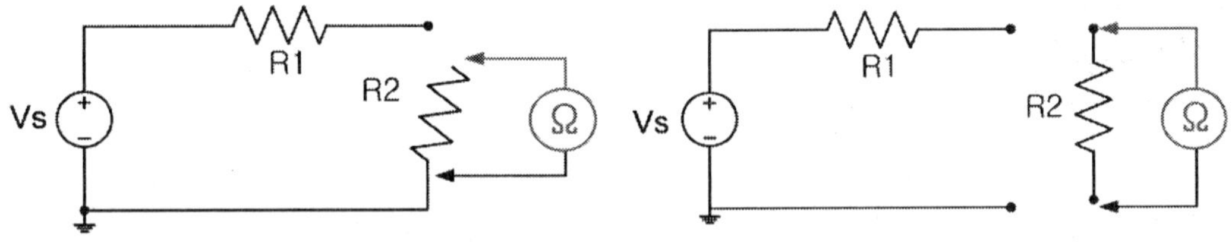

[그림 2-1] 회로에서 저항값 R_2 측정

2. 전압측정

멀티미터로 직류전압을 측정하기 위해서는 레인지 선택스위치를 전압측정 레인지에 둔다. 적색 리드선은 멀티미터의 V,Ω 잭에 끼우고, 흑색 리드선은 −잭(COM)에 끼운다. 이제 전기회로의 특정 단자나 소자의 전압을 측정하려면 그림 2-2와 같이 회로가 완전히 연결된 상태에서 측정하려는 단자나 소자에 멀티미터를 **병렬로 접속**하여 측정한다. 측정치가 양(+)인 경우에는 실제의 전압 극성과 리드선이 나타내는 극성이 동일한 것이며, 측정치가 음(−)인 경우에 실제 전압의 극성은 리드선이 나타내는 극성과 반대이다. 즉 적색의 리드선이 접속된 단자가 음(−)의 극성이며, 흑색의 리드선이 연결된 단자가 양(+)의 극성이다.

저항R_1 양단전압은 어떻게 측정하는가? 통상적으로 저항의 좌측인 전원전압을 측정하고 저항의 우측인 R_2양단전압을 각각 측정한 후, 그 차 $V_{R1} = V_s - V_{R2}$가 R_1 양단전압이 된다. 또한 멀티미터를 전압계(voltmeter)로 사용하는 경우에 측정소자에 병렬로 연결하므로 전압계를 통하여 전류가 흐를 수 있다.

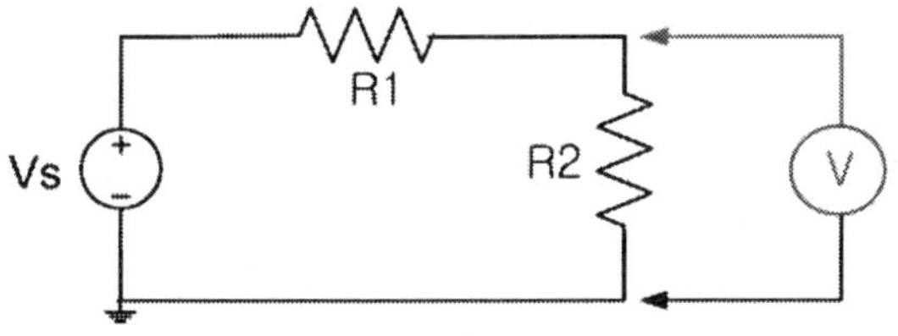

(a) 저항 R_2 양단전압(V_2) 측정

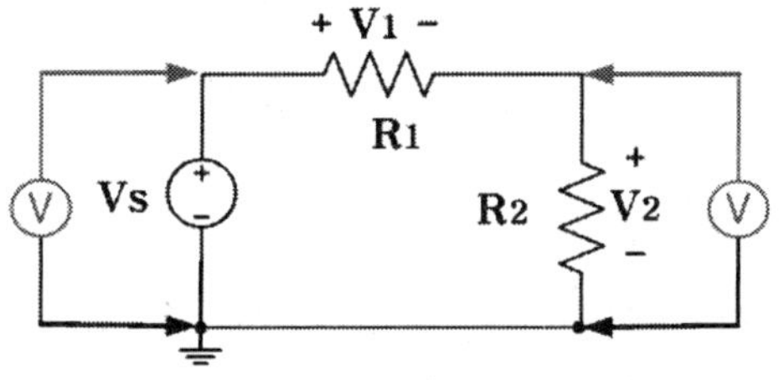

- 전원전압 측정: V_S
- R_2양단전압 측정: V_2

$\therefore R_1$ 양단전압: $V_1 = V_S - V_2$

(b) 접지를 기준하여 저항 R_1양단전압(V_1) 측정

[그림 2-2] 회로에서 R_2양단전압 및 R_1양단전압 측정방법

따라서 회로에서 정확한 전압값을 측정할 수 있도록 전압계의 내부저항(internal resistance)은 가급적 크면 클수록 좋다. 실제로 전압계는 전압계의 내부저항은 상당히 커서 문제가 되지 않지만, 큰 저항의 양단전압을 측정할 경우에는 주의해야 한다. 이를 부하효과라고 부르는데, 이 문제를 해결하기 위해 정밀하게 측정하려면 높은 입력임피던스를 갖는 Oscilloscope를 사용한다.

3. 전류측정

멀티미터로 직류전류를 측정하기 위해서는 먼저 레인지 선택스위치를 전류측정으로 선택한다. 이 때, 적색 리드선은 멀티미터의 ㎃ 잭에 끼우고, 흑색 리드선은 −잭(COM)에 끼운다.

이 책의 실험에서 측정되는 전류의 양은 대부분 [mA]의 범위이므로 적색 리드선을 mA잭에 끼우는 것으로 충분하다. 이제 전기회로에서 특정한 경로의 전류를 측정하려면 그림 2-3과 같이 전류를 측정하려는 경로를 끊고(**open**하고) 멀티미터의 두 리드선을 끊어진 단자에 **직렬로 접속**함으로써 전류가 흐를 수 있도록 폐회로를 구성하여 측정한다. 전류는 양(+)의 단자에서 음(-)의 단자의 방향으로 흐른다.

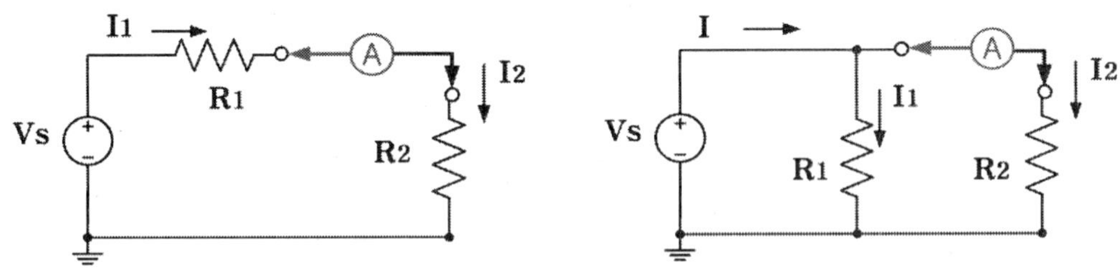

[그림 2-3] 회로에서 R_1 혹은 R_2를 흐르는 전류값 측정

따라서 측정치가 양(+)인 경우에는 실제의 전류가 흐르는 방향과 리드선이 나타내는 방향이 동일한 것이며, 측정치가 음(-)인 경우에는 실제 전류의 방향과 리드선이 나타내는 방향이 반대이다. 즉 실제의 전류는 흑색 리드선에서 적색 리드선 방향으로 흐른다. 또한 멀티미터를 전류계(ammeter)로 사용하는 경우에 직렬로 연결된 전류계로 인하여 실제 흐르는 전류량이 변하지 않아야 하므로 전류계의 내부저항은 가급적 작은 것이 바람직하다. 실제로 전류계의 내부저항은 아주 작다.

4. 접지(ground)

접지라는 용어는 교류전력 배전시에 전력선의 한쪽 끝에 쇠 봉을 연결하여 땅에 묻음으로써 중성화시킨다는 말에서 이름지어졌다. 이런 방식의 접지를 대지접지(earth ground)라고 한다.

전기전자시스템에서는 회로를 둘러싸고 있는 금속샤시(chassis)나 인쇄회로기판(PCB: printed circuit board)의 넓은 도체부분을 기준점으로 사용하며, 이런 접지를 샤시접지(chassis ground) 혹은 회로접지(circuit ground)라고 한다. 회로접지는 대지접지와 연결될 수도 있고 아닐 수도 있다. 대부분의 자동차에서 전지의 음극과 모든 전기회로의 한 쪽은 금속샤시와 연결된다.

접지는 전기회로의 기준점 역할을 하며, 회로의 다른 점과 비교하여 0[V]전압을 가진다. 회로의 모든 접지점은 전기적으로 같은 기능을 하며, 공통점이 된다.

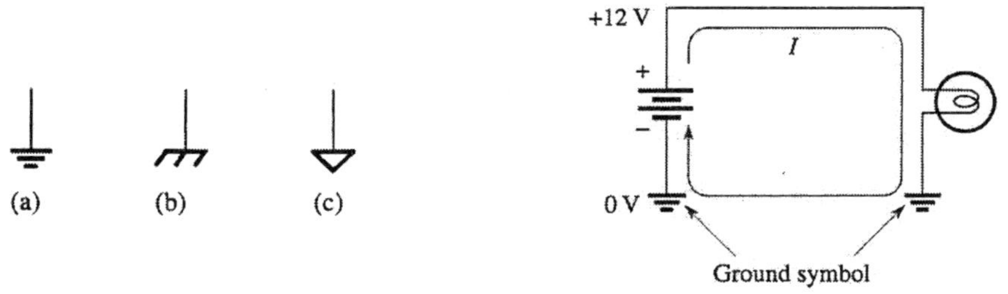

[그림 2-4] 회로에서 접지표시 방법

[실험장비 및 부품]

사용장비	품 목	정 격	소요량
DC Power Supply Multimeter Breadboard	Resistor	R1= 470[Ω] R2= 680[Ω] R3= 820[Ω]	3개

[예비보고서]

전원이 가해진 아래의 직병렬회로에 대해 답하시오.

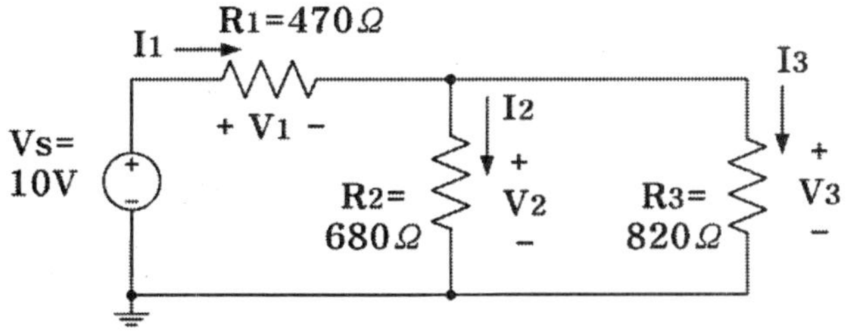

1. 위의 회로를 Breadboard 상에 구성하시오.

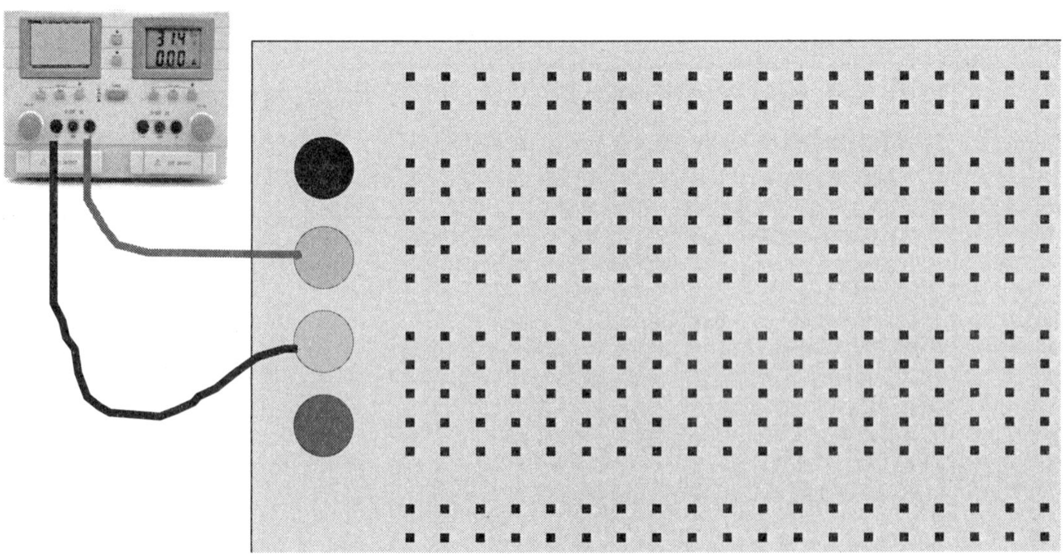

2. 위의 회로에서 R_2 저항값은 어떻게 측정하는가? 회로를 다시 그리고, 저항계의 연결을 그림과 함께 나타내시오.

3. 저항 470Ω에 걸리는 전압값을 측정하고자 한다. 전압계(voltmeter)를 어떻게 연결해야 하는 지를 그려서 나타내시오.

4. 820Ω 저항양단의 전압과 이 저항을 흐르는 전류를 측정하고자 한다. 전압계(voltmeter)와 전류계(ammeter)를 연결하여 그림으로 나타내시오.

[결과보고서]

실험제목					
실험일자	월 일 (요일)		담당교수	㉒	
실 험 조		학 번		성 명	

1. 전원공급기(power supply)와 저항들을 이용하여 아래의 직렬회로를 구성하시오.

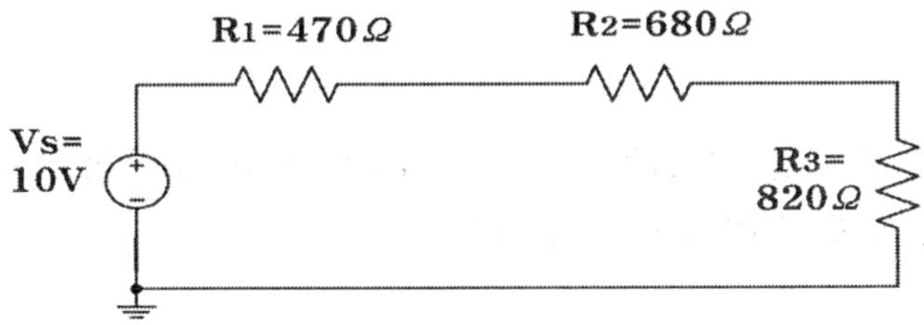

아래에 나타낸 기호를 위의 회로 상에 각각 표기하시오.

- I_1: 저항 R_1을 흐르는 전류
- V_1: 저항 R_1양단에 걸리는 전압
- I_2: 저항 R_2을 흐르는 전류
- V_2: 저항 R_2양단에 걸리는 전압
- I_3: 저항 R_3을 흐르는 전류
- V_3: 저항 R_3양단에 걸리는 전압

위의 내용과 측정법을 참조하여 측정값을 소수 첫째자리까지 구하여 아래의 〈표 1〉에 기록하시오.

〈표 1〉

저항	측정치	전압	측정치	전류	측정치
R_1		V_1		I_1	
R_2		V_2		I_2	
R_3		V_3		I_3	

- I_1, I_2 및 I_3 전류값을 비교하시오.

2. 저항들을 이용하여 아래의 회로를 구성하고 물음에 답하시오.

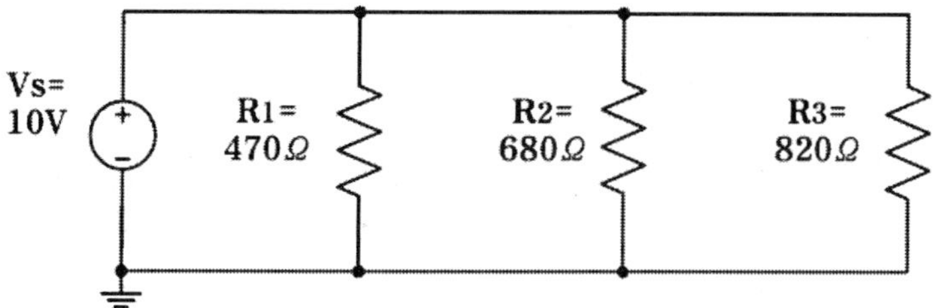

측정값에 맞게 아래에 나타낸 기호를 위 회로상에 표기하시오.

- I_1: 저항 R_1을 흐르는 전류
- V_1: 저항 R_1양단에 걸리는 전압
- I_2: 저항 R_2을 흐르는 전류
- V_2: 저항 R_2양단에 걸리는 전압
- I_3: 저항 R_3을 흐르는 전류
- V_3: 저항 R_3양단에 걸리는 전압

위의 내용과 측정법을 참조하여 측정값을 소수 첫째자리까지 구하여 아래의 〈표 2〉에 기록하시오.

〈표 2〉

저항	측정치	전압	측정치	전류	측정치
R_1		V_1		I_1	
R_2		V_2		I_2	
R_3		V_3		I_3	

- V_1, V_2 및 V_3 전압값을 비교하시오.

3. 저항들을 이용하여 다음 회로를 구성하고 물음에 답하시오.

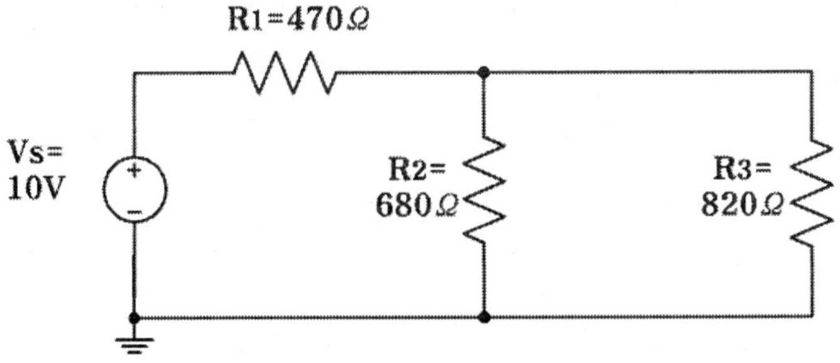

측정값에 맞게 아래에 나타낸 기호를 위 회로상에 표기하시오.

- I_1: 저항 R_1을 흐르는 전류
- V_1: 저항 R_1양단에 걸리는 전압
- I_2: 저항 R_2을 흐르는 전류
- V_2: 저항 R_2양단에 걸리는 전압
- I_3: 저항 R_3을 흐르는 전류
- V_3: 저항 R_3양단에 걸리는 전압

위의 내용과 측정법을 참조하여 측정값을 소수 첫째자리까지 구하여 아래의 〈표 3〉에 기록하시오.

〈표 3〉

저항	측정치	전압	측정치	전류	측정치
R_1		V_1		I_1	
R_2		V_2		I_2	
R_3		V_3		I_3	

- $I_1 = I_2 + I_3$ 인지를 수치적으로 확인하시오.

- $V_2 = V_3$ 인지를 확인하고 그 이유를 설명하시오.

- $V_s = V_1 + V_2$ 인지를 수치적으로 확인하시오.

토의사항

1. 저항측정시 왜 저항을 회로에서 완전히 분리하든지 혹은 한쪽을 분리하여 측정하는가?

2. 회로에서 전류 및 전압을 측정하기 위해 전류계와 전압계를 사용하고자 한다.
실험의 병렬 혹은 직병렬회로에서 해당저항을 흐르는 전류와 이 저항의 양단 전압을 측정하고자 할 경우에 어떻게 연결해야 하는지를 그림을 그리시오.

1〉 병렬회로(470Ω에 대해)

2〉 직병렬회로(820Ω에 대해)

실험 3 KVL, KCL 및 Ohm 법칙

실험목적

저항값(R)과 전압값(V)을 알고 있을 때, 전류값을 구하는 옴 법칙(Ohm's law)을 이해하고 Kirchhoff 전압 및 전류법칙(KVL, KCL)을 실험적으로 확인한다. 또한 저항의 직렬회로, 병렬회로 및 직병렬회로에서 합성저항을 구하는 방법을 익힌다.

기초이론

1. Kirchhoff 전압법칙(KVL)

키르히호프 전압법칙(KVL: Kirchhoff's Voltage Law)은 기본 회로해석법칙으로 "폐회로(closed loop circuit)에서 모든 전압의 대수적 합은 0이다." 즉, '소자에 걸리는 전압강하의 합은 공급된 전원전압의 합과 같다.' 라는 의미이다.

그림 3-1에서 화살표로 나타내었듯이 전류(I)가 전원의 양극에서 나와 저항을 거쳐간다. 전류는 저항의 양극으로 들어가 음극으로 나온다. 각 저항양단에서 에너지소비는 전류의 방향에서 볼 때 (+)에서 (-)극성으로의 전위차, 또는 전압강하를 만든다.

$$V_S = V_1 + V_2 + V_3, \qquad V_S = \sum_{j=1}^{n} V_j \quad \text{또는}$$

$$-V_S + V_1 + V_2 + V_3 = 0, \qquad \sum_{j=1}^{n} V_j = 0$$

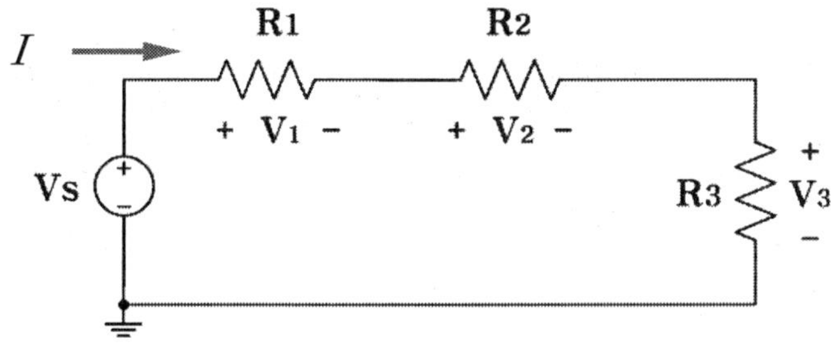

[그림 3-1] Kirchhoff 전압법칙

2. Kirchhoff 전류법칙(KCL)

키르히호프 전류법칙(KCL: Kirchhoff's Current Law)은 기본 회로해석법칙으로 "회로에서 임의의 접합점으로 유입되는 전류의 총합은 이 접합점에서 유출되는 전류의 총합과 같다." 여기서 접합점이란 두 개 이상의 소자가 연결된 회로내의 임의의 한 점이다. 따라서 병렬회로에서 접합점(junction)은 병렬로 가지들(branches)이 모이는 점이다.

그림 3-2에서 점Ⓐ, 점Ⓑ는 접합점이다. 전원의 양(+)단자에서 출발하여 전류의 흐름을 따라가 보자. 전원으로부터 흘러나가는 전류 I_S는 접합점 Ⓐ로 유입된다. 이 점에서 전류는 세 개의 가지전류 I_1, I_2, I_3로 나누어진다. 세 가지 전류는 접합점 Ⓐ에서 유출된 것이다. 키르히호프 전류법칙은 이 접합점 Ⓐ로 유입되는 총 전류 I_S가 유출되는 총 전류와 같다는 의미이다.

또한 세 방향의 전류를 따라가면 접합점 Ⓑ에 도달한다. 여기서 세 전류 I_1, I_2, I_3는 유입되고 I_s는 유출되는 전류이다.

$$I_S = I_1 + I_2 + I_3, \qquad I_S = \sum_{j=1}^{n} I_j \quad \text{또는}$$

$$I_S - I_1 - I_2 - I_3 = 0, \qquad \sum_{j=1}^{n} I_j = 0$$

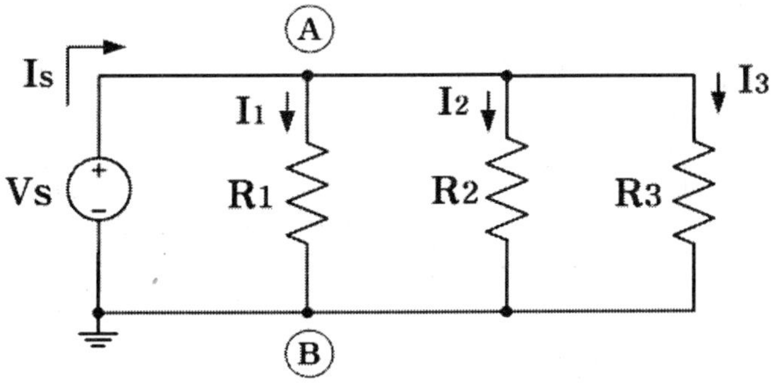

[그림 3-2] Kirchhoff 전류법칙

3. Ohm 법칙(Ohm's law)

Ohm 법칙은 전기회로에서의 전압, 전류 및 저항과의 관계를 나타내는 것으로 저항체를 흐르는 전류는 그 저항체에 가해진 전압에 비례하고 저항체가 가진 저항에 반비례한다는 것이다. 즉 그림 3-3에서 전압(V), 전류(I), 저항(R) 사이에 다음과 같은 관계가 성립한다. 기울기가 일정한 직선인 1차 함수 $y = ax$ 형태이다.

즉 전압 대 전류(voltage to current)의 기울기(slope)가 저항이다. 이 그래프로부터 관계를 식으로 나타내면 다음과 같다.

$$I = \frac{V}{R} \qquad V = IR \qquad R = \frac{V}{I} \qquad (3-1)$$

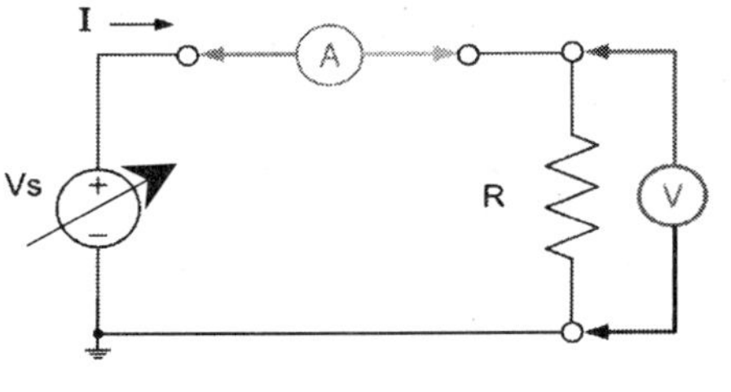

V[V]	I[A]
0	0
2	2
4	4
6	6
8	8
10	10
12	12
14	14

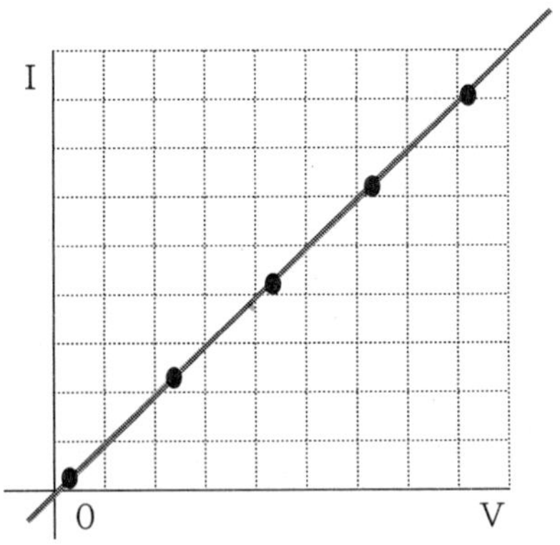

[그림 3-3] 측정계를 활용한 전류-전압측정 및 Ohm 법칙

Ohm 법칙은 모든 전기회로에 적용되는 기본 법칙으로서 어느 회로에서든지 적용되는 법칙이다. 또한 전원으로부터 전류가 흐를 수 있는 경로를 회로로 구성하는데, 구성 방법에 따라 직렬회로(series circuit), 병렬회로(parallel circuit), 직 · 병렬(series-parallel)회로 나눌 수 있다.

1> 직렬회로(series circuit)

그림 3-4와 같은 회로를 직렬회로라고 하며, 직렬회로의 중요한 특성은 다음과 같다.

- 직렬회로의 각 경로에는 동일한 전류(I)가 흐른다.
- Kirchhoff 전압법칙과 Ohm 법칙을 적용하면 직렬회로의 합성저항은 각 저항의 합과 같다.

그림에서 각 저항에 걸리는 전압에 대해 KVL과 Ohm법칙을 사용하자.

$$V_1 = I_1 R_1, \qquad V_2 = I_2 R_2, \qquad V_3 = I_3 R_3$$

KVL로부터

$$-V_s + V_1 + V_2 + V_3 = 0, \qquad V_s = I(R_1 + R_2 + R_3)$$

Ohm 법칙으로부터

$$R_T = R_1 + R_2 + R_3 + \dots + R_n \tag{3-2}$$

- 회로가 어느 한 점에서 끊어지면 전류는 흐르지 않는다.

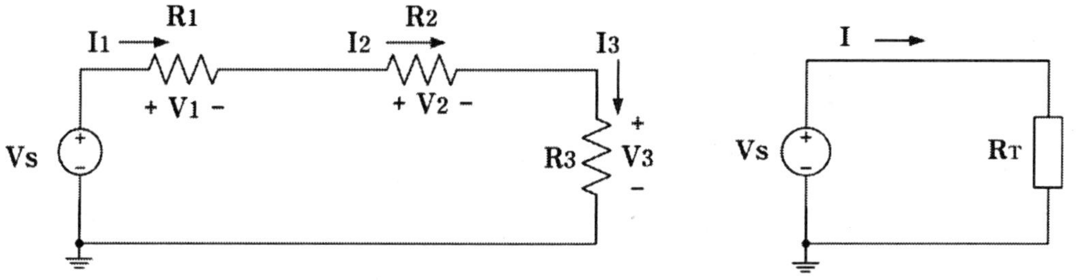

[그림 3-4] 직렬회로

우리는 회로를 계산할 때마다 Ohm 법칙을 적용하여 수식을 처리할 수 있다. 그러나 어느 정도의 수준에 오르면 시간적인 손실을 없애기 위해 간단한 규칙을 활용하여 주어진 회로에 적용할 수 있다. 그 두 가지 규칙을 익혀보자.

전압분배법칙

직렬회로에서 각 저항을 흐르는 전류 I는 동일하다. 전류는 $I=\dfrac{V_S}{R_1+R_2+R_3}$ 이다. 이것을 직렬연결된 각 저항에 걸리는 전압을 구하면 저항에 크기에 비례하여 분배됨을 알 수 있다.

$$V_1 = I_1 R_1 = IR_1 = V_S \times \frac{R_1}{R_1+R_2+R_3} \qquad (3-3)$$

$$V_2 = I_2 R_2 = IR_2 = V_S \times \frac{R_2}{R_1+R_2+R_3} \qquad (3-4)$$

$$V_3 = I_3 R_3 = IR_3 = V_S \times \frac{R_3}{R_1+R_2+R_3} \qquad (3-5)$$

이는 Ohm 법칙을 각 저항에 걸리는 전압을 전원전압과 저항의 관계를 달리 표현한 것에 불과하다. 즉, 직렬회로는 전압분배기 역할을 한다.

2) 병렬회로(parallel circuit)

그림 3-5와 같은 회로를 병렬회로라고 하며, 주변에서 쉽게 접할 수 있는 일반적인 회로인 자동차 조명시스템에 대해 살펴보자. 자동차의 전등에서 어느 하나가 고장난다 할지라도 다른 전등들은 정상적인 동작을 한다. 이것은 전등들이 서로 병렬로 연결되어 있기 때문이다. 브레이크등(brake light)은 미등(taillight)과 전조등(beam headlight)에 관계없이 독립적으로 작동한다. 브레이크등은 운전자가 브레이크 페달을 밟아서 스위치가 닫힐 때 점등된다.

병렬회로의 중요한 특성은 다음과 같다.

- 병렬회로의 각 양단 사이의 전압(V)은 동일하다.
- Kirchhoff 전류법칙과 Ohm 법칙을 적용하면 병렬회로의 합성저항은 다음과 같다. 그림에서 각 저항을 흐르는 전류에 대해 KCL과 Ohm법칙을 사용하자.

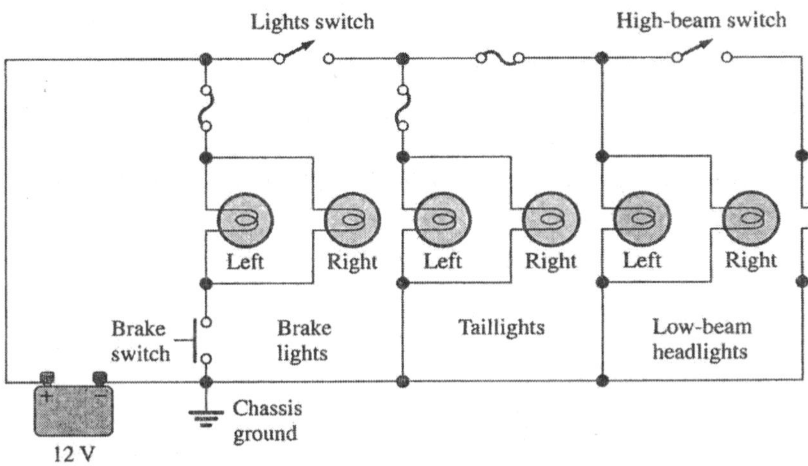

[그림 3-5] 병렬로 구성된 자동차 점등시스템

$$I_1 = \frac{V_1}{R_1}, \quad I_2 = \frac{V_2}{R_2}, \quad I_3 = \frac{V_3}{R_3}$$

KCL 로부터

$$I = I_1 + I_2 + I_3 + \dots + I_n, \qquad I = V(\frac{1}{R_1} + \frac{1}{R_2} + \frac{1}{R_3} \dots + \frac{1}{R_n})$$

Ohm 법칙으로부터

$$\frac{1}{R_T} = \frac{1}{R_1} + \frac{1}{R_2} + \frac{1}{R_3} + \ldots + \frac{1}{R_n} \quad (3-6)$$

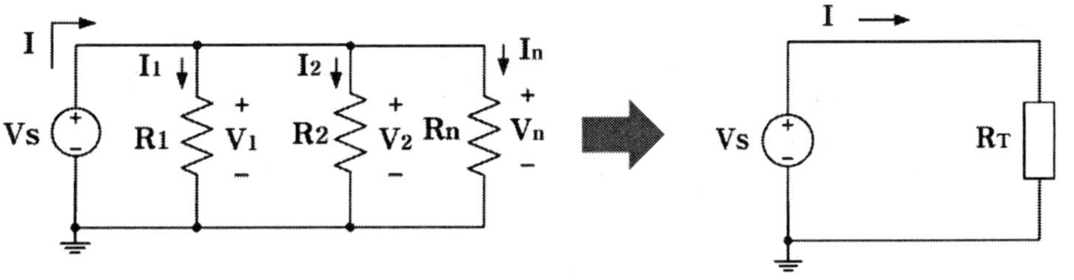

[그림 3-6] 병렬회로

전류분배법칙

병렬회로에서 각 저항에 걸리는 전압 V는 동일하다. 전원전압은 저항을 합성하여 표현하면 다음과 같다.

$$V_S = I \cdot R_T$$

이를 이용하여 각 지로전류를 유입되는 전류와 각 저항으로 다시 정리하여 표현하면 다음과 같다.

$$I_1 = \frac{V_S}{R_1} = I \cdot \frac{R_T}{R_1} \quad (3-7)$$

$$I_2 = \frac{V_S}{R_2} = I \cdot \frac{R_T}{R_2} \quad (3-8)$$

$$I_3 = \frac{V_S}{R_3} = I \cdot \frac{R_T}{R_3} \quad (3-9)$$

병렬연결된 각 저항에 흐르는 전류는 각 저항의 크기에 반비례하여 분배됨을 알 수 있다.

- 병렬로 연결된 경로 가운데 어느 하나가 끊어져도 다른 경로를 통해 전류는 계속 흐른다. 만일 두 개의 저항이 병렬로 연결된 경우에 합성저항은 식 (3-6)으로부터

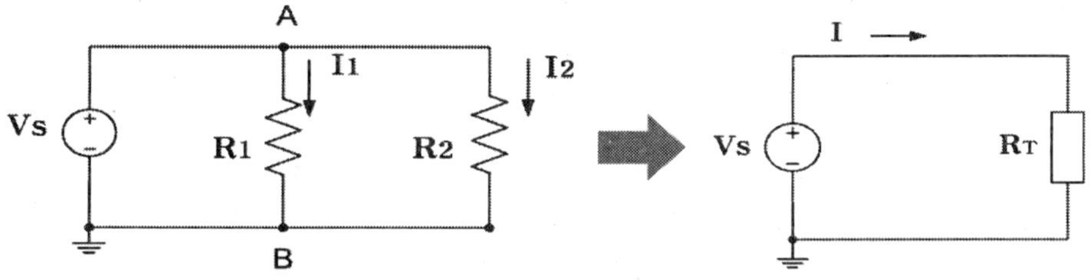

[그림 3-7] 두 개의 저항을 가진 병렬회로

예를 들면 다음과 같이 두 개 저항이 병렬로 연결되어 있다면 각 가지(저항 R_1 및 R_2)에 흐르는 전류는

$$\frac{1}{R_T} = \frac{1}{R_1} + \frac{1}{R_2} \text{로부터} \quad R_T = \frac{R_1 \cdot R_2}{R_1 + R_2} [\Omega]$$

$$I_1 = \frac{V_S}{R_1} = I \cdot \frac{R_T}{R_1} = I \cdot \frac{R_2}{R_1 + R_2} \qquad (3\text{-}10)$$

$$I_2 = \frac{V_S}{R_2} = I \cdot \frac{R_T}{R_2} = I \cdot \frac{R_1}{R_1 + R_2} \qquad (3\text{-}11)$$

이는 Ohm 법칙을 각 저항에 흐르는 전류를 구하기 위해 유입전류와 저항의 관계를 달리 표현한 것에 불과하다.

병렬회로는 전류분배기 역할을 한다. 그 이유는 병렬로 된 접합지점에 전류가 유입되면 몇 개의 가지전류로 나누어지기 때문이다.

3) 직 · 병렬회로(series-parallel circuit)

그림 3-8과 같이 직렬회로와 병렬회로가 혼합된 회로를 직·병렬회로라고 하며, 이러한 회로의 문제는 다음과 같이 해결할 수 있다.

- 회로의 합성저항을 구하기 위하여 회로를 직렬부분과 병렬부분으로 나누어 합성시킨다.
- 회로에 흐르는 총 전류를 구한다.
- 회로의 각 단자 사이의 전압을 구한다.
- 회로의 각 저항을 통하여 흐르는 전류를 구한다.

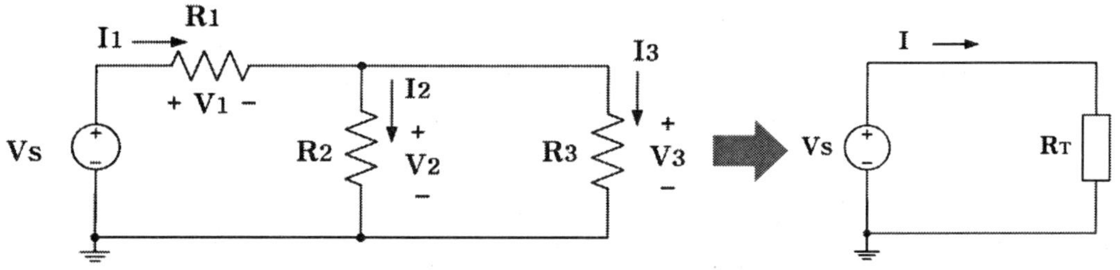

[그림 3-8] 직렬과 병렬이 조합된 직·병렬회로

그림으로부터 총 저항은 직렬과 병렬로 구성되어 있으므로

$$R_T = R_1 + (R_2 \parallel R_3) = R_1 + \frac{R_2 \cdot R_3}{R_2 + R_3} \qquad (3-12)$$

따라서 전원을 흐르는 전류I는 저항R_1을 흐르는 전류와 동일하므로 I_1은 Ohm 법칙을 사용하면 쉽게 구할 수 있다.

$$I = \frac{V_S}{R_T} = I_1 = \frac{V_1}{R_1} \qquad (3-13)$$

또한 저항의 전압을 각각 구하면 다음과 같다.

$$V_2 = I_2 \cdot R_2, \qquad V_3 = I_3 \cdot R_3 \qquad (3-14)$$

두 저항 R_2 및 R_3의 양단전압은 병렬이므로 동일하다.

$$V_2 = V_3 \qquad (3-15)$$

또한 회로에서부터 R_2저항 양단전압을 다음과 같이 구할 수도 있다.

$$V_2 = V_3 = I_1 \cdot (R_2 \parallel R_3) \qquad (3-16)$$

[실험장비 및 부품]

사용장비	품 목	정 격	소요량
DC Power Supply Multimeter Breadboard	Resistor	470[Ω], 680[Ω] 820[Ω]	각 1개

[예비보고서]

1. 다음 회로 (a)에서 V_3 양단전압은 얼마인가? KVL을 사용하시오.

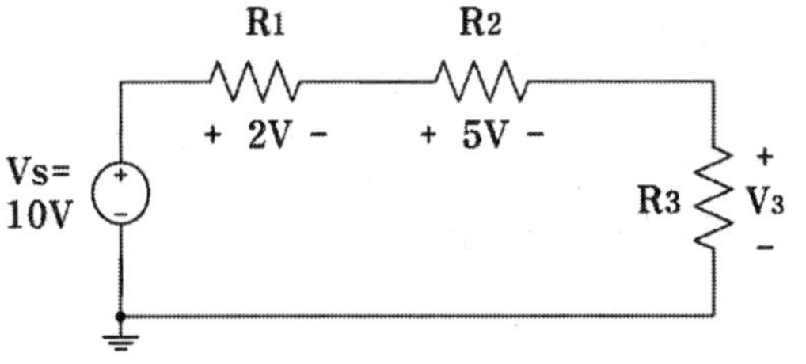

(a)

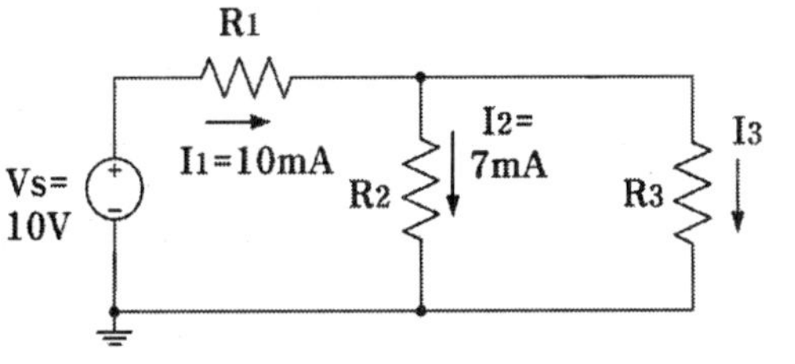

(b)

2. 문제1의 회로 (b)에서 I_3는 얼마인가? KCL을 사용하시오.

3. 다음 회로에서 V_3 및 I_3는 얼마인가? 이로부터 저항 R_3값을 구하시오.

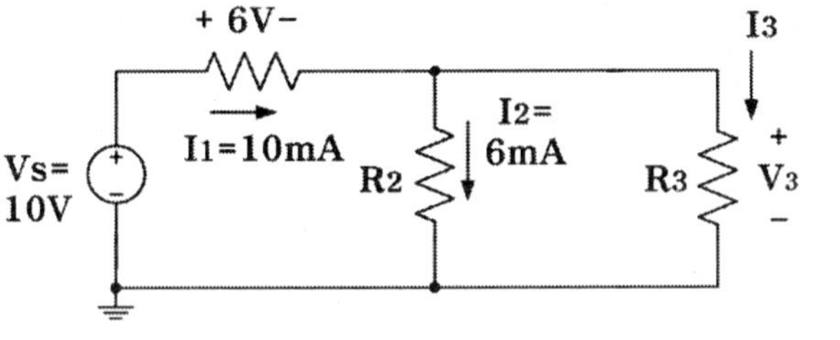

4. 3개의 100Ω 저항들로 만들 수 있는 저항조합을 그려 그 합성값을 구하시오.

5. 다음 회로의 저항을 합성하면 총 저항(R_T)은 얼마인가?

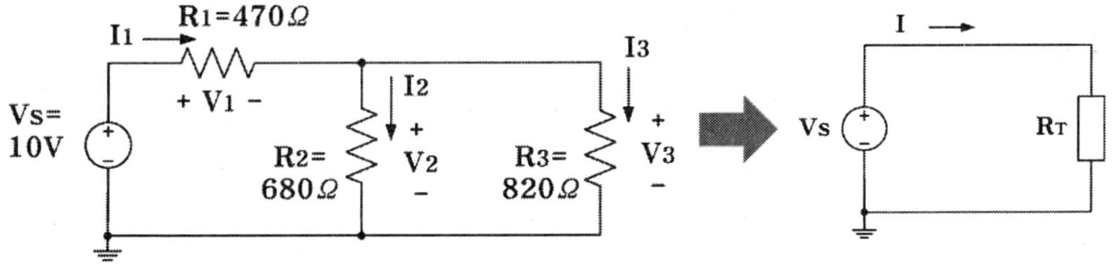

6. 위의 회로에서 해당 전압 및 전류를 구하시오.(소수 둘째 자리에서 반올림)

1〉 전류 I_1 및 전압 V_1

2〉 I_3 및 전압 V_3

7. 위의 회로에서 KVL과 KCL이 성립하는가? 수치적으로 증명하시오.

1〉 $-V_s + V_1 + V_2 = 0$

2〉 $I_1 = I_2 + I_3$

[결과보고서]

실험제목					
실험일자	월 일 (요일)		담당교수	㊞	
실 험 조		학 번		성 명	

1. 저항들을 이용하여 다음 회로를 구성하고 아래의 내용을 〈표 1〉에 기록한다. 단, 인가하는 전원전압 V_S=10[V]이다.

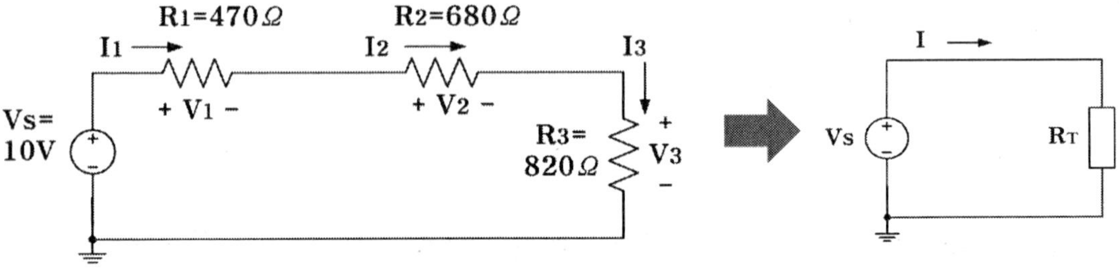

- 합성저항(R_T)의 측정치 및 이론치
- 전원에서 흐르는 회로전류 I의 측정치 및 이론치
  : 측정 전류값은 측정값 V_s, R_T, V_1, V_2, V_3를 이용하여 구하시오.
- 각 저항에 걸리는 전압 V의 측정치 및 이론치

〈표 1〉

구 분		이론치	측정치	오차
합성저항(R_T)				
회로전류(I)				
전압	V_1			
	V_2			
	V_3			

- 위의 직렬회로에서 KVL이 성립하는지를 측정값을 대입하여 구하시오.

  $V_s = V_1 + V_2 + V_3$

2. 저항들을 이용하여 아래의 회로를 구성하고 아래의 내용을 〈표 2〉에 기록한다. 단, 전원전압 V_S=10[V]로 인가한다.

- 합성저항(R_T)의 측정치 및 이론치
- 전원에서 흐르는 회로전류 I의 측정치 및 이론치
  : 측정 전류값은 측정값 V_s, R_T, V_1, V_2, V_3를 이용하여 구하시오.
- 각 저항에 걸리는 전압의 측정치 및 이론치
- 각 저항에 흐르는 전류의 측정치 및 이론치

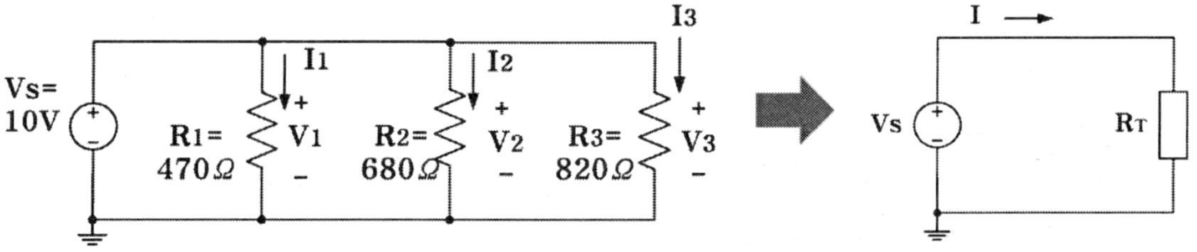

〈표 2〉

구 분		이론치	측정치	오차
합성저항(R_T)				
회로전류(I)				
전압	V_1			
	V_2			
	V3			
전류	I1			
	I2			
	I3			

- 위의 병렬회로에서 KCL이 성립하는 지를 측정값을 대입하여 구하시오.
  $I_s = I_1 + I_2 + I_3$

3. 저항들을 이용하여 다음 회로를 구성하고 아래의 내용을 〈표 3〉에 기록한다. 단, 전원전압 V_S=10[V]로 인가한다.
   - 합성저항(R_T)의 측정치 및 이론치
   - 전원에서 흐르는 회로전류 I의 측정치 및 이론치
   - 각 저항에 걸리는 전압의 측정치 및 이론치
   - 각 저항에 흐르는 전류의 측정치 및 이론치

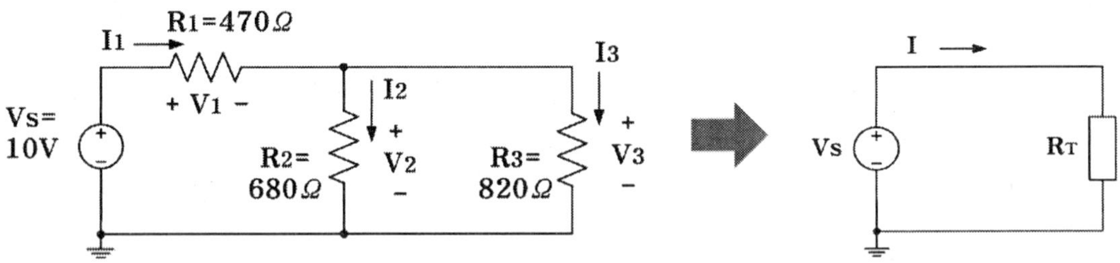

〈표 3〉

구 분		이론치	측정치	오차
합성저항(R_T)				
회로전류(I)				
전압	V_1			
	V_2			
	V_3			
전류	I_1			
	I_2			
	I_3			

• 위의 직병렬회로에서 KVL과 KCL이 성립하는지를 측정값을 대입하여 구하시오.

$V_S = V_1 + V_2$	$I = I_1 = I_2 + I_3$

토의사항

1. 전류(I)와 저항(R)의 관계를 그래프로 그리시오. (y축:I, x축:R)

2. 다음 회로에 대해 답하시오. (단, 저항의 단위는 $k\Omega$이다.)

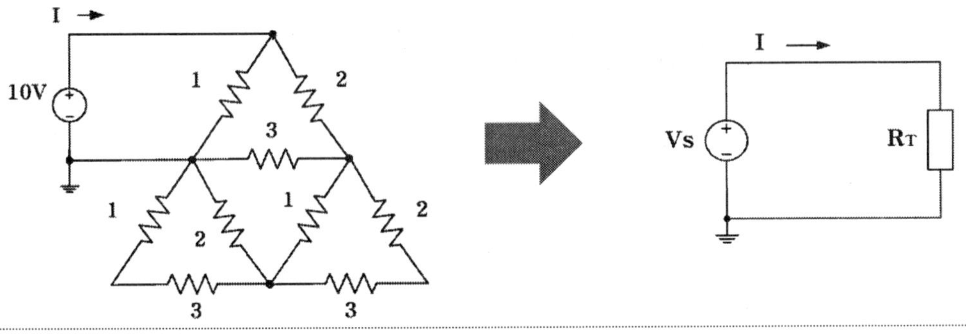

1) 회로를 간략화하여 전원양단의 합성저항(R_T)을 구하시오.

2) 전원을 흐르는 전류값(I)은?

3) 제일 위쪽 삼각형의 저항$R_2 = 2k\Omega$을 흐르는 전류값($I_{2k\Omega}$)은?

실험 4 회로부품 Soldering

실험목적

회로를 연결하고자 전기전자부품을 기판에 납땜을 할 때. 회로의 동작이 구현하지 못하는 경우가 많다. 이들의 대부분은 개방과 단락이 일어나도록 작업을 수행했기 때문이다. 본 실험에서는 PCB기판에 원래 의도했던 회로동작이 구현되도록 효과적이고 깔끔한 납땜을 하도록 한다.

기초이론

1. 개방과 단락

고장진단(troubleshooting)이란 회로 상에서 고장문제를 해결하여 정상적인 동작을 하도록 하는 것이다. 회로에서는 주로 개방(open)과 단락(short)문제가 가장 많이 발생한다. 우리는 회로 상에서 측정을 할 때, 예기치 못한 현상을 종종 경험한다. 과도한 전력소모는 보통 저항을 단락시키기보다는 개방시킨다. 그러나 회로 상에서 저항을 단락시키는 것은 많은 경우에 땜납이 튀겨져 다른 소자와 연결되는 solder bridge가 될 수 있다.

개방(open)회로

전기회로의 일부분이 끊어지면 더 이상 전류가 흐르지 못하게 되므로 이 상태를 개방(open)이라고 한다. 개방회로는 저항이 무한대($\infty[\Omega]$)로 크다는 것을 의미한다. 다음 그림 4-1(a)에서 저항 R_1과 R_2를 흐르는 전류가 모두 $0A$이며 그림(b)에서는 개방된 저항 R_3를 흐르는 전류가 $0A$이다.

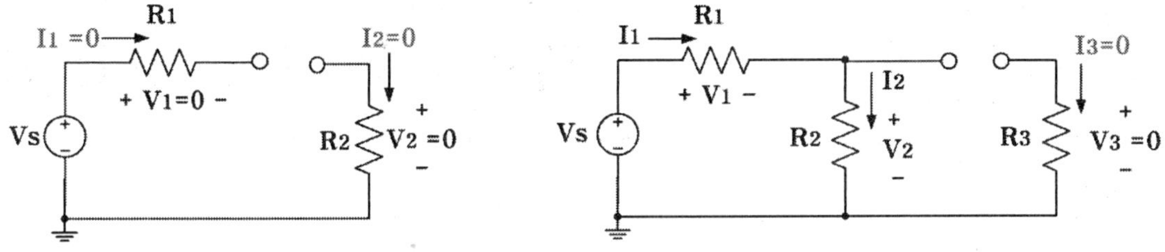

(a) (b)

[그림 4-1] 개방회로를 흐르는 전류는 $0A$이다.

단락(short)회로

단락회로는 회로의 일부가 바이패스(bypass)되어 저항값이 0Ω인 가지를 가진 경로이다. 그림 4-2에서 두 회로를 비교함으로서 단락의 의미를 익혀 보자. 그림 (a)에서 회로를 흐르는 전류는 $1A$이다. 이 전류는 저항 39Ω, 33Ω, 18Ω 및 10Ω 모두를 통해 흐른다. 그러나 그림 (b)를 보면 흐르는 전류가 $3.6A$이다. 그 이유는 무엇일까? 그림을 살펴보면 이 회로에서 저항 33Ω과 39Ω 두 개를 가로질러 단락(short)되어 있다. 이로 인해 전류는 저항 33Ω과 39Ω 두 개의 저항을 통하여 흐르지 않고 모두 단락된 도선부분으로 흐른다. 결과적으로 전류는 18Ω과 10Ω저항만으로 흐른다.

이와 같이 저항이 감소하면 전류가 증가한다. 이 전류값은 다음과 같이 실험적 사실에 근거하여 Ohm법칙에 의한 계산 혹은 측정으로 구할 수 있다.

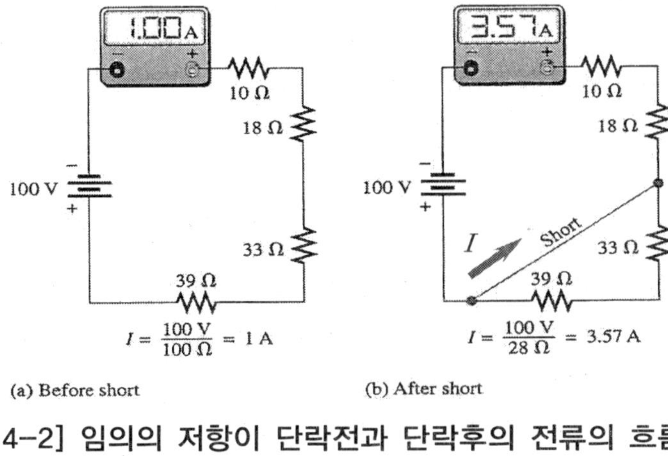

(a) Before short (b) After short

[그림 4-2] 임의의 저항이 단락전과 단락후의 전류의 흐름비교

그림 4-3과 같은 회로는 모든 저항들이 없는 것과 마찬가지이다. 따라서 모든 전류는 단락된 도선으로 흐르며 그 값은 아주 크다($\infty[A]$). 그러나 저항은 안전하다. 예를 들면 전구(일종의 저항)에 단락회로가 형성되면 전구의 필라멘트는 저항을 가지므로 전류가 흐르지 않지만 저항이 0Ω인 단락회로를 통해 과도한 전류가 흐르게 되고 도선은 과도한 열 때문에 파괴된다. 이러한 안전사고 위험에 대비해서 회로차단기(circuit breaker)나 퓨즈(fuse)를 이용하여 사용자를 보호한다.

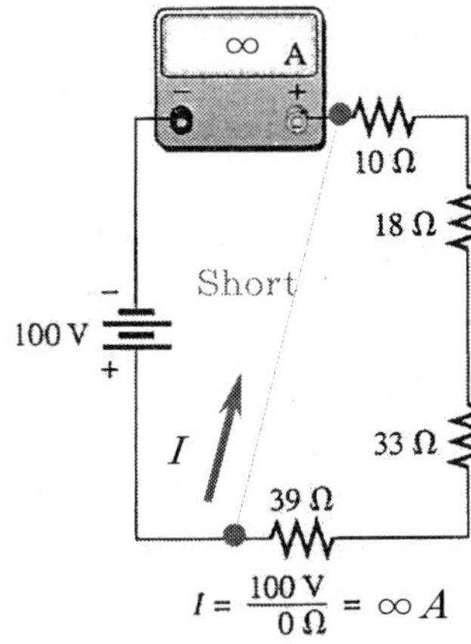

[그림 4-3] 아주 큰 전류가 흘러 큰 사고가 발생한다.

저항기 고장

저항이나 트랜지스터와 같은 소자는 단락되거나 개방되는 경우가 많다. 이런 소자들이 파괴되는 이유들 중의 하나는 최대소비전력 정격을 초과해서 사용하는 일이다. 이런 전지소자들은 이미 공장에서 제작될 때, 데이터시트에 이들 소자의 최대정격을 포함하고 있으므로 정격을 지켜 사용해야 하나, 이를 무시하고 정격을 초과하여 사용한다면 실험 때마다 새로운 소자를 구입해서 사용할 것이다, 소자의 내부가 타게 되어 빈 공간을 만들게 되는 데 이것을 개방회로(open circuit)라고 부른다.

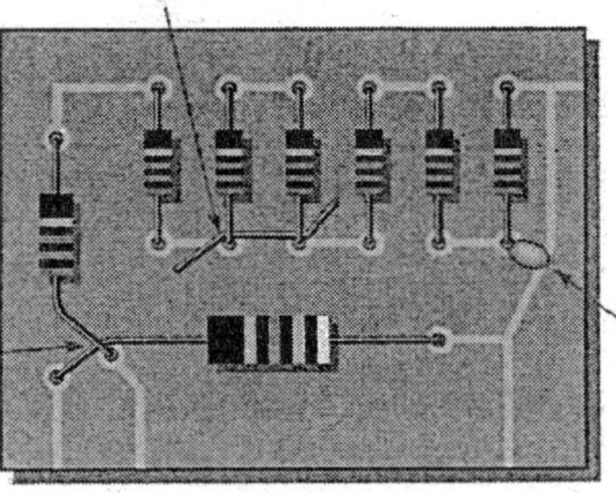

[그림 4-4] 고장해결을 위한 문제에서 자주 발생하는 단락 사례

또 다른 하나는 초과전력 소비로 인하여 소자의 내부가 녹아서 인접한 부분을 결합시켜서 단락회로(short circuit)를 만드는 경우이다. 그러나 최대정격을 초과하지 않는 경우에도 또 다른 개방과 단락이 발생할 수 있는데, 그것은 PCB(printed circuit board)에서 납땜을 하는 과정에서 발생된다. 원하지도 않는 납땜 중에 녹아내려 납땜 찌꺼기가 인접한 도선을 연결하면 solder bridge(납으로 연결된 다리) 혹은 solder splash(납의 튐)가 만들어 져서 단락상태가 된다.

불완전한 납땜연결은 도선으로 연결되지 않기 때문에 개방회로가 되는데 이것을 cold solder joint현상이라 부른다.

2. Soldering

납땜의 중요성

납땜은 전자기기의 조립이나 제작시 필수적인 작업의 하나로서 매우 중요한 작업이기도 하다. 납땜을 잘 했느냐 못 했느냐 하는 것은 그 기기가 오랫동안 고장없이 잘 유지되느냐 안 되느냐와 깊은 관계가 있다.

전기적으로 완전한 접속이 필요한 곳에는 꼭 납땜이 필요하므로 납땜에 자신을 가져야 한다. 접속하여 할 금속과 금속 틈에 녹은 납이 흘러 들어가 납과 금속의 합금층이 만들어지는 것이 납땜이므로 금속 표면을 깨끗이 하고 적당한 온도로 가열하여 확실하게 해야 한다.

땜납과 플럭스

땜납은 주석과 납의 합금인데 주석은 232℃, 납은 328℃에서 녹는다. 그러나 배합비율에 따라서는 보다 낮은 182℃ 에서도 녹게 된다(주석 62%, 납 38%). 전기통신용은 주석 60% 납 40%로서 183℃에서 녹는 것이 많이 쓰이는데 납땜 온도는 이보다 50℃ 이상 높은 230~250℃에서 1~5초(통상 2초 전후) 동안에 하는 것이 가장 좋다.

땜납으로는 실납이 주로 많이 쓰이는 데 보통은 실납의 중심 구멍에 융제인 플럭스(flux: 송진류)가 들어 있지만 그렇지 못한 경우 그림 4-5와 같이 플럭스의 역할을 하는 송진계통의 페이스트(paste)를 별도로 사용하여야 한다. 플럭스나 페이스트는 모두 납땜이 원활히 되도록 하는 역할을 해준다. 플럭스로 쓰이는 송진은 일종의 활성화 수지로서 실납에 열이 가해지면 납이 녹기 이전에 먼저 녹아 흘러 접속할 금속의 산화 피막화된 표면을 깨끗이 닦아주고 그 면의 산화를 방지해 준다.

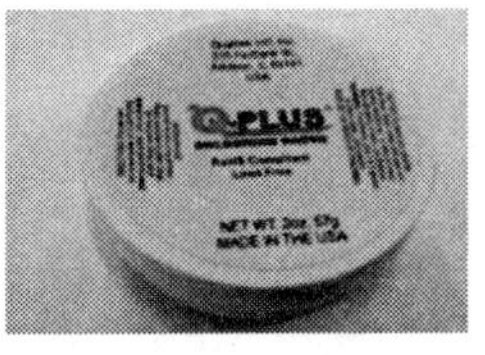

[그림 4-5] 실납과 Paste

또 납의 표면 장력을 낮추어 그림 4-6(b)와 같이 납이 퍼지기 쉽게 하고 접합할 금속과의 융합이 잘되어 완전한 합금층이 이루어지도록 한다.

페이스트를 별도로 사용하는 경우 우선 가열된 인두 끝에 페이스트를 약간 묻힌 다음 납을 인두에 먹여서 납땜을 한다. 납땜한 후에는 반드시 납땜한 부위에 남아 있는 페이스트를 천으로 닦아내도록 한다. 페이스트를 적당히 사용하면 인두 끝에 묻어있는 납이 인두로부터 보다 잘 분리되도록 해주는 역할도 하게 된다.

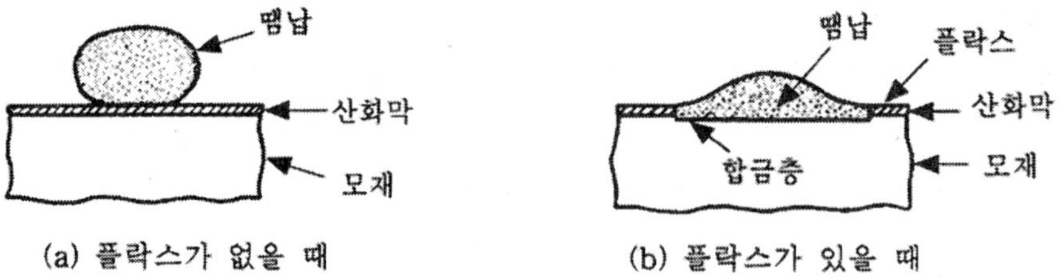

[그림 4-6] Flux의 역할

땜납의 선택

땜납은 눈으로 봐서는 좋은 것인지 나쁜 것인지 알기가 어렵다. 그러므로 실제 납땜 인두기로 찍어보아 광택이 적게 나는 것은 우선 불량품이라고 생각할 수 있다. 사용해서 좋다고 확인된 제품만을 언제나 이용하도록 한다.

납땜용 인두

납땜할 부분을 납이 녹는 온도 이상으로 가열해 주기 위한 공구인데 전기식이 거의 대부분이다. 이것은 소비전력(W)과 인두 끝의 굵기로 구분하고 있으나 트랜지스터 공작용은 30W 정도로서 4mm의 굵기가 좋고 진공관식의 공작용은 80~10W로서 8~10mm 굵기의 것이면 좋을 것이다. 두 가지 용도로 다 쓰려면 60W 정도로서 직경 6mm 정도는 되어야 한다.

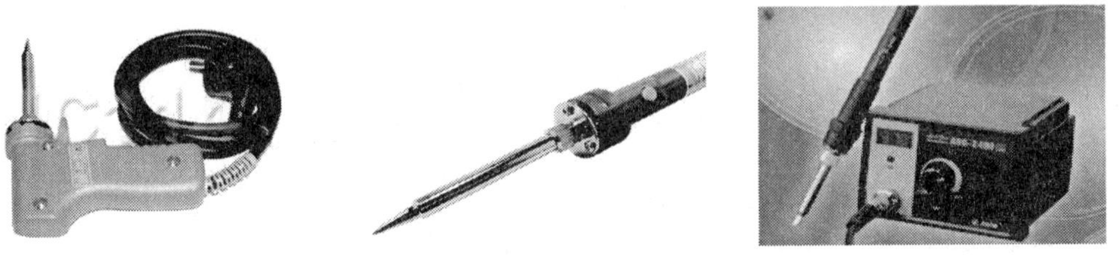

[그림 4-7] 여러 가지 전기 인두기들

iron형과 ceramic형이 주로 사용된다. 가격도 다양하므로 자신의 작업공정에 필요한 것을 선택하면 된다.

납땜 인두의 사용법

납땜 인두는 오른 손에 실납은 왼 손에 쥐고 실납을 인두 끝에 대고 인두 끝에 납을 입힌다. 인두가 너무 과열되면 납이 붙지 않고 굴러 떨어진다. 과열 방지를 위해서는 전압 조정기를 써서 전압을 낮추는 방법을 쓴다. 인두 끝은 줄이나 사포로 잘 닦아서 납을 먹여야 한다.

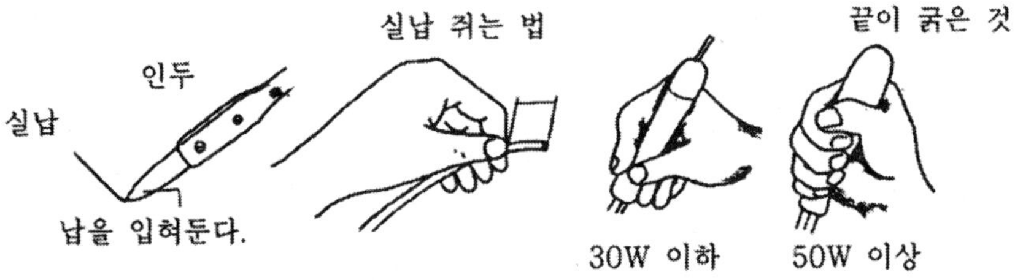

[그림 4-8] 납땜인두의 사용법

리드(선)의 접속

선이나 부품을 걸치고 납땜해야 할 때 우선 리드에 피복이 있으면 니퍼로 벗기고 사포나 줄로 닦는다. 니퍼로 긁어내어도 된다. 물론 러그도 닦아 둔다. 이 리드를 중계 러그와 같이 작은 구멍이 있으면 끼워서 2회 정도 감는다. 리드가 3개일 때는 각각 감아 고정한다. 선을 얹어만 놓은 상태로 납땜하는 것은 좋지 않다.

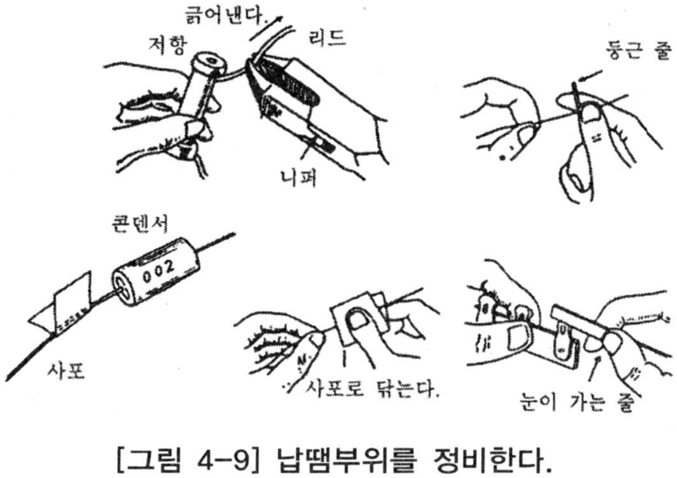

[그림 4-9] 납땜부위를 정비한다.

납땜의 순서

납을 녹여 붙이는 순서는 그림 4-10과 같다. 우선 인두 끝을 접합할 곳에 대고 가열하면서 실납을 대어 실납이 알맞게 녹아 들어가게 한다. 다음에 실납을 떼고 곧 인두를 뗀다. 경우에 따라서는 순서를 달리하는 수도 있다.

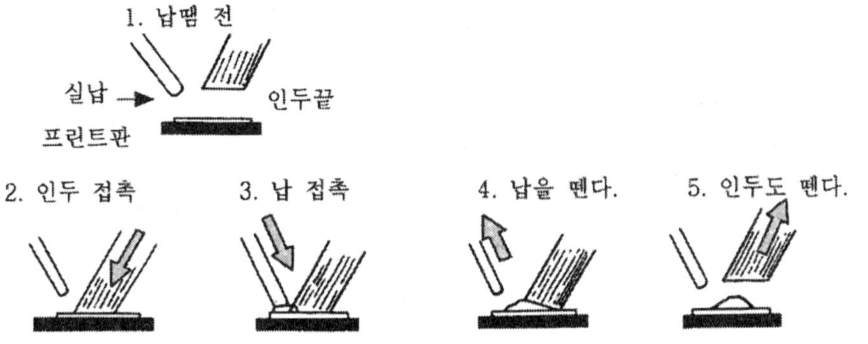

[그림 4-10] 납땜순서

그림 4-11은 리드를 걸친 다음 납땜하는 요령인데 단자가 작은 경우 납을 대고 인두를 그 위에 가볍게 누르면서 납땜을 하지만 단자가 큰 경우에는 인두 끝을 금속에 가열 하면서 납을 대어 녹이도록 한다. 납은 잘 퍼지고 윤이 나도록 납땜되어야 하며 꺼칠꺼칠하든가 틈이 있어서는 안 된다.

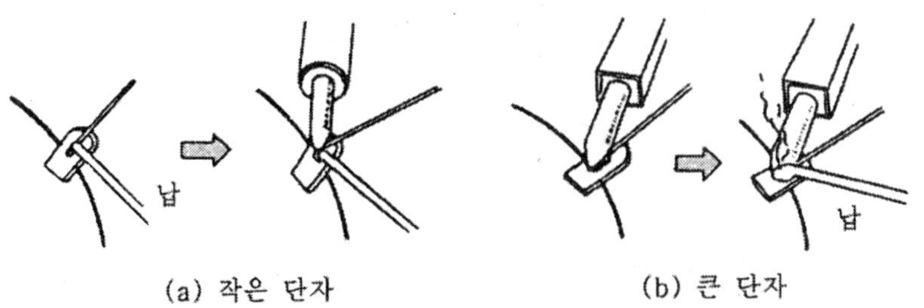

[그림 4-11] 선을 걸친 후에 납땜

열에 약한 부품의 납땜

다이오드나 트랜지스터 등 열에 약한 것의 납땜은 열이 가해지지 않도록 특히 조심해야 한다. 납땜을 하면서 그림4-12와 같이 핀셋이나 펜치 등으로 리드를 집어서 부품으로 전달되는 열을 흡수하도록 한다. 트랜지스터는 약 80˚C에서 불량화되며, 저항기도 80˚C 정도가 되면 저항값이 달라질 수 있다. 전해 커패시터도 열 등에 약하다.

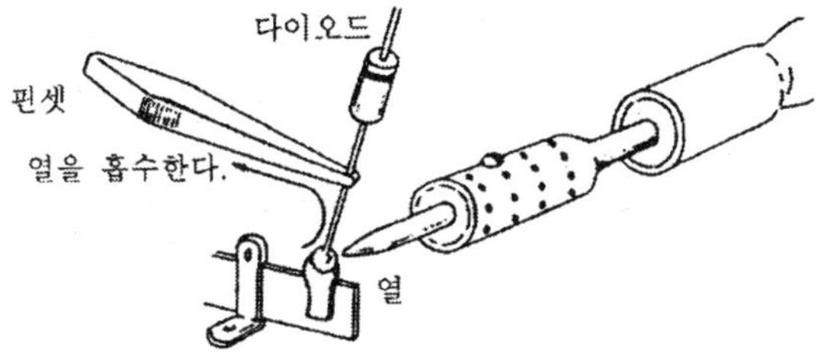

(a) 다이오드(diode) 경우

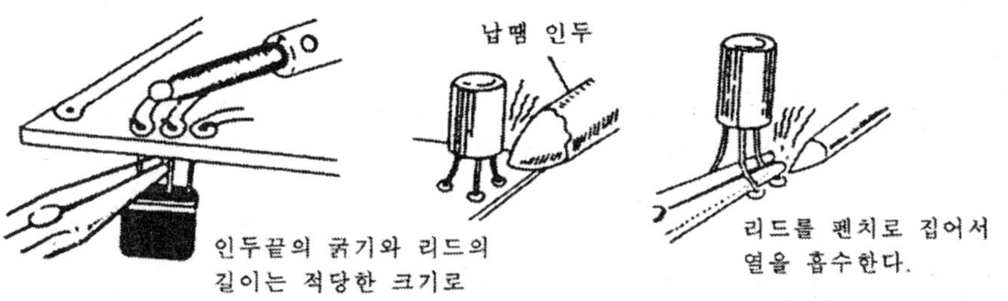

(b) 트랜지스터(transistor) 경우

[그림 4-12] 열에 약한 부품의 납땜

기타 납땜 요령

단자와 리드(lead)의 납땜은 그림 4-13과 같이 각각 줄이나 사포로 닦고 각각 납을 먹여서 리드를 단자 구멍에 끼워 구부린 후 납땜한다.

러그 단자에 콘덴서나 저항 등을 납땜할 때는 단자에 리드를 감지 않고 끼운 다음 구부려 밀착된 상태에서 납땜하면 된다. 리드선에 약간의 여유가 있는 것이 좋다. 러그 단자의 아래 구멍도 리드의 납땜에 이용할 수 있다.

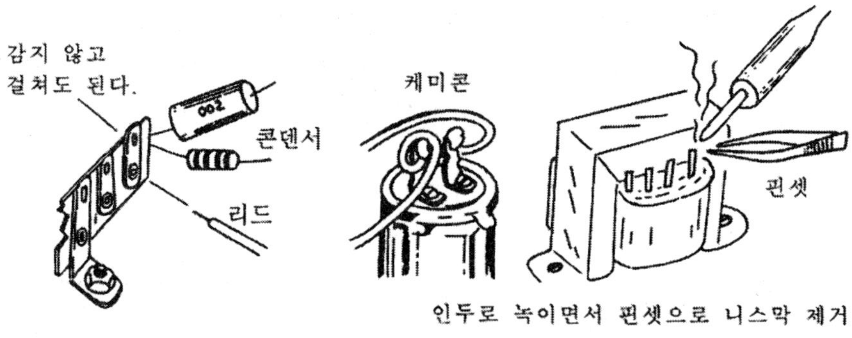

[그림 4-13] 기타 납땜 기법

납땜시의 유의사항

1) 가열된 인두는 300℃ 정도의 높은 온도이므로 항상 인두 받침대를 사용하도록 한다.
2) 비교적 장시간 사용하지 않는 경우는 인두가 가열되어 상하지 않도록 전원을 끄거나 전압조정기를 사용하도록 한다.

[실험장비 및 부품]

사용장비	품 목	정 격	소요량
DC Power Supply Multimeter	Resistors	1.2[$k\Omega$], 2.7[$k\Omega$], 5.6[$k\Omega$]	각 3개
	Soldering iron	25~30[W]	1개
	Plier, Cutter		각 1개
	PCB	250 X 160	2개
	Soldering wire		1m
	Wire jumper		1m
	Paste		1개
	Toggle switch	SPDT SPST	1개 3개
	Push button		1개
	Lamp		10개

[결과보고서]

실험제목					
실험일자	월 일 (요일)		담당교수	㊞	
실 험 조		학 번		성 명	

1. 납땜연습

1〉 납땜기(soldering iron)를 전원에 연결한다.

2〉 납땜기의 예열상태를 확인한다.
땜납을 대어 녹는지 확인한 후, 인두기 끝에 땜납을 전체적으로 묻혀보아 땜납이 묻어나기 시작하면 작업을 수행한다.

3〉 PCB 기판 상에서
〈1〉 인두기의 끝을 납땜할 동판부에 접촉시킨다.
〈2〉 땜납을 인두기 끝부분에 댄다.
〈3〉 땜납이 적당히 녹으면 땜납을 먼저 떼어 낸다.
〈4〉 인두기를 동판으로부터 떼어 낸다.

4〉 납땜용 리드선(lead)의 피복껍질을 컷터로 벗겨낸 후, 그림과 같이 동판상에 일직선이 되도록 윗줄부터 나란히 동판의 구멍마다 땜을 한다.

5〉 납땜용 리드선(lead)의 피복껍질을 충분히 길게 벗겨낸 후, 그림과 같이 나선형 모양으로 구부려 가면서 동판상의 각 구멍마다 땜을 수행한다.

6〉 기판의 아래 부분에 자신의 학번을 납땜으로 표기하여 제출한다.

2. 납땜을 이용한 회로구현

제공된 PCB에 다음 세 가지 회로 직렬회로, 병렬회로 및 직병렬회로에 대해 납땜으로 회로를 구성한다. 특히 그림 4-6(b)와 같이 깔끔하고 매끄럽게 납땜이 수행되어야 한다.

회로부품의 납땜작업이 끝난 후, 세 회로에 대해 멀티미터를 이용하여 각 단자를 흐르는 전류와 전압을 구한다. 이들 값이 실험3장의 결과와 동일한지를 확인하시오.

1〉 PCB기판 상에 다음 회로를 구성하고 해당값을 〈표 1〉에 기록한다.

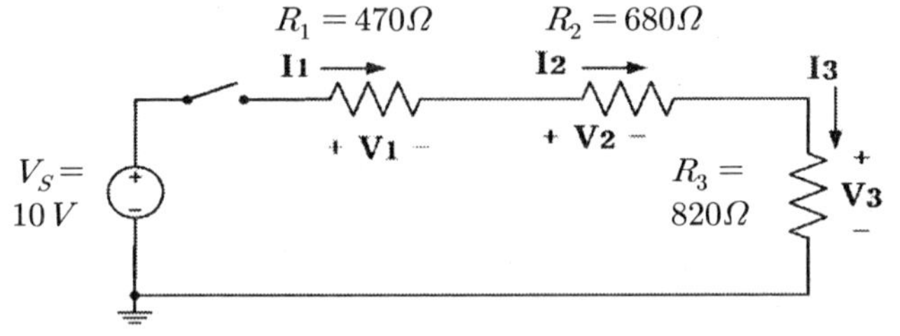

〈표 1〉

구 분	이론치	측정치	오차
합성저항(R_T)			
회로전류(I)			
V_1			
V_2			
V_3			

2〉 PCB기판 상에 다음 회로를 구성하고 아래의 내용을 〈표 2〉에 기록한다.

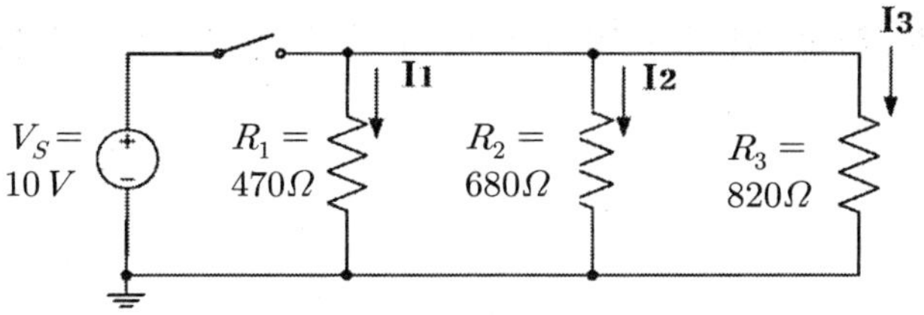

〈표 2〉

구 분	이론치	측정치	오차
합성저항(R_T)			
회로전류(I)			
I_1			
I_2			
I_3			

3〉 PCB기판 상에 다음 회로를 구성하고 아래의 내용을 〈표 3〉에 기록한다.

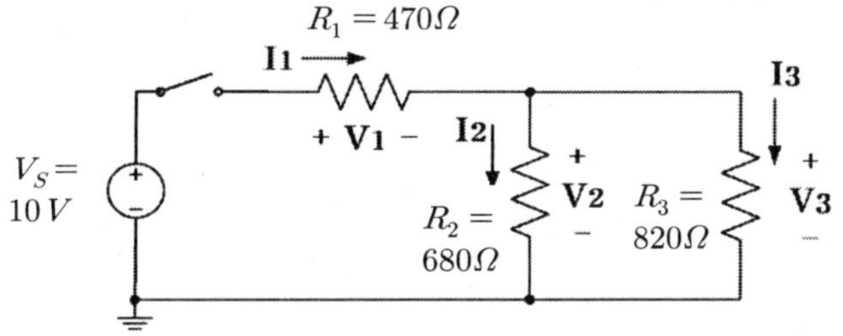

〈표 3〉

구 분	이론치	측정치	오차
합성저항(R_T)			
회로전류(I)			
V_1			
I_2			
I_3			

토의사항

1〉 다음 회로에서 저항 R_1이 개방과 단락이 될 경우에 각 단자전압과 전류를 구하시오.

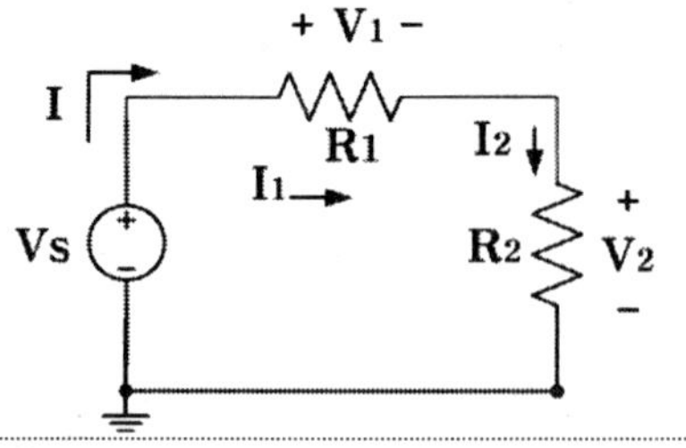

2〉 다음 회로에서 저항 R_2이 개방과 단락이 될 경우에 각 단자전압과 전류를 구하시오.

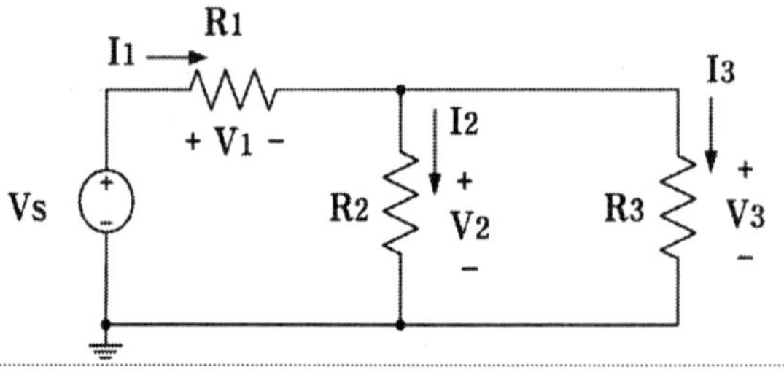

3〉 납땜을 시행할 때, Flux의 용도는 무엇인가?

실험 5 Wheatstone Bridge 회로

실험목적

Ohm법칙, 전압 분배법칙 및 전류 분배법칙을 활용하여 어떤 미지의 저항값을 측정할 수 있는 회로를 도입하고, 이를 이용하여 센서와 결합된 응용회로에 많이 사용되는 Wheatstone 브릿지 회로를 익힌다.

기초이론

Wheatstone 브릿지 회로는 우리 생활과 밀접한 온도측정 및 압력측정과 같은 각종 센서회로 등에 많이 사용되고 있다.

1. 브릿지 회로

Wheatstone Bridge는 비교측정을 통하여 미지의 저항값을 정밀하게 측정하기 위해 사용되는 계측기이다. 브릿지 회로는 주로 제어회로의 센서로 많이 사용된다. 브릿지 회로는 그림과 같이 두 개의 병렬로 된 저항가지를 가진다. 이 회로는 1847년 Charles Wheatstone이 만들었다. 이 계측기는 어느 전기계측기보다 더 오랫동안 사용되어 왔다. 이것은 아직도 정확하고 신뢰성있는 계측기이며 산업체에서 많이 사용되고 있다.

먼저 이 회로에 대해 해석에 앞서 그림 5-1과 같이 R_1, R_2, R_3 및 R_4로 구성된 직병렬회로가 있다. 이 회로에서 두 지점의 전압 V_3, V_4를 구해보자.

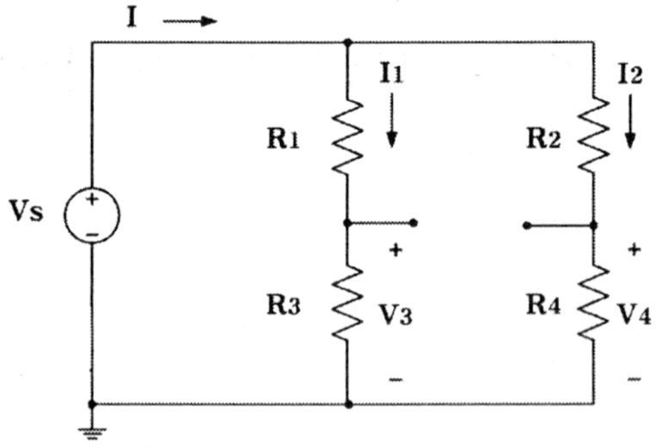

[그림 5-1] Wheatstone 브리지 회로

1〉 회로해석

Ohm 법칙 혹은 전압분배법칙을 이용하면 다음과 같다.

$$I_1 = \frac{V_S}{R_1 + R_3}, \qquad I_2 = \frac{V_S}{R_2 + R_4} \tag{5-1}$$

또한 접지를 기준으로 하여 저항 R_3 및 R_4 양단전압을 구하면 다음과 같다.

$$V_3 = I_1 R_3 = V_S \times \frac{R_3}{R_1 + R_3}, \qquad V_4 = I_2 R_4 = V_S \times \frac{R_4}{R_2 + R_4} \tag{5-2}$$

만약 이 두 전압이 같다면 어떤 결과가 발생하는가? 비록 두 단자 사이에 저항을 연결하더라도 전류는 흐르지 않는다. 따라서 두 단자에 전구를 연결하더라도 전류가 흐르지 않으므로 빛이 발생하지 않을 것이다.

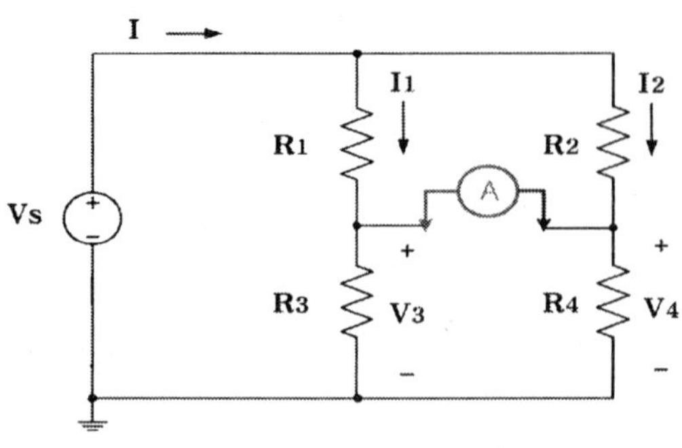

[그림 5-2] 전류계가 연결된 Wheatstone 브리지 회로

즉 $V_3 = V_4$ 이면 다음과 같이 정리된다. 이 때 우리는 회로가 "**평형**(in balance)"라고 말한다.

$$\frac{R_1}{R_3} = \frac{R_2}{R_4} \quad \text{또는} \quad R_1 R_4 = R_2 R_3 \tag{5-3}$$

이것을 바탕으로 만약 3개의 저항값을 알고 있으면 미지의 한 저항값을 간단히 구할 수 있다.

2〉 활용사례

대부분의 금속은 온도가 증가하면 전기저항이 증가한다. 금속선으로 저항체를 만들고 그 저항체에 정해진 전압으로 전류를 흘러 보내 주면 그 저항체를 흐르는 전류(i)는 그 저항체의 온도에 영향을 받아 온도와 반비례로 변화한다. 따라서 지시 눈금이 온도단위인 전류계 형태의 지시계로 그 저항체의 전류량을 측정하면 그 저항체의 온도를 알 수 있다. 서미스터(thermistor)는 온도가 증가하면 저항의 감소하는 재료로서 온도보상용으로 사용되며, 온도 및 화재탐지 계통에 응용되기도 한다.

이 브릿지 회로는 미지의 저항값 측정 이외에도 여러 측정회로에 이 평형특성을 이용하여 각종 센서가 제작되고 있다. 한 예로서 정밀한 온도측정기로 사용될 수 있다. 서미스터(thermistor)는 온도변화에 따라 저항이 변하는 저항으로 상용화되어 산업계에 활용되고 있다. 이 서미스터를 저항 R_3대신에 사용하고 온도가 변하면 이에 비례하여 평형이 깨진다. 그 결과 출력전압도 변하므로 이 값을 디스플레이하면 된다.

전기저항식 온도계 형태는 대부분 비율식을 사용하며 Wheatstone 브릿지와 결합된다. 온도변화에 대한 저항값의 증감으로 인한 브릿지 회로의 불평형을 감지하여 전류로 지침을 움직인다. 즉 전원전압의 영향을 받지 않으며 흐르는 전류 크기에도 관련이 없기 때문이다.

그림 5-3은 브릿지회로를 이용한 온도 또는 압력을 측정하기 위한 것이다. 4개의 저항들 중에서 1개의 센서저항을 연결하면 온도변화에 따라 저항이 증가하거나 감소한다. 이 변화를 출력쪽에서 전압값(V_{out})을 측정하여 온도변화로 환산하면 된다.

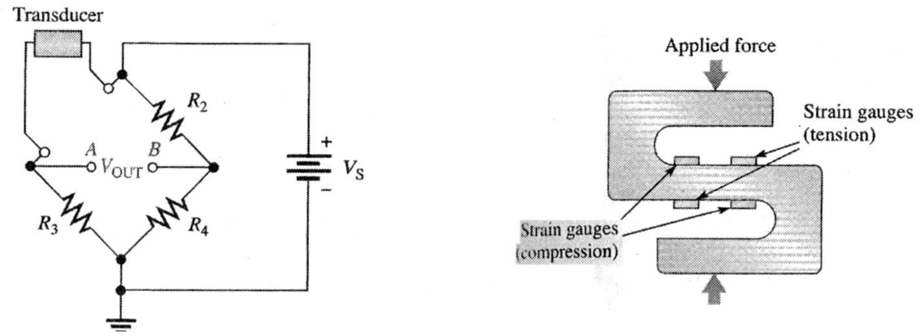

(a) 온도 또는 압력 (b) load cell

[그림 5-3] 물리적 값(온도, 압력, 무게 등)을 구하는 브릿지회로

2. △결선과 Y결선 상호변환

전류계(전압계)를 제거하고 이 대신에 어떤 저항으로 바꾸면 우리는 저항으로 구성된 △형태 구조를 갖는 회로를 만들 수 있다. 이 회로에서 저항의 직렬 혹은 병렬구분이 어려워 해당전류 및 전압을 구하는 것이 쉽지 않다. 저항 R_5로 인하여 합성저항의 구성이 직렬(in series) 혹은 병렬(in parallel)인지 쉽게 구분이 되지 않고 실제로 직병렬회로가 아니므로 해석하기 어렵다.

1) △결선을 Y결선으로 바꿔보자.

그림 5-3(a)는 직관적으로 회로해석이 어려운 회로를 나타낸다. 그러나 이 Delta(△) 결선에서 Y결선으로 바꾼다면 직병렬구조가 눈에 확 들어올 것이다. 그림(b)는 Y결선으로 변환된 회로를 나타낸다. 이 회로에서는 저항합성을 쉽게 구현할 수 있다. 그 기법을 배우도록 하자.

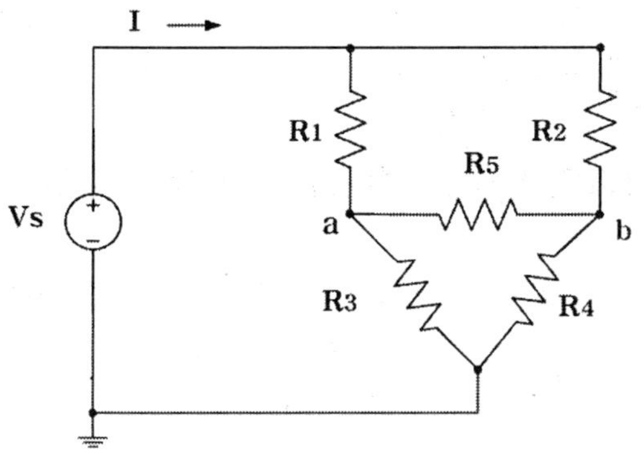

(a) 저항 R_5가 첨가된 회로

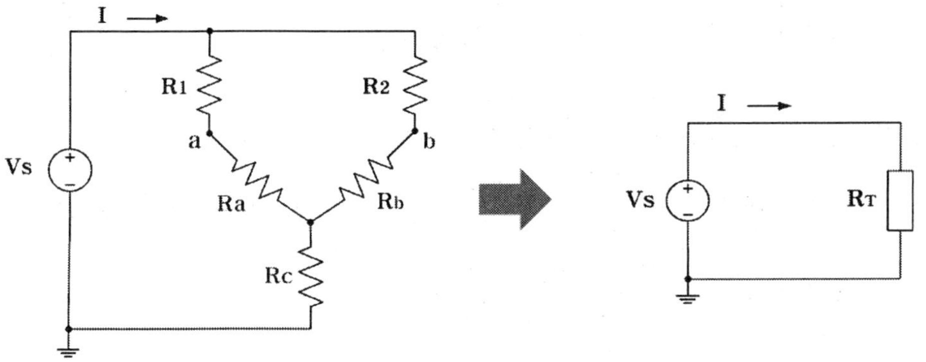

(b) Y형으로 변환된 회로

[그림 5-3] △ 결선에서 Y 결선으로 변환

다음 회로에서 △결선과 Y결선의 상관관계를 익히기 위해 단자 a-b간 저항에 대해 살펴보자.

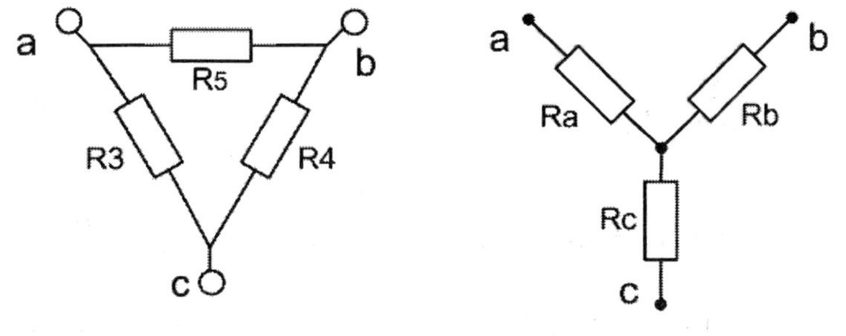

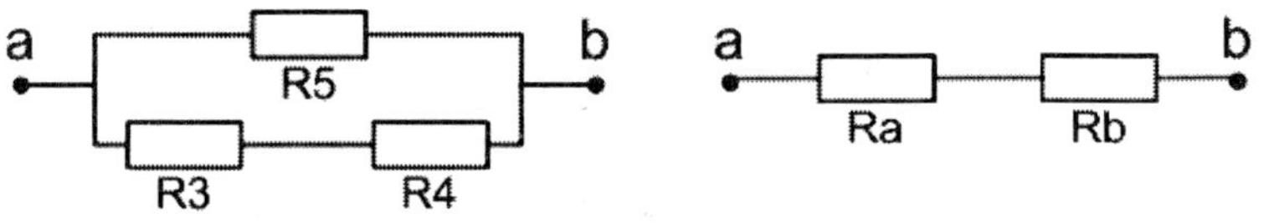

[그림 5-4] 변환을 위한 등가 회로도

먼저 그림으로부터 단자 a-b간의 합성저항을 구할 수 있다.

$$R_a + R_b = R_5//(R_3+R_4) = \frac{R_3R_5 + R_4R_5}{R_3+R_4+R_5} \qquad (5-4)$$

$$R_b + R_c = R_4//(R_3+R_5) = \frac{R_4R_3 + R_4R_5}{R_3+R_4+R_5} \qquad (5-5)$$

$$R_c + R_a = R_3//(R_4+R_5) = \frac{R_3R_4 + R_3R_5}{R_3+R_4+R_5} \qquad (5-6)$$

위의 세 식 (5-4), (5-5) 및 (5-6)을 합하면

$$2(R_a+R_b+R_c) = \frac{2(R_3R_5+R_4R_5+R_3R_4)}{R_3+R_4+R_5}$$ 로 되며, 이를 정리하면

$$R_a+R_b+R_c = \frac{R_3R_5+R_4R_5+R_3R_4}{R_3+R_4+R_5}$$ 이 된다. (5-7)

식 (5-7)로부터 식 식 (5-4), (5-5) 및 식 (5-6)를 빼면 다음과 같은 세 식을 얻을 수 있다.

$$R_a = \frac{R_3R_5}{R_3+R_4+R_5} \qquad (5-8)$$

$$R_b = \frac{R_4R_5}{R_3+R_4+R_5} \qquad (5-9)$$

$$R_c = \frac{R_3R_4}{R_3+R_4+R_5} \qquad (5-10)$$

만약 $R_3 = R_4 = R_5$ 이면 즉 R 이라고 하면, $R_a = R_b = R_c = \frac{R}{3}$ 이 되므로 Y결선의 각 저항값이 △결선의 각 저항값의 $\frac{1}{3}$로 감소함을 알 수 있다.

$$R_Y = \frac{R_\triangle}{3} \qquad (5\text{-}11)$$

그림 5-3(b)로부터 저항들을 쉽게 합성할 수 있으며 전압원을 흐르는 전류를 구할 수 있다. 이로부터 전류분배법칙을 이용하여 가지전류 I_1과 I_2를 구하며, Kirchhoff 법칙과 Ohm 법칙을 적용하면 두 지점의 전압을 구할 수 있다.

$$R_T = (R_1 + R_a)//(R_2 + R_b) + R_c \qquad (5\text{-}12)$$

$$I = \frac{V_S}{R_T} \qquad (5\text{-}13)$$

$$I_1 = I \times \frac{(R_2 + R_b)}{(R_1 + R_a) + (R_2 + R_b)}, \qquad I_2 = I - I_1 \qquad (5\text{-}14)$$

$$V_a = V_s - I_1 R_1 = V_3 \qquad (5\text{-}15)$$

$$V_b = V_s - I_2 R_2 = V_4 \qquad (5\text{-}16)$$

따라서 단자 a와 b간의 양단전압은

$$V_{ab} = V_a - V_b \qquad (5\text{-}17)$$

이로부터 두 단자를 연결한 저항 R_5를 흐르는 전류를 구할 수 있다.

$$I_{ab} = \frac{V_{ab}}{R_5} \qquad (5\text{-}18)$$

2) Y결선을 △결선으로 바꿔보자.

참고적으로 식 (5-8)로부터 식을 간략히 변형하면 $R_a = \frac{R_5}{1 + R_4/R_3 + R_5/R_3}$이 되며 이 값에 식 (5-9) 및 식 (5-10)을 대입하면 다음과 같이 쓸 수 있다.

$$R_5 = \frac{R_aR_b + R_bR_c + R_cR_a}{R_c} \qquad (5\text{-}19)$$

$$R_4 = \frac{R_aR_b + R_bR_c + R_cR_a}{R_a} \qquad (5\text{-}20)$$

$$R_3 = \frac{R_aR_b + R_bR_c + R_cR_a}{R_b} \qquad (5\text{-}21)$$

만약 각 저항값이 $R_a = R_b = R_c$이면 즉 R이라 하면 $R_3 = R_4 = R_5 = 3R$ 이 되므로 △결선의 각 가지 저항값은 Y결선의 각 가지(branch) 저항값의 3배로 증가한다.

$$R_{\triangle} = 3R_Y$$

△-Y 구성에 대해 상호변환하는 방법을 제시하면 다음과 같다. 이들의 상호변환에 익숙해져야 한다.

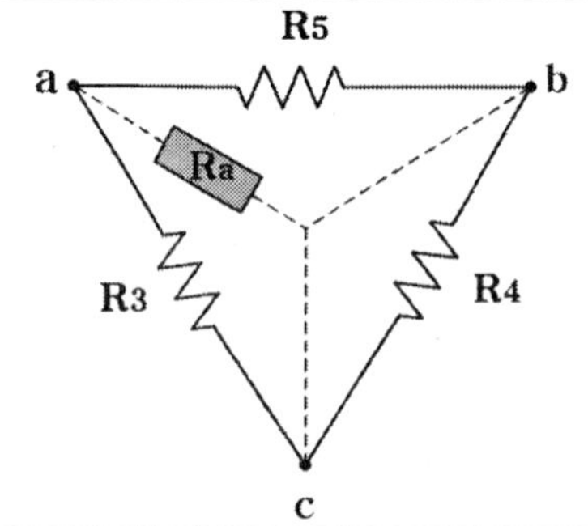	$R_a = \dfrac{R_3 R_5}{R_3 + R_4 + R_5}$ …
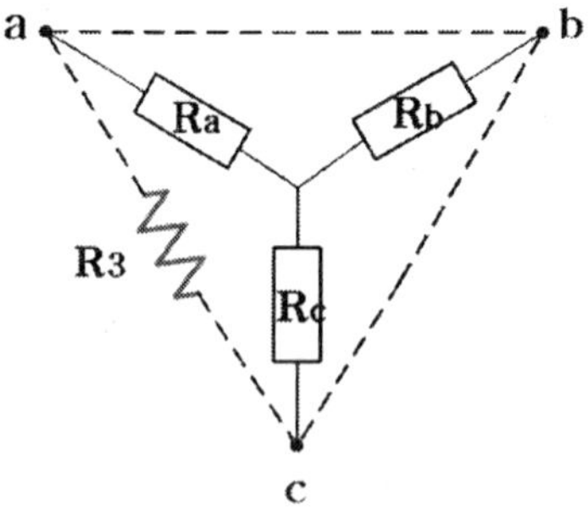	$R_3 = \dfrac{R_a R_b + R_b R_c + R_c R_a}{R_b}$ …

3. 가변저항(variable resistor)이란?

위의 Wheatstone 브리지 회로에서 평형을 이루기 위해 고정된 저항인 R_4 대신에 가변저항을 사용해 보자. 가변저항이란 사용자가 임의로 저항값을 조절하여 사용할 수 있도록 만들어진 저항이다. 가변저항의 두 가지 기본적인 역할은 전압을 분배하거나, 전류량을 조절하는 것이다. 그림(a)는 가변저항의 일반적인 기호를 나타낸 것이다.

먼저 전압을 분배하는 데 사용되는 가변저항을 **전위차계**(potentiometer)라고 한다. potentiometer는 그림 5-5(b)와 같이 3개의 단자들(terminals)를 가진 장치로서 단자 1, 2는 고정된 저항값을 가진다. 단자 3이 움직일 수 있도록 되어 있으므로 이를 사용하여 원하는 전압값을 만드는 데 사용한다.

반면 그림 5-5(c)와 같이 전류량을 조절하기 위해 사용되는 가변저항을 가감저항기(rheostat)라고 한다. 이 rheostat은 그림(c)와 같이 potentiometer의 단자 3을 단자 1 또는 단자 2와 연결하여 만든다. 그림에서 단자 2와 3이 서로 연결되어 있으므로 실제적으로 두 개의 단자를 갖는다고 할 수 있다.

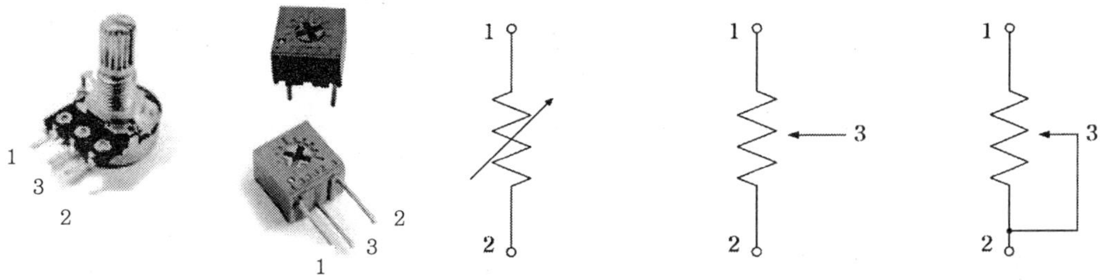

(a) variable resistor (b) potentiometer (c) rheostat

[그림 5-5] 전위차계와 가감저항기

[실험장비 및 부품]

사용장비	품 목	규 격	소요량
DC Power Supply Multimeter Breadboard	Resistor	470Ω, 680Ω 820Ω 3kΩ 1kΩ	각 2개 각 2개 3개 3개
	Variable Resistor	1kΩ	1개

[예비보고서]

1. 다음 bridge회로에 대해 답하시오.

1〉 전류 I_1 및 I_2

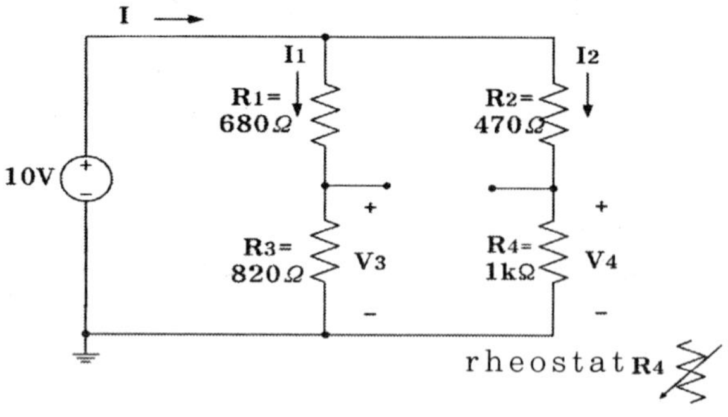

2〉 전압 V_3 및 V_4

3〉 두 출력단자 간의 전압차: $V_{34} = V_3 - V_4$

4〉 두 단자들 사이에 어떤 저항(전구)을 연결한다면 전류방향을 회로에 그리시오.

5〉 그림과 같이 R_4를 rheostat으로 바꾸시오. 만약 가변저항을 조절하여 위 회로가 평형이라면 미지저항 R_x 값은 얼마인가? 측정방법을 그림을 그려 나타내시오.

[회로도] [R_4구하기]

2. 다음 회로에 대해 답하시오.

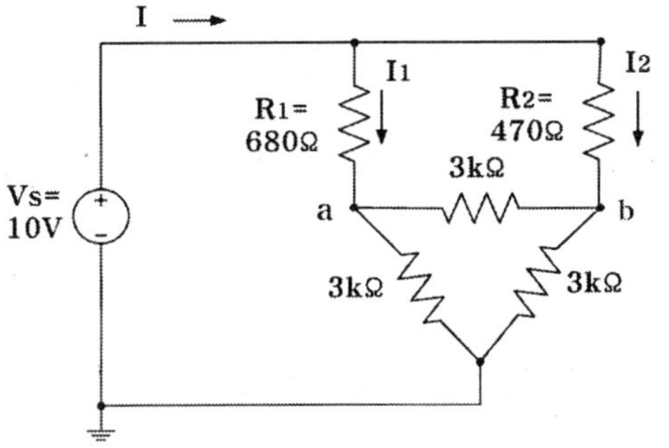

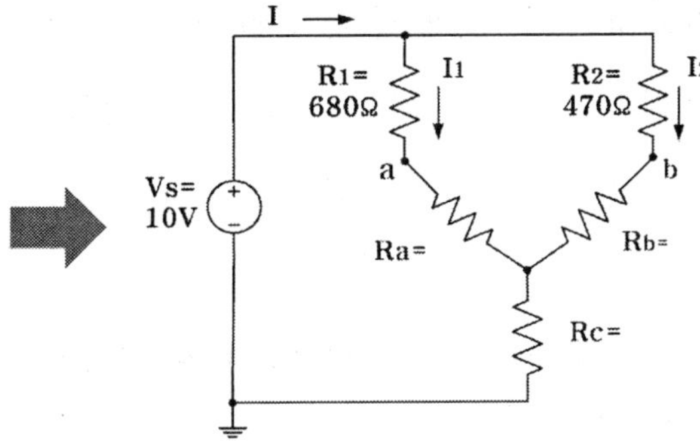

1) △결선을 Y결선으로 변환할 때, R_a, R_b 및 R_c를 구하시오.

$R_a =$ $R_b =$ $R_c =$

2) Y결선으로부터, 회로를 간략화하여 그림을 그리면서
단계별로 다음 값 총저항 R_T, I_1, I_2, V_a 및 V_b를 각각 구하시오.

[결과보고서]

<table>
<tr><td>실험제목</td><td colspan="5"></td></tr>
<tr><td>실험일자</td><td colspan="2">월 일 (요일)</td><td>담당교수</td><td colspan="2">㊞</td></tr>
<tr><td>실 험 조</td><td></td><td>학 번</td><td></td><td>성 명</td><td></td></tr>
</table>

1. 다음 회로에 대해 답하시오. 다음 회로를 구성하고 검류계(galvanometer)를 사용한다.

1〉 회로에 맞게 가감저항(R_X)을 연결하고 검류계 대신에 전압계(voltmeter) 혹은 전류계(ammeter)의 범위를 가장 낮게 놓고 측정한다.

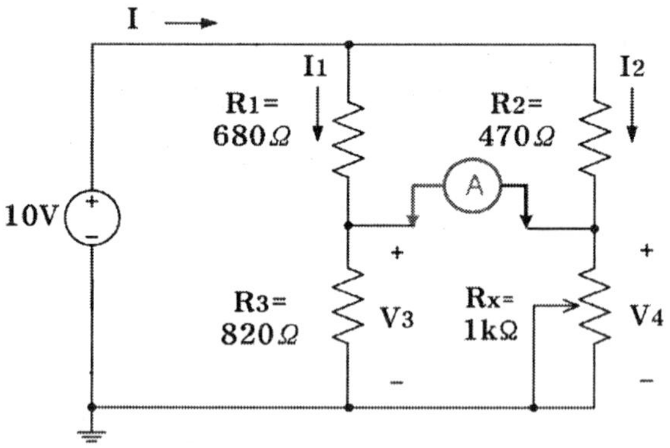

2〉 R_3저항을 다음과 같이 바꿀 때, 평형조건(측정값: $V_{34}=0[V]$)을 이용하여 가감저항 R_X값을 구하고자 한다.

다음 과정에 따라 표를 완성하시오.

- 평형이 일어날 때, 미지의 저항 R_X에 대한 이론치를 아래 표에 적는다.
- 측정값이 최소가 되도록(평형조건) 가감저항(R_X)을 조절하여 맞춘다.
- 멀티미터(DMM)로 미지의 저항 R_X값을 측정하여 구한다.

▶ 전압계(혹은 전류계)를 사용할 경우 ($R_1 = 680\Omega$, $R_2 = 470\Omega$이다.)

R_3	색띠치	820Ω	$1k\Omega$	비 고
R_X	이론치			평형시
	측정치			

2. 다음 회로에 대해 답하시오. 전압계(혹은 전류계)를 제거하고 그림과 같이 R_1과 R_2를 제외한 나머지 모든 저항 R_3, R_4 및 R_5를 $3k\Omega$으로 바꾼 △결선회로에 대해 물음에 답하시오.

1〉 Delta(△) 결선에서 측정된 각 전압 및 전류를 구하시오. 전류는 Ohm법칙을 활용해도 된다.

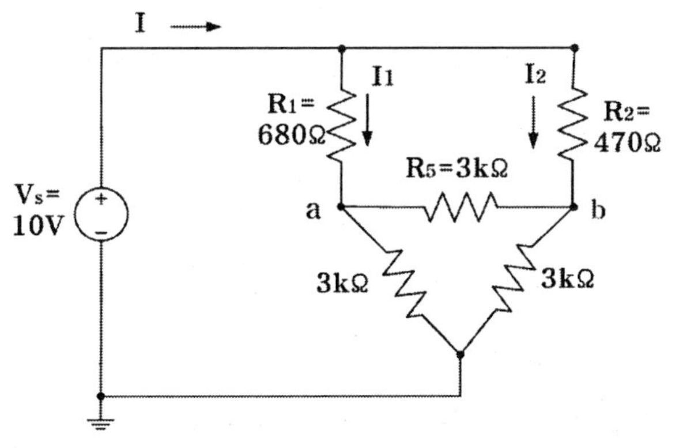

	R_T	V_a	V_b	V_{ab}
측정치				

	I	I_1	I_2
측정치			

2〉 위로부터 저항 R_5를 흐르는 실제 전류의 방향과 위 회로에 그려 넣고 이 저항 R_5를 흐르는 전류값을 구하시오.

3〉 Y결선으로 바꾸고자 한다. Y결선의 각 저항값으로 바꾸고 회로를 그리시오.

- $R_a = \dfrac{R_3 R_5}{R_3 + R_4 + R_5} =$
- $R_b = \dfrac{R_5 R_4}{R_3 + R_4 + R_5} =$
- $R_c = \dfrac{R_4 R_3}{R_3 + R_4 + R_5} =$

3. 문제2의 3〉의 계산값을 아래 그림에 표기하고, 이 회로를 구성하시오.

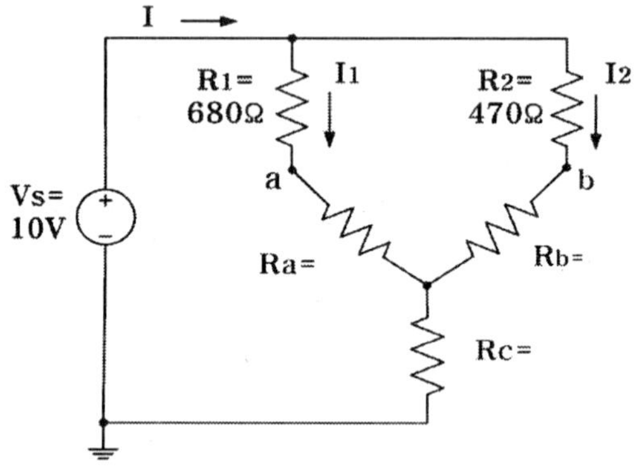

1〉 Y결선에서 각 전압 및 전류를 구하여 다음 표를 완성하시오.

	R_T	V_a	V_b	V_{a-b}
이론치				
측정치				

	I	I_1	I_2
이론치			
측정치			

2〉 2-1〉과 3-1〉의 표들로부터 두 측정값을 비교하시오.

	V_a	V_b	V_{a-b}	I_1	I_2
△ 결선					
Y 결선					

3〉 위의 결과로부터 △-Y 변환은 타당한가?

토의사항

1. 식 (5-3)인 평형조건을 증명하시오.

2. 다음 회로에서 물음에 답하시오. 단, 표시된 저항값은 $[k\Omega]$이다.

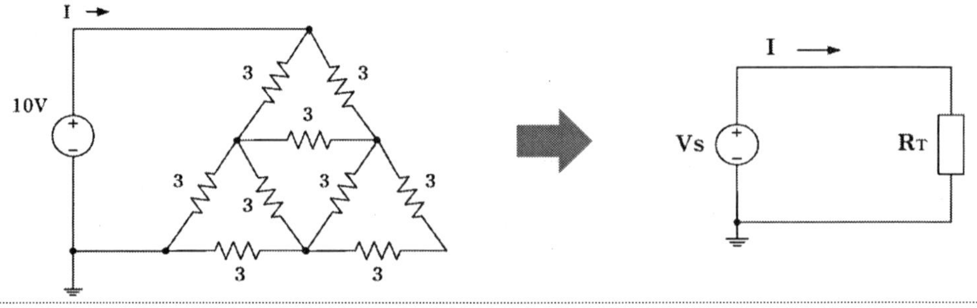

1) 위 회로의 총 합성저항값(R_T)을 구하시오.

2) 그림과 같이 전원을 흐르는 전류(I) 를 구하시오.

3. 전위차계(potentiometer)와 가감저항(rheostat)을 차이점을 설명하시오.

실험 6 중첩정리

실험목적

어떤 회로에 두 개 이상의 전원이 포함되어 있을 경우, **중첩정리(superposition theorem)**의 적용기법을 이해하고 실험을 통해 해당소자의 전류 및 전압을 구하는 방법을 익힌다.

기초이론

많은 전기전자회로는 한 개 이상의 전압원 및 전류원을 필요로 하는 경우가 있다. **중첩정리**는 여러개의 전원이 있는 회로에서 한 번에 1개씩의 전원에 의한 전압과 전류값을 구하는 방법이다. 이 때 다른 전원은 내부저항으로 대치한다.

다시 말해 전압원은 단락(short)시키고 전류원은 개방(open)시킨다. 즉, 두 개 이상의 전원을 포함하는 회로에서 각 단자에 걸리는 전압과 각 경로를 흐르는 전류를 구하고자 할 때, 각 전원이 단독으로 존재한다고 가정하였을 경우에 각 단자에 걸리는 전압과 각 경로를 흐르는 전류를 구하고 나중에 각각을 대수적으로 합한 것과 동일하다.

1. 회로해석

그림 6-1에 두 전압원이 있는 회로를 통해 중첩원리를 적용하는 방법을 나타낸다. 그림을 통해 각 단계를 살펴보기 위해 각 저항의 가지전류를 그림과 같이 표시하고 이후 각 저항에 걸리는 전압은 Ohm법칙으로 쉽게 구할 수 있다.

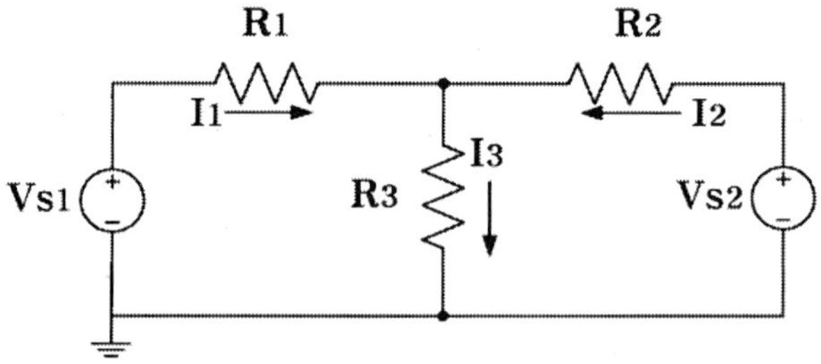

[그림 6-1] 중첩정리 적용회로

1> 중첩원리의 적용

중첩원리를 적용시키는 단계는 다음과 같다.

[단계1]: 하나의 전원은 활성화시키고 나머지는 비활성화시킨다. 즉 한 번에 한 개의 전압원(또는 전류원)을 취하고 다른 전압원(또는 전류원은 단락(개방)시키다. 여기서 단락(short)은 내부저항이 0이며 개방(open)은 내부저항이 무한대이다.

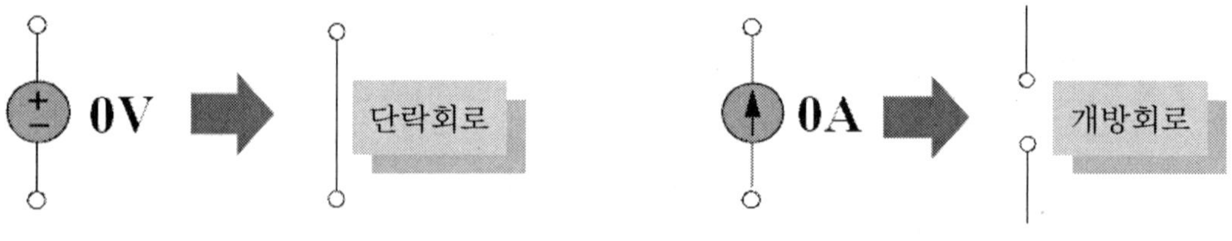

(a) 전압원　　(b) 전류원

[그림 6-2] 전압원과 전류원에서 비활성의 의미

[단계2]: 회로에 전원이 한 개만 있는 것으로 생각하여 전류 혹은 전압을 구한다.

[단계3]: 앞에 전원을 제외한 다음 전원을 취하여 단계1, 2를 반복한다.

[단계4]: 주어진 가지에서 실제 전류를 구하기 위해 각 개별전원에 의한 각각의 전류값을 대수적으로 합한다. 원래 회로와 같은 방향은 더하고 다른 방향은 뺀다. 전류를 구하면 전압도 구할 수 있다.

2〉 회로해석

그림 6-3은 그림 6-1을 전원별로 두개로 나누어 다시 그린 것이다. 그림으로부터 전원의 극성에 맞게 저항에 걸리는 전압극성과 전류방향을 표시하였다.

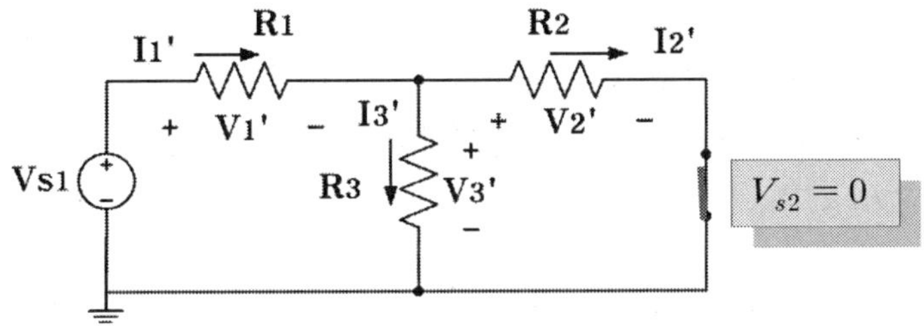

(a) 전원 V_{s1}만이 동작하는 경우

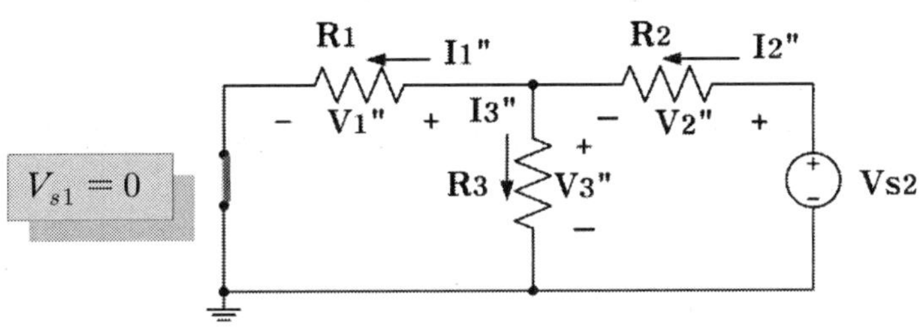

(b) 전원 V_{s2}만이 동작하는 경우

[그림 6-3] 각 전원별로 적용된 회로의 전압 및 전류극성

이들 각각의 회로로부터 Kirchhoff 전압법칙 및 전류법칙 그리고 Ohm법칙을 이용하여 각 값을 계산한다.

그림 6-3의 (a)로부터 저항을 합성하면

$$R_T = R_1 + (R_2 \parallel R_3) \tag{6-1}$$

전원으로부터 흘러나가는 총 전류는

$$I_T = \frac{V_{s1}}{R_T} = I_1' \tag{6-2}$$

전류분배 법칙에 의해 저항 R_2와 R_3를 흐르는 전류를 구하면 다음과 같다.

$$I_2' = I_1' \times \frac{R_3}{R_2 + R_3} \tag{6-3}$$

$$I_3' = I_1' \times \frac{R_2}{R_2 + R_3}$$

또한 각 전압은 전류가 구해졌으므로 Ohm 법칙을 사용하면 구할 수 있다.

또한 그림 6-3의 (b)로부터 저항을 합성하면

$$R_T = R_2 + (R_1 \parallel R_3) \tag{6-4}$$

전원으로부터 흘러나가는 총 전류는

$$I_T = \frac{V_{s2}}{R_T} = I_2'' \tag{6-5}$$

전류분배 법칙에 의해 저항 R_2와 R_3를 흐르는 전류를 구하면 다음과 같다.

$$I_1'' = I_2'' \times \frac{R_3}{R_1 + R_3} \tag{6-6}$$

$$I_3'' = I_2'' \times \frac{R_1}{R_1 + R_3}$$

또한 각 전압은 전류가 구해졌으므로 Ohm 법칙을 사용하면 구할 수 있다.

$$V_1 = I_1 R_1, \quad V_2 = I_2 R_2, \quad V_3 = I_3 R_3$$

최종적으로 여기서 전압과 전류를 합하는 경우에 더하여지는 전압의 극성과 전류의 방향을 고려하여야 한다. 그림 6-1과 같은 회로의 최종적인 전압극성과 전류방향은 원래 회로에 나타낸 대로 전압극성 및 전류방향과 동일하게 맞추는 것이다.

그림 6-1의 경우에 비교하여 원래 회로와 분리시켜 측정한 전압의 극성이 동일한 경우에는 더하고 반대인 경우에는 빼며, 전류도 흐르는 방향이 동일한 경우에는 더하고 반대인 경우에는 뺀다.

그림 6-1과 그림 6-3를 비교하자. 그림 6-1에서 전류 I_1은 그림 6-3의 전류 I_1'의 방향은 같다. 그러나 전류 I_1''은 방향이 반대이다. 따라서 전체전류는

$I_1 = I_1' + (-I_1'')$으로 나타낸다.

이로부터 원래회로의 전류방향 및 전압극성에 유의하여 정리하면 다음과 같다.

$$V_1 = V_1' + (-V_1'') \qquad V_2 = (-V_2') + V_2'' \qquad V_3 = V_3' + V_3'' \qquad (6-7)$$

$$I_1 = I_1' + (-I_1'') \qquad I_2 = (-I_2') + I_2'' \qquad I_3 = I_3' + I_3'' \qquad (6-8)$$

2. 행렬(matrix)을 이용한 계산

여러 개의 미지의 값을 구하고자 할 때, 미지수의 개수와 같은 수의 방정식이 필요하다. 여기서는 행렬식을 사용하여 체계적으로 구하는 방법을 설명한다.

1〉 회로에서 기본법칙 적용

그림 6-4의 회로에서 두 전류 I_1 및 I_2를 구하기 위해, 두 개의 폐회로(two closed loops)에 대해 우리가 앞에서 배운 기본적인 법칙인 KVL, KCL 및 Ohm 법칙을 적용하여 구한 연립방정식을 만들어 보자.

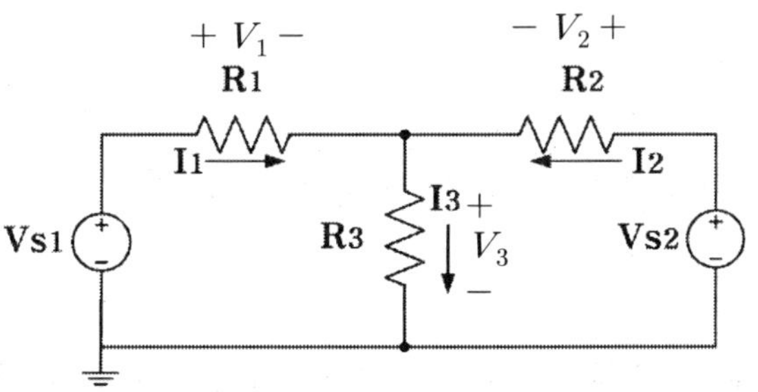

[그림 6-4] 행렬식의 적용을 위한 회로 해석 과정

- KVL 및 Ohm법칙: $V_{s1} = V_1 + V_3 = R_1 I_1 + R_3 I_3$ (6-9)

  $V_{s2} = V_2 + V_3 = R_2 I_2 + R_3 I_3$ (6-10)

- KCL : $I_1 + I_2 = I_3$ (6-11)

식 6-11을 식 6-9, 식 6-10에 대입하고 미지수 I_1, I_2로 하여 정리하면 다음과 같다.

$$V_{s1} = (R_1 + R_3) I_1 + R_3 I_2 = aI_1 + bI_2 \qquad (6-12)$$

$$V_{s2} = R_3 I_1 + (R_2 + R_3) I_2 = cI_1 + dI_2 \qquad (6-13)$$

구체적으로 임의의 수치를 이용하여 미지의 값을 구하는 법을 익히도록 하자.

$$15 = 10I_1 + 5I_2$$

$$8 = 2I_1 + 4I_2$$

2〉 행렬식

주어진 식으로부터 먼저 **특성행렬식**(characteristic determinant)을 구한다.

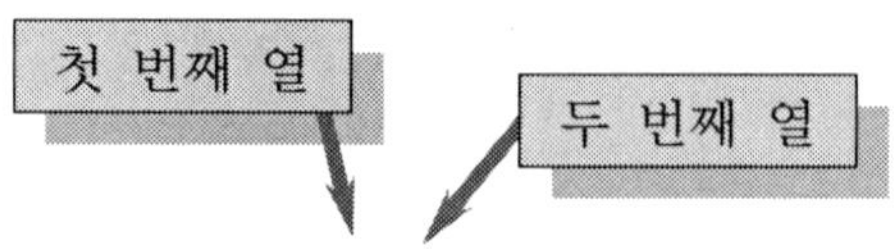

$$\text{특성행렬식(D)}: \ D = \begin{vmatrix} a & b \\ c & d \end{vmatrix} = \begin{vmatrix} 10 & 5 \\ 2 & 4 \end{vmatrix}$$

1〉 I_1를 구하기 위해 첫 번째 열의 □에 상수값(V_{s1}, V_{s2})을 대입하고 계산한다.

$$I_1 = \frac{\begin{vmatrix} \square & 5 \\ \square & 4 \end{vmatrix}}{D} = \frac{\begin{vmatrix} 15 & 5 \\ 8 & 4 \end{vmatrix}}{\begin{vmatrix} 10 & 5 \\ 2 & 4 \end{vmatrix}} = \frac{(15)(4) - (5)(8)}{(10)(4) - (5)(2)} = \frac{20}{30}[A]$$

2〉 I_2를 구하기 위해 두 번째 열의 □에 상수값(V_{s1}, V_{s2})을 대입하고 계산한다.

$$I_2 = \frac{\begin{vmatrix} 10 & \square \\ 2 & \square \end{vmatrix}}{D} = \frac{\begin{vmatrix} 10 & 15 \\ 2 & 8 \end{vmatrix}}{\begin{vmatrix} 10 & 5 \\ 2 & 4 \end{vmatrix}} = \frac{(10)(8) - (15)(2)}{(10)(4) - (5)(2)} = \frac{50}{30}[A]$$

어떤 회로에 대해 식 6-12, 식 6-13과 같이 해당 방정식을 세우면, 그 연립방정식의 해는 행렬식을 이용하여 체계적으로 구할 수 있다.

[실험장비 및 부품]

사용장비	품 목	규 격	소요량
DC Power Supply Multimeter Breadboard	Resistor	1kΩ 1.5kΩ 2.7kΩ	각 1개

[예비보고서]

중첩정리를 이용하여 다음 물음에 답하시오.

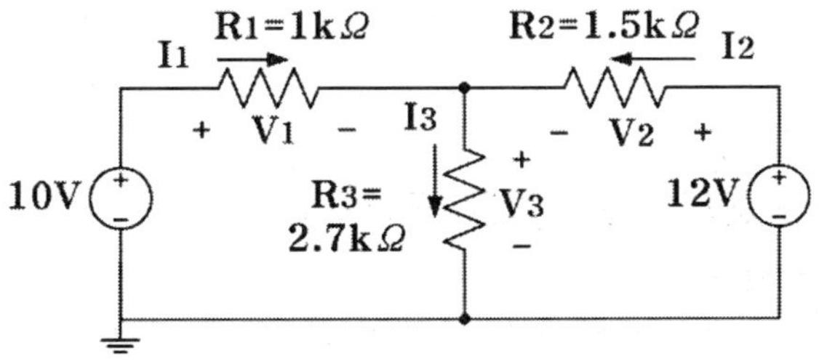

1. 그림 6-2를 참고하여 각 전류를 구하시오.

1) 전원전압 10 V만 살아있을 경우, 그림을 그려 구하시오.

2〉 전원전압 $12V$만 살아있을 경우, 그림을 그려 구하시오.

3〉 각 회로의 전류로부터 중첩된 전류 I_1, I_2 및 I_3를 구하시오.

	I_1	I_2	I_3
이론치			

2. 그림에 나타낸 각 저항의 양단전압을 구하시오.

1〉 다음 표를 완성하시오.

	V_1	V_2	V_3
이론치			

2〉 KCL이 성립하는가?

[결과보고서]

실험제목					
실험일자	월 일 (요일)		담당교수	㊞	
실 험 조		학 번		성 명	

1. 다음 회로를 구성하고 물음에 답하시오.

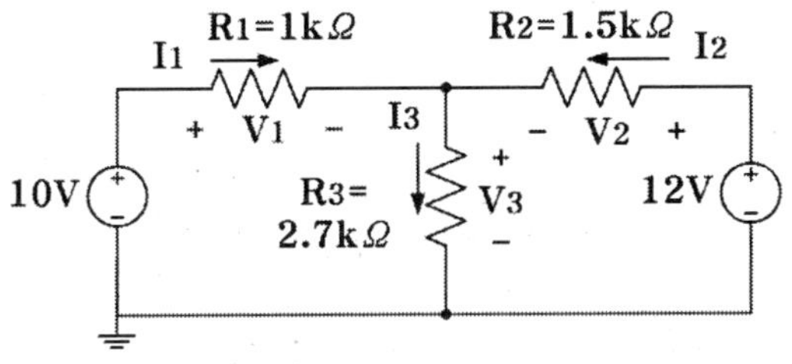

1〉 각 저항의 전압 V_1, V_2, V_3와 전류 I_1, I_2, I_3의 이론치 및 측정치를 구하시오.

〈표 6-1〉

구 분		이론치	측정치	오차
전압	V_1			
	V_2			
	V_3			
전류	I_1			
	I_2			
	I_3			

2〉 마디(node)란 두 개 이상의 소자가 만나는 곳이다. 측정치를 이용하여 KCL의 성립여부를 수치적으로 검토하시오.

- 마디: $I_1 + I_2 = I_3$

3〉 측정치를 이용하여 폐회로에 대해 KVL의 성립여부를 수치적으로 검토하시오.

- 왼쪽 루프: $-10[V]+V_1+V_3=0$
- 오른쪽 루프: $-12[V]+V_2+V_3=0$
- 바깥쪽 루프: $-10[V]+V_1-V_2+12[V]=0$

2. 중첩원리를 실험하기 위해 두개의 각 전원에 대해 분리하여 구한다.

1〉 전압원 $V_{s1}=10V$ 만 살렸을 경우 각 저항의 전압 V_1', V_2' 및 V_3'과 전류 I_1', I_2' 및 I_3'의 이론치와 측정치를 구하여 다음 표에 기록하시오.

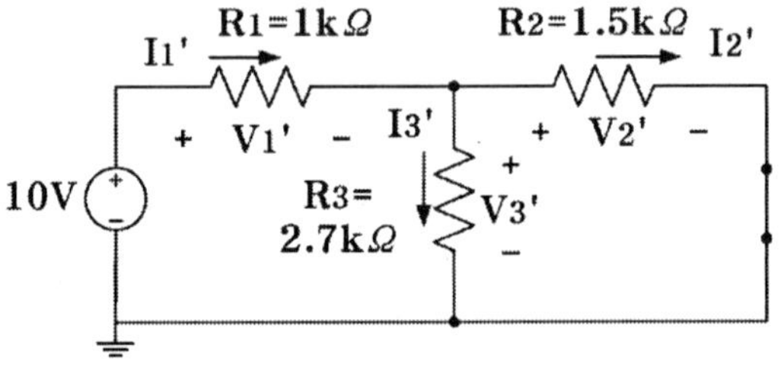

구분	$V_{s1}=10V$ and $V_{s2}=0V$			
		이론치	측정치	오차
전압	V_1'			
	V_2'			
	V_3'			
전류	I_1'			
	I_2'			
	I_3'			

2〉 전압원 만 $V_{s2} = 12\,V$살렸을 경우 각 저항의 전압 V_1'', V_2'' 및 V_3'' 과 전류 I_1'', I_2'' 및 I_3'' 의 이론치와 측정치를 구하여 다음 표에 기록하시오.

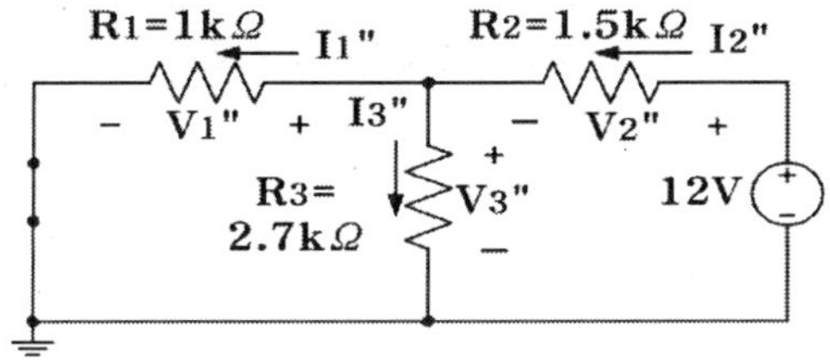

구분	$V_{s1} = 0\,V$ and $V_{s2} = 12\,V$			
		이론치	측정치	오차
전압	V_1''			
	V_2''			
	V_3''			
전류	I_1''			
	I_2''			
	I_3''			

3〉 위의 실험으로부터 중첩된 합성전압 및 합성전류를 구하시오.

〈표 6-2〉

구분	$V_{s1} = 10\,V, V_{s2} = 0\,V$			$V_{s1} = 0\,V, V_{s2} = 12\,V$			중첩값		
		이론치	측정치		이론치	측정치		이론치	측정치
전압	V_1'			V_1''			$V_1' - V_1''$		
	V_2'			V_2''			$-V_2' + V_2'$		
	V_3'			V_3''			$V_3' + V_3''$		
전류	I_1'			I_1''			$I_1' - I_1''$		
	I_2'			I_2''			$-I_2' + I_2''$		
	I_3'			I_3''			$I_3' + I_3''$		

3. 중첩원리를 규명하기 위해 그 측정된 결과값을 아래에 비교하시오.

1〉 해당 실험의 측정값들로부터 다음 표를 완성하시오.

	표 6-1	표 6-2	오차
V_1			
V_2			
V_3			

2〉 위의 결과를 바탕으로 중첩원리는 성립하는가?

토의사항

1. 중첩(superposition)정리란 무엇인가?

2. 예비보고서 문제를 행렬을 이용하여 풀이하고자 한다.

1〉 두 개의 폐회로(loop)에 대해 KVL을 이용하여 방정식을 쓰시오.

2〉 Ohm 법칙을 적용하여 위의 식을 다시 쓰시오.

3〉 KCL을 적용하여 미지수 I_1, I_2로 고쳐 쓰시오.

4〉 행렬식 또는 역행렬을 이용하여 두 미지수를 구하고 예비보고서와 일치하는지 검토하시오.

실험 7 Thevenin 정리

실험목적

복잡한 회로를 해석하기 편리하게 간단한 회로로 표현할 수 있는 기법인 **테브난 정리**(Thevenin's theorem)를 이해하고 이를 실험을 통해 구하는 방법을 익힌다.

기초이론

1. 등가전압 및 등가저항

왜 등가(equivalent)라는 용어를 사용하는가?

복잡한 저항회로를 상자에 넣고 출력단자만 노출시킨다. 그런 다음 그 회로의 Thevenin 등가회로를 똑같은 상자에 넣고 출력단자만 노출시킨다. 회로가 포함된 각 상자의 출력단자 양단에 동일한 부하저항을 연결한다. 그리고 그림 7-1과 같이 전류계(ammeter)와 전압계(voltmeter)로 부하의 전류 및 전압을 측정한다.

위에서 전류 및 전압의 측정값이 동일하면 원래 회로가 들어있는 상자와 Thevenin 등가회로가 들어있는 상자를 구분할 수 없다. 즉, 전기측정을 바탕으로 한 실험결과를 보면 두 회로는 동일하므로 이를 등가(equivalent)라고 한다. Thevenin 등가회로는 원 회로와는 동일하지는 않지만 출력전압(V_{out})과 출력전류(I_{out})에 관한 한 동일한 기능을 가지면 같은 효과를 가진다고 말할 수 있다.

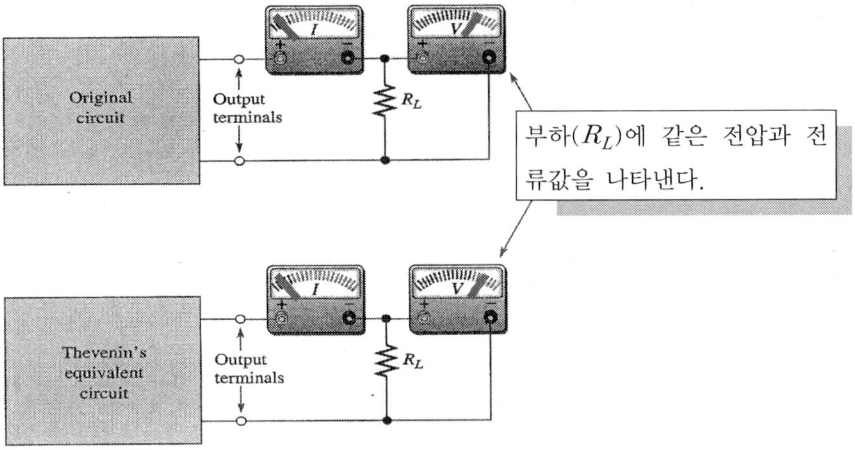

[그림 7-1] 등가회로와 등가의 의미

즉 회로가 어떻게 구성되든지간에 구하고자 하는 관심부분에 같은 전압과 전류가 된다면 같은 기능을 가짐을 의미한다. 위의 그림에서 어느 상자에 원래의 회로가 들어있는지 또한 어느 상자에 등가회로가 들어있는지를 측정상으로 알 수 없다.

Thevenin정리는 어떤 회로를 표준 등가회로로 단순화시키는 방법을 제시한다. 즉, 복잡한 회로를 간단한 회로로 만드는데 사용된다. 두 개의 단자를 가진 Thevenin 등가회로는 전압원(V_{TH})과 저항(R_{TH})으로 구성된다. 이 두 값은 원래 회로의 구성에 따라 결정된다.

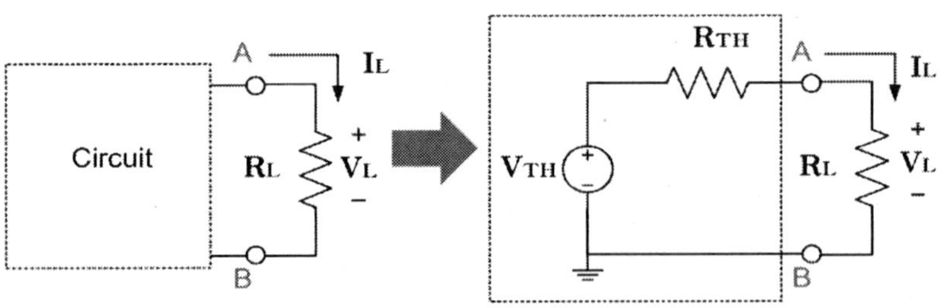

(a) 원 회로 (b) 등가회로

[그림 7-2] Thevenin 회로

그림 7-2(a)의 회로에서 부하저항 R_L을 중심으로 두 단자 A, B에서 왼쪽으로

본 복잡한 회로를 그림 7-2(b)와 같이 하나의 전압원 V_{TH}와 하나의 등가저항 R_{TH}가 직렬로 연결된 간단한 회로로 바꿀 수 있다. 이를 Thevenin 정리라고 하며, V_{TH}를 Thevenin 전압, R_{TH}를 Thevenin 저항이라고 한다. 이 때 그림 7-2의 두 회로의 부하저항 R_L에 걸리는 전압 V_L과 흐르는 전류 I_L은 각각 다음과 같다.

$$V_L = V_{TH} \times \frac{R_L}{R_{TH} + R_L} \tag{7-1}$$

$$I_L = \frac{V_{TH}}{R_{TH} + R_L} \tag{7-2}$$

Thevenin 정리는 회로 전체의 전압 및 전류상태를 몰라도 회로 중에 관심있는 임의의 가지에서 일어나는 전류, 전압을 구할 수 있는 대단히 중요한 정리이다. 특히 부하가 변할 때, 같은 작업을 반복할 필요가 없도록 간단하게 계산하여 구할 수 있도록 해준다.

2. 회로에서 구하는 방법

회로의 Thevenin 등가회로를 구하려면 등가전압 V_{TH}, 등가저항 R_{TH}을 구해야 한다. 그림에서 우선 관심이 있는(전압 및 전류를 구하고자 하는) 부하저항 R_L의 개방을 전제로 한다.

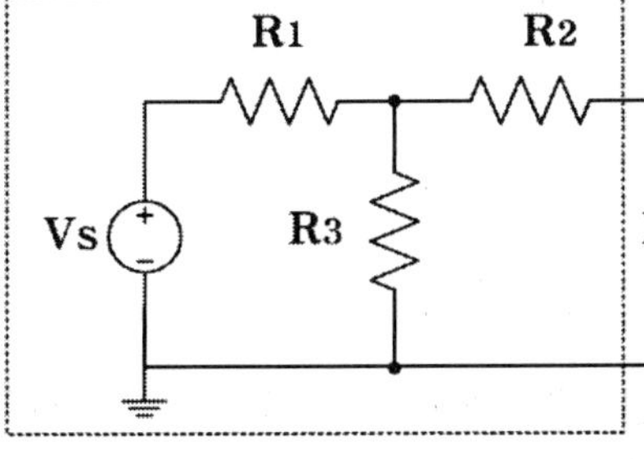

[그림 7-3] Thevenin 등가회로 설명회로

1) 등가전압(V_{TH})

부하저항을 제거한 후, 단자 A, B를 개방하였을 때 두 단자 사이에 걸리는 개방회로의 전압(V_{OC})이다. 이 점A와 점B 사이의 개방전압이 바로 Thevenin 등가

전압이다. 다음 그림에서와 같이 부하를 개방시, 회로의 R_2에 전류가 흐르지 않으므로 A와 B사이의 전압은 R_3양단전압과 같다.

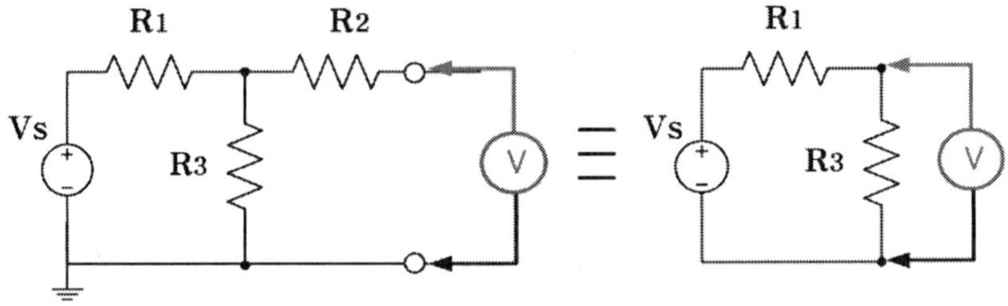

[그림 7-4] Thevenin 등가전압 구하기

$$V_{TH} = V_S \times \frac{R_3}{R_1 + R_3}$$

2) 등가저항(R_{TH})

Thevenin 저항(R_{TH})는 그림 7-3에서 부하저항(R_L)을 개방한 후에 회로망의 전원(source)을 모두 비활성화하고 개방단자 A, B에서 측정한 저항이다. 이 때 전원(source)을 제거하는 방법으로서 전압원(voltage source)인 경우에는 단락(short)시키고, 전류원인 경우에는 개방(open)시킨다. 달리 표현하면, 전원은 이상적 전원의 내부저항으로 바꾼다.

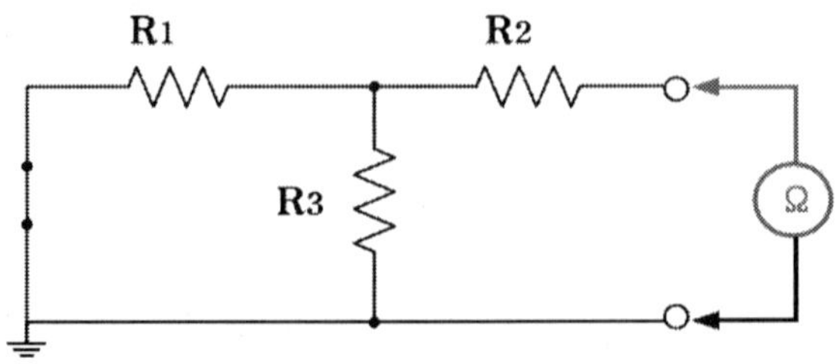

[그림 7-5] Thevenin 등가저항 구하기

위의 회로로부터 등가저항을 구하면 다음과 같다.

$$R_{TH} = R_2 + (R_1 \parallel R_3)$$

[전압원과 전류원에서 비활성화의 의미]

중첩정리, 등가회로 등의 회로해석을 하고자 할 경우, '전원을 0(zero)화한다' 또는 '전원을 죽인다'라고 하는 용어가 자주 등장한다. 이 의미는 그림 7-6과 같이 전압원은 단락(short)시키고 전류원은 개방(open)시키는 것이다.

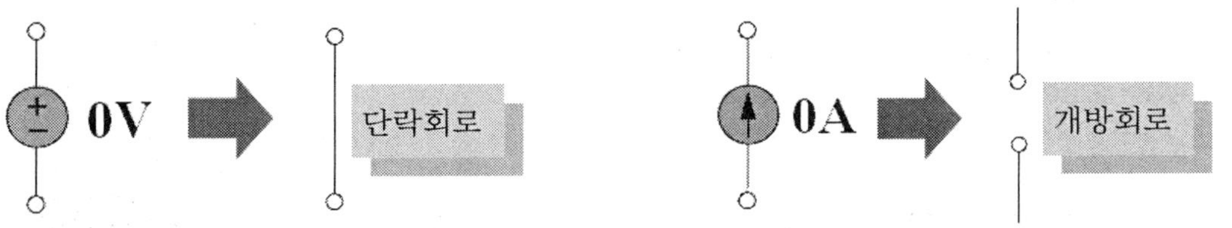

[그림 7-6] 전압원과 전류원의 비활성화의 의미

3. 실험으로 V_{TH} 및 R_{TH} 구하기

만약 회로망의 내부는 공개되지 않고 출력단자만 노출되어 있다고 하자. 이 경우는 등가전압(V_{TH})은 쉽게 구할 수 있지만, 특히 등가저항(R_{TH})을 구하기 위해 회로가 노출되지 않으므로 전원(전압원, 전류원)을 제거할 수 없으므로 대안을 생각해야 한다. 두 가지 방법을 제시한다.

1〉 가감저항기(rheostat)의 활용

다음 그림들의 순서에 따라 그림 7-7과 같이 측정하는 방법이 있다.

- 회로의 출력단자로부터 부하를 제거하여 개방시킨다.
- 개방된 단자전압을 측정한다.($V_{OC} = V_{TH}$)
- 이 개방된 두 단자에 가감저항기를 연결한다.
- 가변저항을 조절하여 단자전압이 테브난 전압의 반(1/2)이 되도록 한다.

  $R_L = R_{TH}$ 이면 부하전압은 $V_L = \dfrac{V_{TH}}{2}$ 이다.
- 가감저항을 회로에서 분리하여 저항계로 저항값을 측정한다.

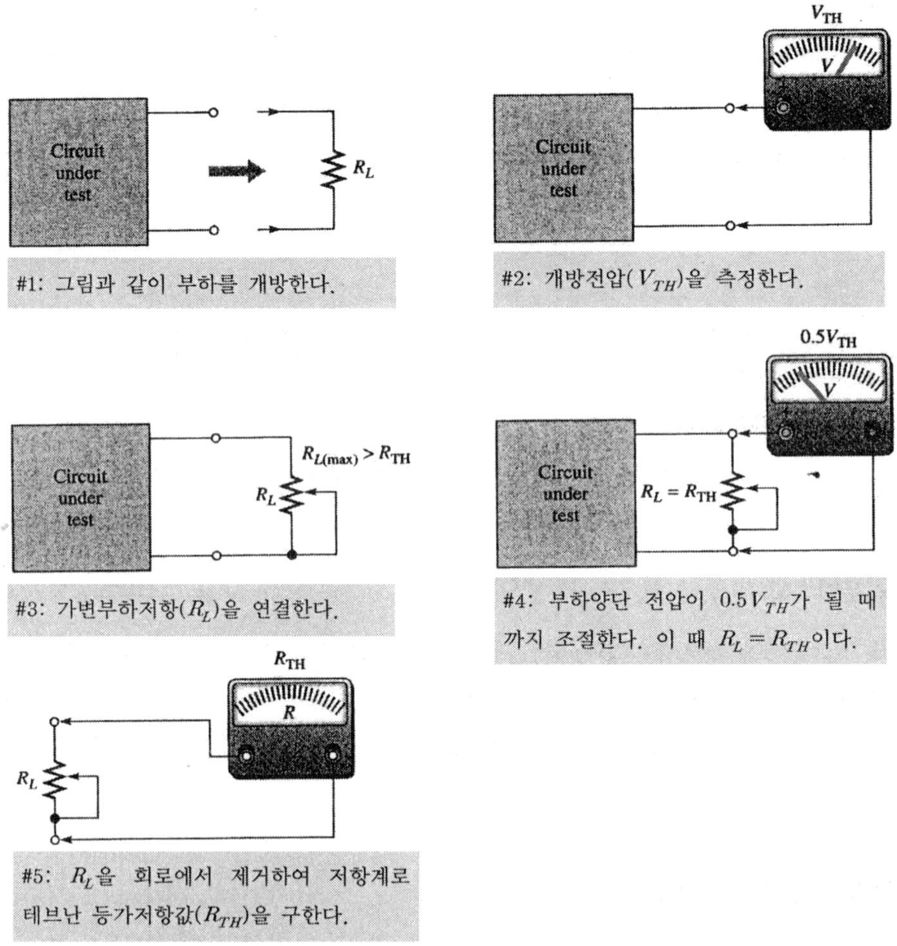

[그림 7-7] 가감저항을 활용한 Thevenin 등가회로 구하기

2> 외부에서 측정이 가능한 V_{TH}, V_L 및 R_L 값의 활용

위에서 사용한 가변저항을 적어도 내부저항(테브난 저항)보다는 커야 한다. 그렇치 않으면 부하저항으로 고정된 임의저항을 사용할 경우 다음과 같은 방법으로 사용할 수 있다.

- 회로의 출력단자로부터 부하를 제거하여 개방시킨다.
- 개방된 단자전압($V_{oc} = V_{TH}$)을 측정한다.

- 임의의 부하저항 R_L을 선택한다. 계측기를 이용하여 다음 값을 측정한다.

$$V_L = V_{TH} \times \frac{R_L}{R_{TH} + R_L}$$

따라서 테브난 등가저항은 다음과 같다.

$$\therefore R_{TH} = R_L\left(\frac{V_{TH}}{V_L} - 1\right) = R_L\left(\frac{V_{TH} - V_L}{V_L}\right) \tag{7-3}$$

[실험장비 및 부품]

사용장비	품 목	정 격	소요량
DC Power Supply Multimeter Breadboard	Resistor	270Ω, 300Ω 470Ω, 680Ω	각 1 개
	가변저항	1kΩ	

[예비보고서]

1. 다음 회로에서 고전적인 방식으로 KVL, KCL 및 Ohm법칙을 사용하여 부하를 흐르는 전류(I_L)와 부하양단전압(V_L)을 구하시오.

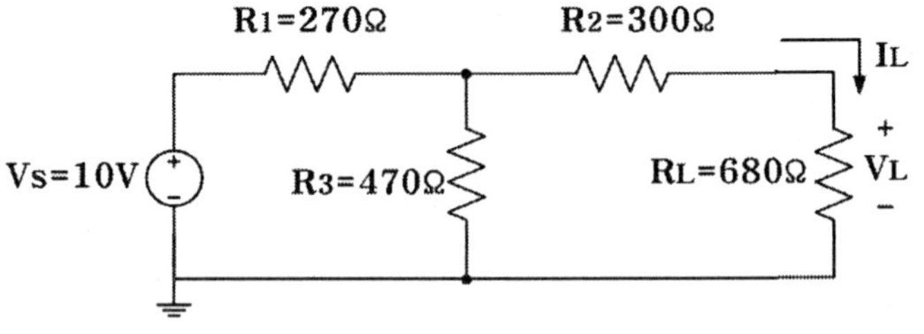

2. 문제1과 같은 회로로서, 회로의 A, B의 좌측에 대해 간략화하고자 한다.

1〉 부하저항(R_L)을 개방하고 Thevenin 등가회로를 구하시오.

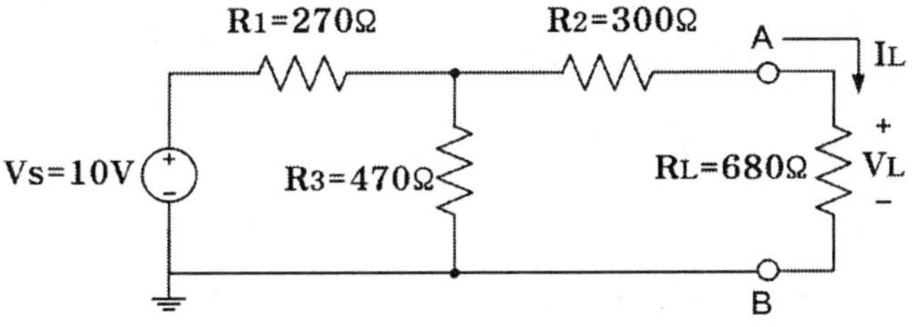

#1: V_{TH}

#2: R_{TH}

2〉 Thevenin 등가회로를 그리시오.

3〉 등가회로를 이용하고 개방했던 부하(680Ω)를 연결하고 부하전류(I_L)를 구하시오. 예비보고서 문제1과 같은 결과를 가지는가?

[결과보고서]

실험제목					
실험일자	월 일 (요일)			담당교수	㊞
실 험 조		학 번		성 명	

1. 다음 회로를 구성하고 아래의 실험을 수행하시오.

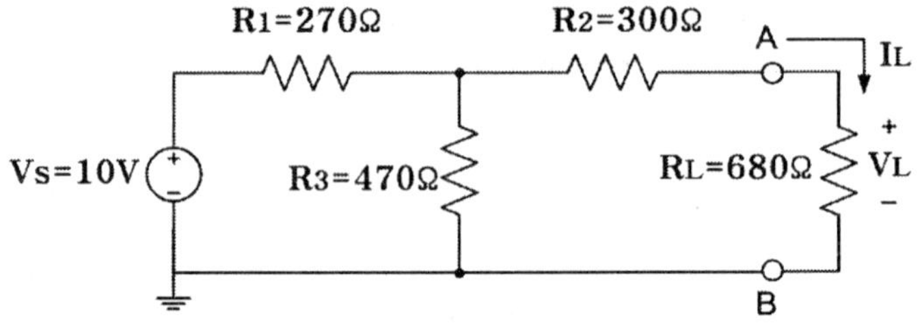

1〉 부하저항(R_L)에 걸리는 전압 V_L과 흐르는 전류 I_L의 이론치와 측정치를 구한다.

파라미터	이론치	측정치	오차
V_L			
I_L			

2〉 Thevenin 등가회로를 구하고 부하전압(V_L)과 부하전류(I_L)를 구하고자 한다.

- 먼저 부하($R_L = 680\Omega$)를 단자 A, B에서 개방한 후, V_{TH}를 측정하고
- R_{TH}는 10[V] 전원은 죽이고 저항을 측정한다. 측정을 위한 회로를 다시 그리시오.

[V_{TH} 구하는 회로]　　　　　　[R_{TH} 구하는 회로]

파라미터	이론치	측정치	오차
V_{TH}			
R_{TH}			

• 측정에 근거하여 Thevenin 등가회로(V_{TH}와 R_{TH}를 이용하여)를 그리시오.

• 위의 등가회로를 바탕으로 부하저항($R_L = 680\Omega$)을 연결하였을 때 그림을 다시 그리고, 부하 양단전압 V_L과 흐르는 전류 I_L을 구하여 1〉과 비교하시오.

파라미터	이론치	측정에 근거한 계산치	오차
V_L			
I_L			

3〉 위의 결과를 바탕으로 Thevenin 등가회로 방식은 타당한가?

2. 문제1과 달리 그림과 같이 회로내부는 볼 수 없다고 가정하자. 즉 Circuit라고 쓰여진 사각형은 단자 A, B의 왼쪽부분 회로로서 내부를 손댈 수 없으므로 등가저항을 구하기 위해 전원을 죽일 수가 없다. 이 경우 부하로 그림과 같이 가감저항(rheostat)을 사용하여 등가회로를 구하고자 한다.

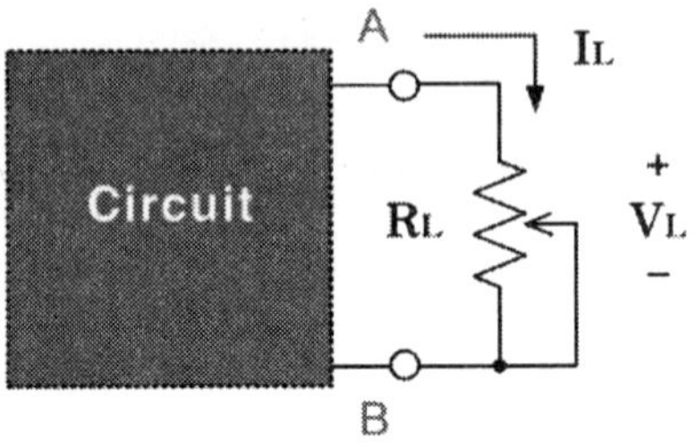

1〉 부하(R_L)를 개방한 개방 단자전압(V_{TH})을 구하여 아래 표에 쓰시오.

2〉 부하전압 V_L이 V_{TH}값의 1/2이 될 때까지 가변저항을 변화시켜 저항값을 측정하면 R_{TH}가 된다. 이 때 이 가변 저항값이 등가 내부저항(R_{TH})과 같다.

파라미터	이론치	측정치	오차
V_{TH}			
$V_L = \frac{V_{TH}}{2}$			
R_{TH}			

3〉 2〉에서 가감저항기를 이용하여 등가저항(R_{TH})을 구할 때, 왜 부하전압(V_L)이 Thevenin 전압(V_{TH})의 반(1/2)일 때 $R_L = R_{TH}$인가? 등가회로를 그려서 그 이유를 설명하시오.

토의사항

1. 어떤 회로에서 회로내부를 볼 수 없을 경우, Thevenin 등가회로를 구하는 방법을 설명하시오.

2. 식 (7-3)을 유도하시오.

3. Thevenin 등가회로는 어떤 의미에서 가치가 있다고 생각하는가?

실험 8 최대전력전달 정리

실험목적

부하저항(R_L)에 전력(power)을 공급하는 문제에서 부하저항이 어떤 값을 가질 때, 이 부하에 전력이 최대로 전달되는 조건을 실험적으로 증명한다.

기초이론

그림 8-1과 같은 간단한 회로에서 부하저항 R_L에 걸리는 전압은 전압분배법칙 또는 Ohm법칙에 의하여

$$V_L = V_S \times \frac{R_L}{R_S + R_L} \tag{8-1}$$

이며, 부하에 흐르는 전류는

$$I_L = \frac{V_L}{R_L} = \frac{V_S}{R_S + R_L} \tag{8-2}$$

이다. 따라서 부하에 전달된 전력은 Ohm법칙을 이용하면 다음과 같다.

$$P_L = V_L I_L = \frac{V_L^2}{R_L} = I_L^2 R_L \tag{8-3}$$

또한 전원(V_S)에서 공급되는 전력(P_S)은 다음과 같다.

$$P_S = V_S I_L \tag{8-4}$$

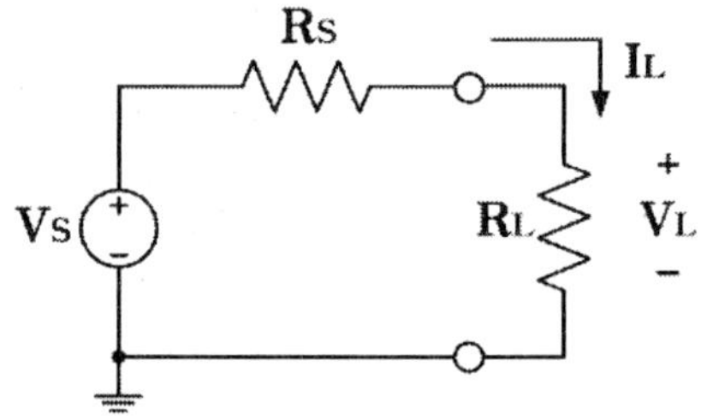

[그림 8-1] 최대전력전달 조건을 구하기 위한 직렬회로

부하에 전력이 최대로 전달되는 조건은 식 (8-3)에 식 (8-1) 또는 식 (8-2)를 대입하여 구한다. 식 (8-2)를 식 (8-3)에 대입하면 부하전력은 다음과 같다.

$$P_L = I_L^2 R_L = (\frac{V_S}{R_S + R_L})^2 R_L = V_S^2 \frac{R_L}{(R_S + R_L)^2} \qquad (8-5)$$

어떤 조건에서 부하에 전력이 최대값을 가지는지를 구하려면, 전력의 기울기가 0이 되어야 하므로 미지의 값인 부하저항 R_L에 대하여 정리하고, P_L을 미지의 값(변수) R_L에 대하여 1차 미분한 후에 0으로 놓으면 다음과 같다.

$$\frac{dP_L}{dR_L} = V_S^2 \cdot \frac{(R_S + R_L)^2 - 2(R_S + R_L)R_L}{(R_S + R_L)^4} = 0 \qquad (8-6)$$

$R_L = R_S$ 이다. (8-7)

즉, 부하저항이 전원저항(Thevenin 등가저항)과 같을 때, 부하에 전력이 최대로 전달됨을 알 수 있다. 이 경우 회로를 다시 그려 부하전압 및 부하전류를 구하면 부하에서 소비되는 전력의 최대값은 다음과 같다.

$$P_{L(\max)} = V_L I_L = \frac{V_L^2}{R_L} = \frac{V_S^2}{4R_L} \qquad (8-8)$$

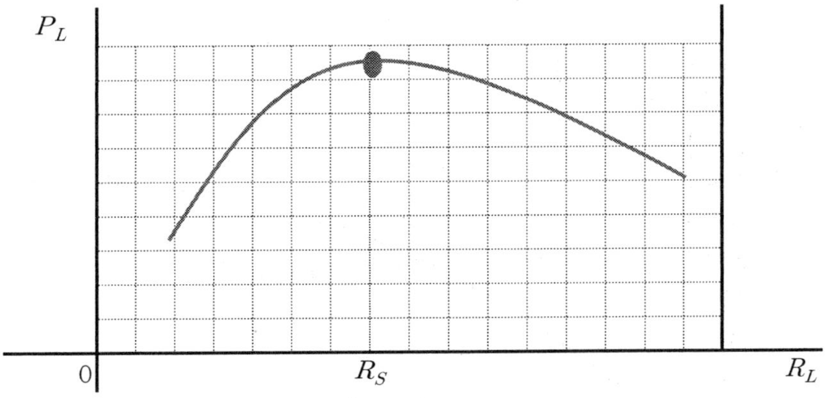

[그림 8-2] 부하저항에 따른 부하전력 특성

이 최대전력조건에서 전원에서 공급되는 공급전력은 다음과 같다.

$$P_{S(\max)} = V_S I_L = \frac{V_S^2}{2R_L} \qquad (8-9)$$

그림 8-3은 부하저항(R_L)에 따른 효율을 나타낸 것이다. 부하에 최대전력이 전달될 때, 회로의 %효율(efficiency) η는 다음과 같다.

$$\eta = \frac{\text{부하전력}}{\text{공급전력}} \times 100\% = \frac{P_L}{P_S} \times 100\% = 50\% \qquad (8-10)$$

이 경우 %효율은 식 (8-9)에 의하여 50%이다. 즉 부하저항에 전력이 최대로 전달되더라도 효율은 단지 50%이다. 이것은 효율과 최대전력(maximum power)이란 두 가지 변수에서 상황에 따라 타협점을 찾아야하는 재미있는 사실이다.

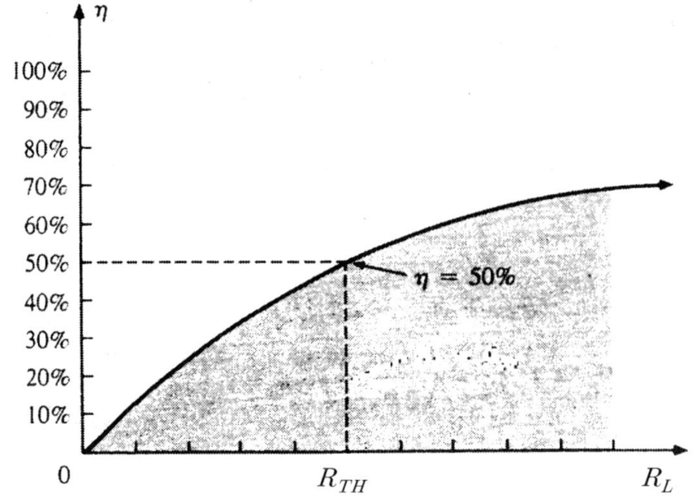

[그림 8-3] 부하저항에 따른 효율 특성

전력(power)은 단위시간에 기기나 장치에서 발생 또는 소모되는 전기에너지로 정의하는 것은 우리 모두가 아는 사실이다. 특히 라디오 송신기나 오디오 시스템과 같은 여러 가지 전기전자회로에서는 회로로부터 부하에, 예를 들면 안테나(antenna) 혹은 스피커(loudspeaker)에 최대전력(maximum power)을 공급하는 것이 아주 중요하다. 따라서 최대전력을 전달하는 조건을 분명히 알고 있어야 한다.

부하저항(R_L)이 전원의 내부저항(R_{int})과 같을 경우, 부하에 최대전력이 전달된다는 사실을 알고 있다. 그렇지 않으면 최대전력이 전달되지 않는다.

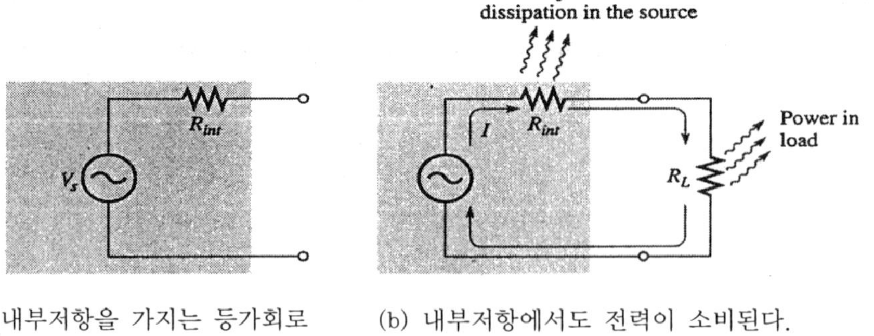

(a) 내부저항을 가지는 등가회로 (b) 내부저항에서도 전력이 소비된다.

[그림 8-4] 최대전력전달 조건 $R_{int} = R_L$

부하저항이 회로망의 내부저항과 같을 때, 부하기 회로에 **정합(matching)**되어 있다고 말한다. 이 정합기술은 전원과 부하가 고정되어 있을 때, 그 사이에 적당한 회로를 삽입하여 부하에 최대전력이 공급될 수 있도록 회로의 임피던스($Z[\Omega]$)를 조정하는 것을 말한다. 이것은 나중에 변압기 실험에서 다룬다.

[실험장비 및 부품]

사용장비	품 목	규 격	소요량
DC Power Supply Multimeter Breadboard	Resistor	300Ω	1개
	Variable Resistor	1kΩ	1개

[예비보고서]

1. 다음 회로에 대해 Thevenin 등가회로를 구하시오.

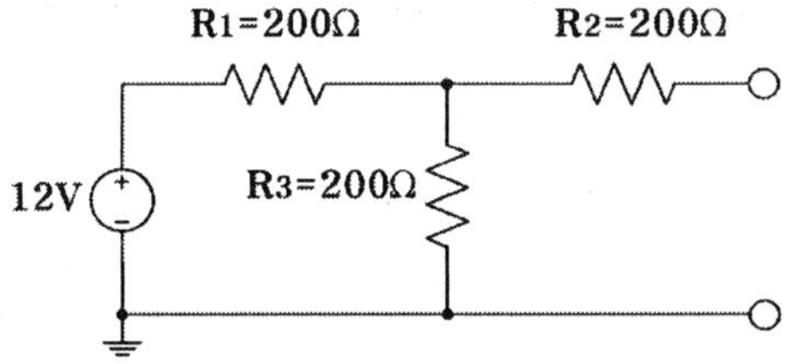

#1: V_{TH}

#2: R_{TH}

#3. 등가회로 그리기

2. 다음 회로에 대해 부하전류(I_L), 부하전압(V_L), 부하소비전력(P_L), 전원공급전력(P_S)을 각각 구하시오. 부하는 rheostat(R_L)이다.

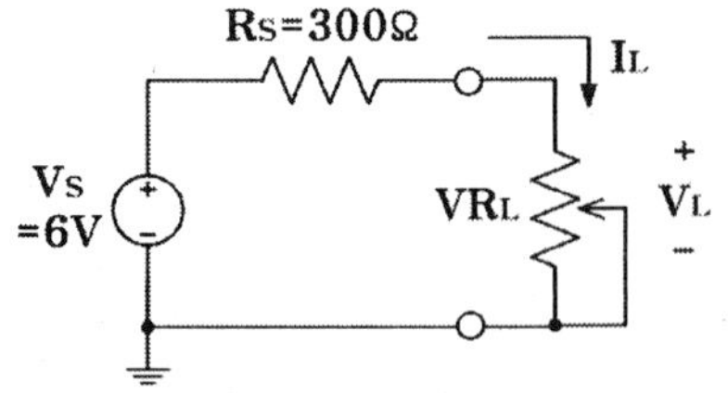

1) $R_L = 100\Omega$ 일 때

2〉 $R_L = 200\Omega$

3〉 $R_L = 300\Omega$

4〉 $R_L = 400\Omega$

5〉 $R_L = 500\Omega$

6〉 $R_L = 700\Omega$

7〉 어떤 경우 최대전력이 부하에 전달되는지를 그래프를 그려 구하시오.

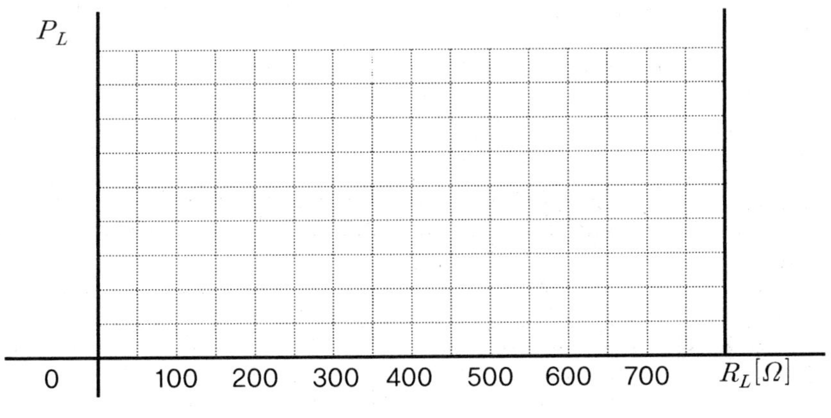

[결과보고서]

실험제목					
실험일자	월 일 (요일)		담당교수	㊞	
실 험 조		학 번		성 명	

1. 다음 회로를 구성하고 가변저항(R_L)을 표에 기록된 값으로 변화시키면서 부하저항(R_L) 및 부하전압(V_L)를 측정하고, 이를 이용하여 다음 표를 완성한다.

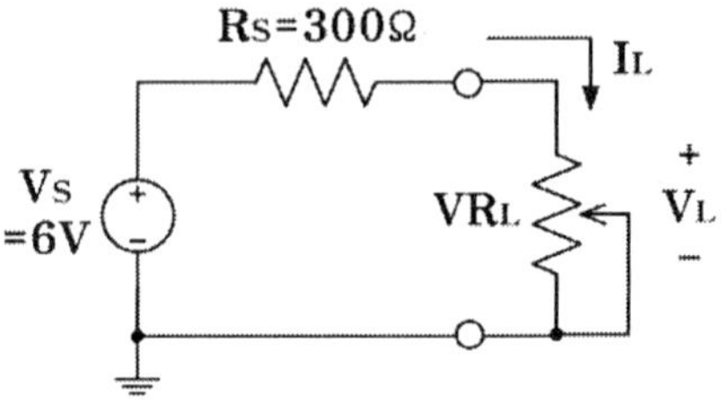

[참고] 가변저항 R_L은 내부저항R_S 측정값과 같은 값을 빈 간에 표기한다.

부하저항R_L [Ω]		100	200		400	500	700	비고
V_L[V]	이론치							
	측정치							
I_L[mA]	이론치							
	측정치							
P_L[mW]	이론치							
	측정치							
P_S[mW]	이론치							
	측정치							
효율(%)	이론치							
	측정치							

2. 위의 표를 바탕으로 그래프를 그려라. 가능하면 색상펜을 사용하시오.

▶ 부하전압, 부하전류 및 부하전력

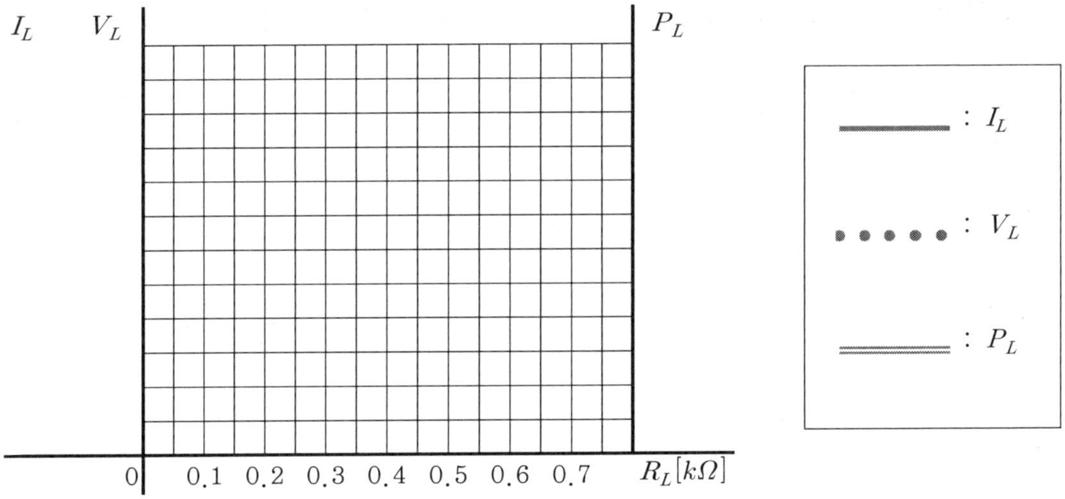

▶ 부하전력 및 효율

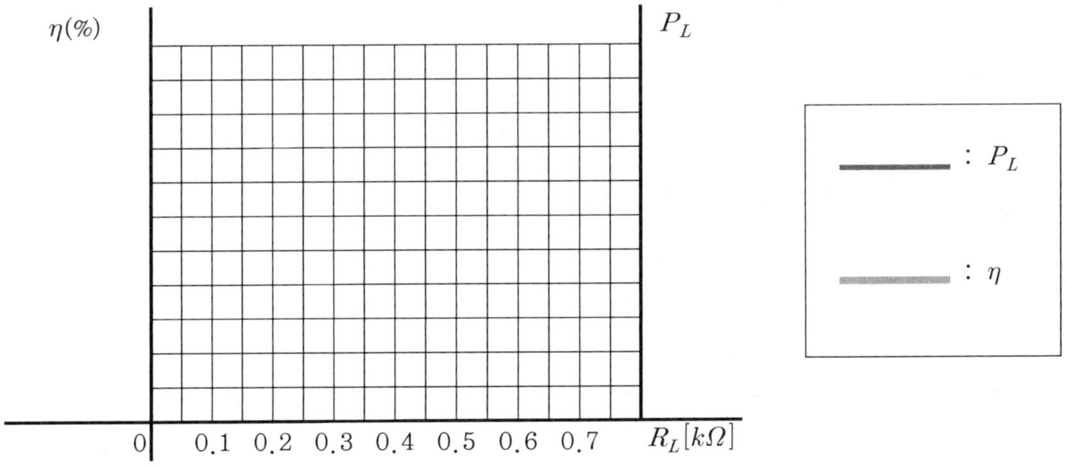

3. 위 그래프로부터 부하에 전력이 최대로 전달되는 경우에 대해 답하시오.

	이론치	측정치	오차
부하저항(R_L)			
부하전력(P_{max})			
효율(η)			

토의사항

1. 어떤 미지의 회로에서 가감저항으로 최대전력전달 조건을 찾는 과정을 쓰시오.

1〉

2〉

3〉

4〉

5〉

....

2. [식 8-6]를 계산하여 [식 8-7]을 구하시오.

3. 왜 Thevenin 정리가 의미 있는지를 최대전력전송과 관련하여 설명하시오.

실험 9 Relay 점등회로

실험목적

기판 및 여러 가지 전기전자소자들을 이용하여 주어진 회로를 기판상에 스켓치 한 후, 이를 바탕으로 납땜을 실행하여 Relay(계전기) 점등회로를 제작하고 각 소자의 동작을 익힌다.

기초이론

1. 릴레이 원리 및 구조

전자기는 도체에 흐르는 전류로 인해 생기는 자기장(magnetic field)이다. 릴레이(relay), 솔레노이드(solenoid), 스피커, 전기모터, 녹음기 등과 같은 소자들의 동작이 전자기에 바탕을 두고 있다. 전류(I)가 흐르면 자기장이 발생한다. 그 방향은 전자기법칙(electromagnetic law)에 따르면 오른손을 이용하여 쉽게 구할 수 있다.

이 자기장은 우리 눈에 보이지는 않지만 확인할 수 있다. 코일에 흐르는 전류의 방향이 자기장의 방향을 결정하는 것이다. 전류가 흐르는 도선에 수직으로 종이를 삽입하고 종이위에 쇳가루를 두면 동심원 모양으로, 해당 자기력선을 따라서 쇳가루가 정렬한다. 전자기장은 도체에 가까울수록 강하고, 도체에서 멀어질수록 약해진다.

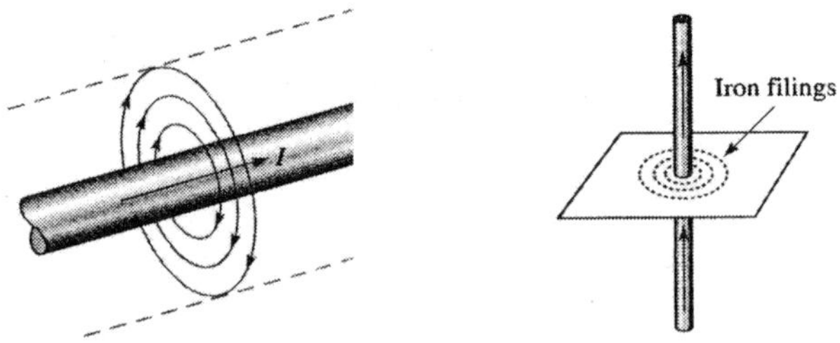

$$B \propto k\frac{I}{r}$$

[그림 9-1] 전류(I)에 따른 자기장의 방향 및 증명

여러분이 다 알고 있듯이 전자석의 원리는 그림 9-2와 같이 코일을 여러 번 빽빽하게 감고 전류를 흘리면 오른나사의 법칙에 따라 자기력선이 왼쪽에서 나오므로 자석 N극과 S극이 형성된다.

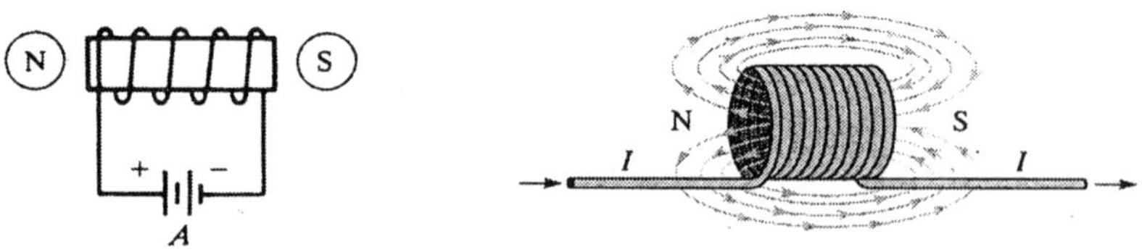

[그림 9-2] 전류방향에 따른 자력선 및 전자석의 극성

릴레이(relay)는 전자석을 이용하여 전기적인 접점을 열고 닫는 스위치이며 솔레노이드(solenoid)는 전자석을 기계적 움직임으로 하여 밸브 및 문 제어장치에 활용한 것이다.

그림 9-3은 평상시 닫혀있는(NC: Normally Closed) 접점과 평상시 열려있는(NO: Normally Open) 접점을 가지는 릴레이를 나타낸다. 코일에 전류가 흐르지 않으면 그림 (a)와 같이 스프링에 의해 위쪽 접점과 접촉하여 단자 1과 단자 2가 연결된다.(NC) 코일에 전류가 흘러 릴레이가 동작하면 전자석이 되어 인력이 발생하므로 armature를 끌어당겨 그림 (b)와 같이 단자 1과 단자 3이 연결된다.

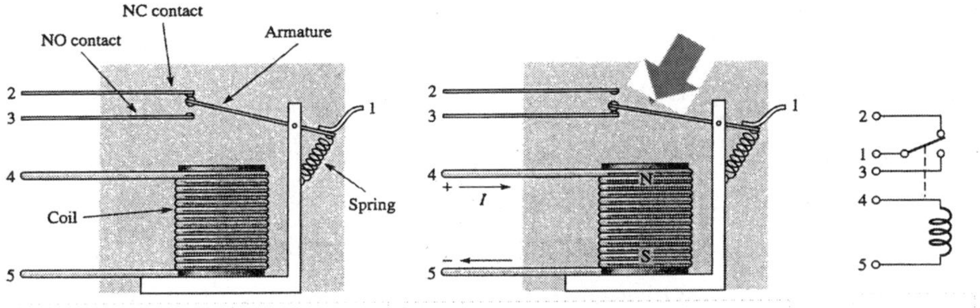

(a) 전류가 흐르지 않을 때 (b) 전류가 흐를 때 (c) 기호

[그림 9-3] Relay 구성, 동작원리 및 기호

이를 바탕으로 Relay와 LED를 이용한 전류흐름 전환회로를 구현해보자. 그림 9-4에서 먼저 스위치(SW)가 off되어 있으면 코일에 전류가 흐르지 않아 relay가 동작하지 않으므로 적색 LED가 on된다. 이후, 푸시버튼(push button) 스위치(SW)가 눌려지면 적색 LED가 off되고 녹색 LED가 on된다.

특히 다이오드(Diode)는 릴레이코일에 병렬로 연결되어 있는 데, 이는 거의 필수적이다. 만약 이러한 기능이 없다면 스위치(SW)가 차단될 때 과도한 유도전류가 흘러 회로를 손상시킬 수 있으므로 회로연결시 다이오드 방향에 유의해야 한다.

최근에는 보호다이오드가 내장된(built-in) 제품이 나와 그림 9-4와 같이 다이오드 연결문제에 대해 고민하지 않고 사용한다.

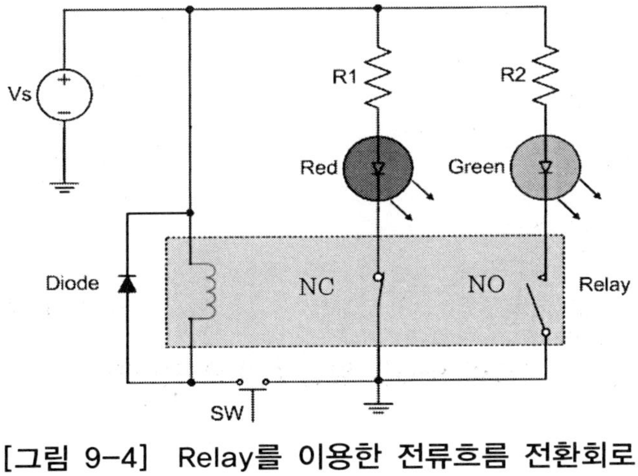

[그림 9-4] Relay를 이용한 전류흐름 전환회로

2. 부품 동작원리 및 해석

1⟩ LED(Light Emitting Diode)

발광 다이오드는 자신의 단자에 전류나 전압이 인가 될 때 빛을 발생시키는 반도체 소자로, 광전자 소자로 구분되기도 하는데 이것은 발광 다이오드가 광학과 전자공학의 결합체이기 때문이다. LED는 백열전구에 비해서 긴 수명과 낮은 소비전력을 갖기 때문에 전자장비에서 가장 널리 사용되는 광원이다. 관련기술의 발달로 전구의 기능을 점차 대체하고 있다. LED를 제조시, 사용되는 서로 다른 화합물은 LED가 순방향으로 바이어스될 때 빨강(red)색, 노랑(yellow)색, 녹(green)색, 파랑(blue)색, 흰(white)색, 오렌지(orange)색 혹은 눈에 띄지 않는 적외선(infrared)을 발광시킨다. 특히 적외선센서는 자동문, 침입방지 시스템에 많이 활용된다.

[LED 기호 및 단자구분]

그림 9-5는 가장 널리 사용되는 LED의 회로 기호를 표시하고 있다. 두 개의 화살표는 LED가 빛을 발산하고 있음을 표시한다. 패키지에는 애노드(anode)와 캐소드(cathode)에 연결되는 두 단자가 포함되어진다.

LED의 애노드와 캐소드 단자를 구분하려면 그림 9-5에서처럼 외관상으로 캐소드(K) 단자는 애노드(A) 단자에 비해서 짧은 단자를 가지거나, 단자가 편평하고 케이스의 편평한 면에 가까이 있어 애노드 단자와 구분된다.

(a) 회로 기호 (b) 단자 구분법

[그림 9-5] 발광 다이오드(LED)

[LED 특성]

LED 특성곡선은 높은 순방향 전압정격(V_F: 보통 +1V에서 +3V 사이)과 낮은 순방향 전류정격(I_F:보통 20mA에서 50mA 사이)을 가진다. 대부분의 응용회로에서 LED는 약 2V의 순방향 전압강하와 약 20mA의 순방향전류를 갖는다.

LED는 순방향전류가 databook상의 LED의 최대 순방향전류 I_{FM}이나 I_{FMAX}를 초과하지 않도록 한다. 이 문제는 직렬로 연결된 제한용 저항에 의해서 과도한 전류로부터 다이오드가 손상을 받지 않도록 할 수 있다. 이 회로에서 전류를 구하려면 전원전압으로부터 직렬 저항양단에 공급되는 전압강하를 구해야 하므로 LED 양단에 걸리는 약 2V의 전압강하를 빼줘야 한다. 그리고 Ohm 법칙을 이용해서 저항양단에 나타나는 전압강하를 저항값으로 나누면 된다. 그림 9-6으로부터 계산된 값은 다음과 같다.

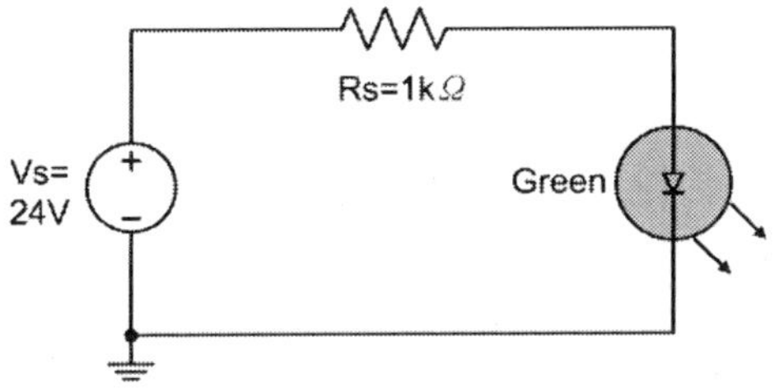

$$I = \frac{V_{Rs}}{R_s} = \frac{V_S - V_{LED}}{R_S}$$

$$I \simeq \frac{24\,V - 2\,V}{1k\Omega} \simeq \frac{22\,V}{1k\Omega} = 22mA$$

[그림 9-6]　대표적인 LED의 전압-전류 해석

역방향 특성으로 LED의 역방향 항복전압은 일반 다이오드의 항복전압에 비해서 대단히 작다(V_{BR}: 보통 -3V에서 -10V). 이것은 LED가 아주 작은 역방향 전압에서도 항복되거나 손상을 받게 된다는 사실을 의미하게 된다. 특히 LED를 이용하여 실험을 수행할 때, 극성을 분명히 확인해야 한다.

2) Relay(계전기)

코일에 전류가 흐르면 전자석이 되는 전자유도작용을 이용한 스위치로서 다양한 응용분야를 가진다. 코일이 전자석이 되었을 때, 철편을 끌어 당겨서 그 철편이 붙어 있는 스위치부의 접점을 닫으며 동시에 반대편의 접점은 열리게 된다. 코일에 전류가 끊어져서 전자석 특성을 잃으면 원위치로 복귀된다.

코일에 전류가 흐르지 않으면 닫혀있는(**NC: normally closed**) 접점을 b(break) 접점이라 한다. 반면에 코일에 전류가 흐르지 않으면 열려 있는(**NO: normally** open) 접점을 a(arbeit)접점 혹은 make접점이라 한다. 릴레이는 8핀, 6핀 등 다양한 종류를 가진다. 핀의 번호에 따라 기능이 다르므로 유념해야 한다. 편의를 위해 해당 그림은 모두 밑면(bottom view)을 기준으로 표시하였다.

■ **8-pin relay**

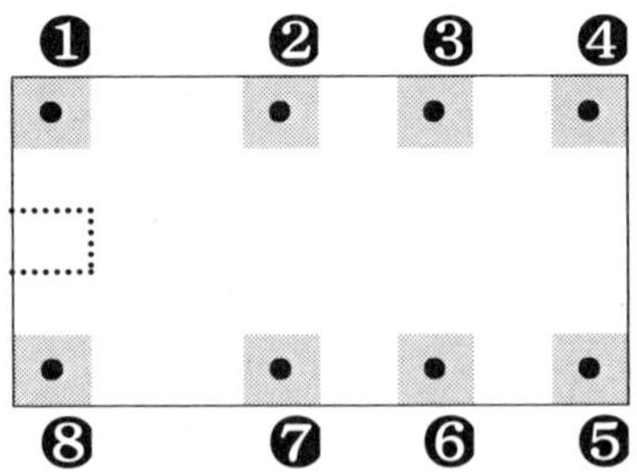

[bottom view]

- 연결도: 밑면도를 볼 때, 8핀 릴레이의 스위치 연결을 나타낸 것이다.

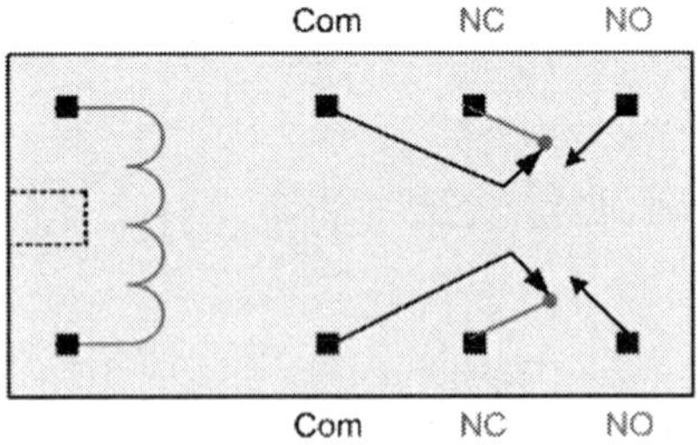

[핀번호]

- NC 접점: 2-3, 7-6
- NO 접점: 2-4, 7-5

NC: Normally Closed / NO: Normally Open

[그림 9-7] 8-pin relay 단자구분

■ **6-pin realy 번호 및 연결도**

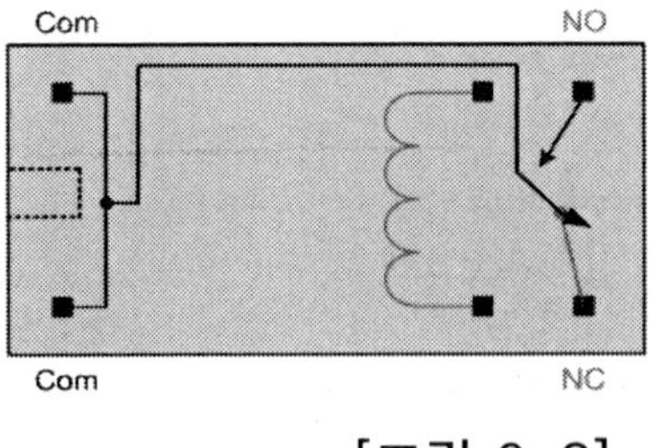

[핀번호]

- NC 접점: 6(or 1)-4
- NO 접점: 6(or 1)-3

[그림 9-8] 6-pin relay의 단자구분

■ 4-pin relay 번호 및 연결도

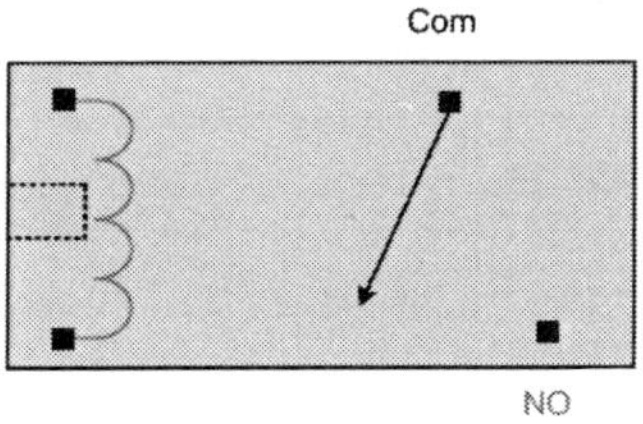

[핀번호]

■ NO 접점: 2-3

[그림 9-9] 4-pin relay의 단자구분

[실험장비 및 부품]

사용장비	품 목	규 격	소요량
DC Power Supply Multimeter Breadboard	Relay LED Resistor Diode Push switch Substrate Lead wire Relay socket	8 pins, 6 pins, 4 pins Red, Green 1kΩ 1N4001 200 x 400 16 pins	각 1개 각 1개 2개 1개 1개 1개 1 m 1개
Lead Solder			

[결과보고서]

실험제목					
실험일자	월 일 (요일)		담당교수	㉿	
실 험 조		학 번		성 명	

1. 발광다이오드(LED)의 극성 및 정상적인 동작여부를 판별하고자 한다.

1〉 DMM을 이용하여 측정하여 다음을 완성하시오.

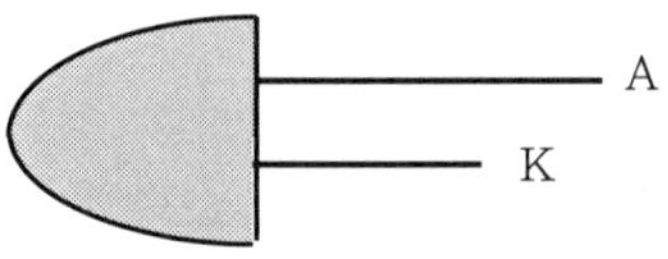

A	K	[$k\Omega$]	기타
+	−		순방향
−	+		역방향

2〉 다이오드(diode)는 극성에 따라 저항값이 서로 달라야 한다. 반면 저항(resistor)은 극성에 관계없이 일정하다. 위 LED는 정상인가 결함인가?

2. 각 릴레이(Relay)의 동작특성을 구하기 위해 핀들 간의 저항값을 DMM를 이용하여 측정하시오.

1〉 8-pin relay 사용

- 실험에 제공된 relay에 대해 핀번호를 쓰고 표를 완성하시오.

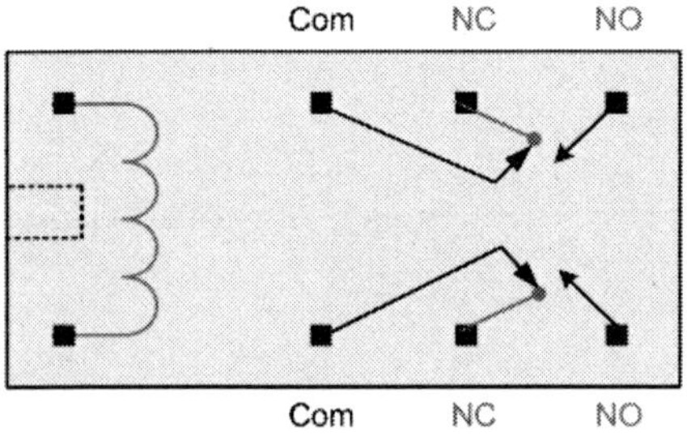

핀간 저항			[$k\Omega$]	기타
2	…	3		NC접점
7	…	6		
2	…	4		NO접점
7	…	5		
1	…	8		전원공급

2〉 6-pin relay 사용

• 실험에 제공된 relay에 대해 핀번호를 쓰고 표를 완성하시오.

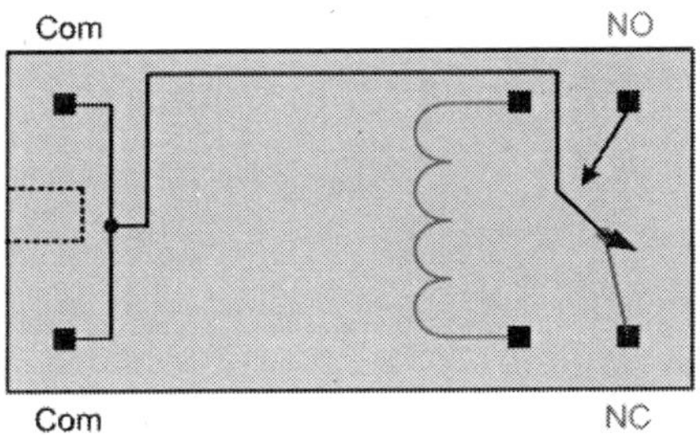

핀간 저항			$[k\Omega]$	기타
1	···	3		NO접점
6	···	3		
1	···	4		NC접점
6	···	4		
2	...	5		전원공급

3〉 4-pin relay 사용

• 실험에 제공된 4pin relay에 대해 핀번호를 쓰고 표를 완성하시오.

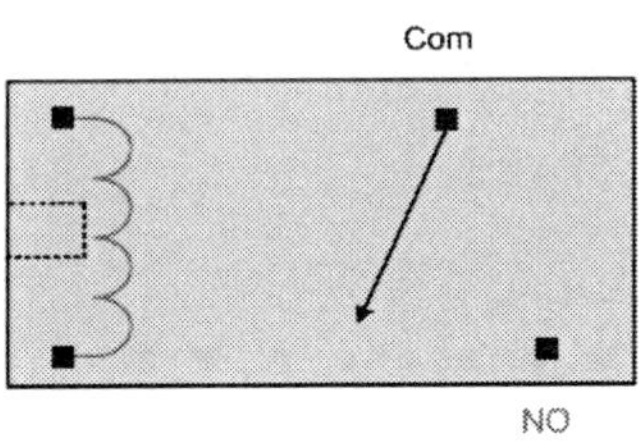

핀간 저항			$[k\Omega]$	기타
1	···	4		전원공급
2	...	3		NO접점

3. 다음 회로에서 LED가 relay에 의해 정상으로 동작될 때, 물음에 답하시오.
(8핀 relay에서 ②③④ 또는 ⑤⑥⑦을 활용)

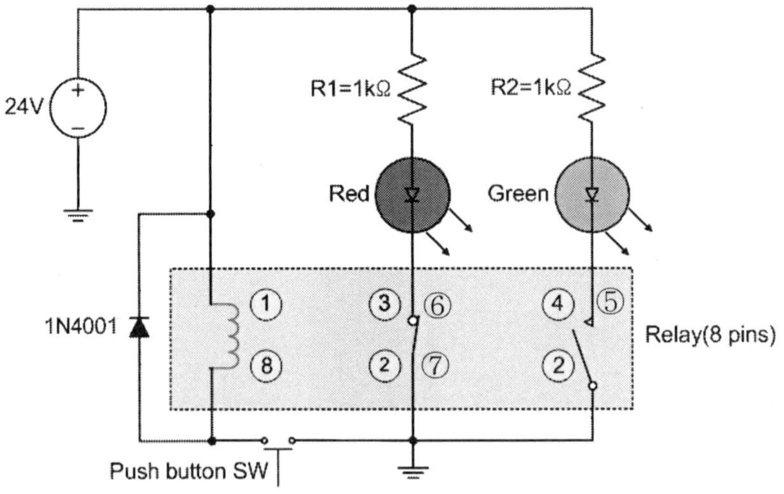

1〉 위의 점등회로가 동작하도록 breadboard상에 회로를 설계하시오.
아래 그림에 반드시 핀 번호들을 쓰고 상호연결하시오.

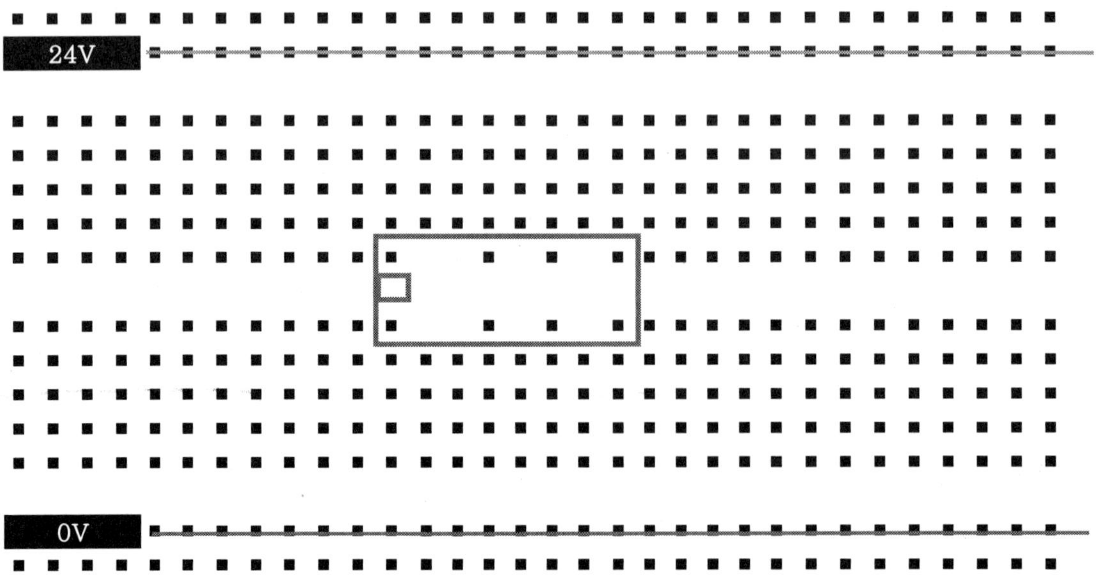

2〉 relay동작에 따른 전류 및 전압값을 구하고자 한다. 해당 전류값은 측정된 전압값으로부터 Ohm법칙을 이용하시오.

Relay	OFF(SW:off) 경우	ON(SW:on) 경우	기 타
V_{R1}			
I_{R1}		0	
V_{R2}			
I_{R2}	0		

3〉 각 LED가 on된 경우, 이 다이오드들의 양단전압을 측정하여 구하시오.

$V_D(red) =$ $V_D(green) =$

4〉 위 결과를 바탕으로 LED가 on되는 경우 대략 그 양단전압은 얼마인가?

5〉 그림과 같이 6핀 릴레이를 사용하여 같은 동작이 되도록 브레드보드 상에 설계하시오.

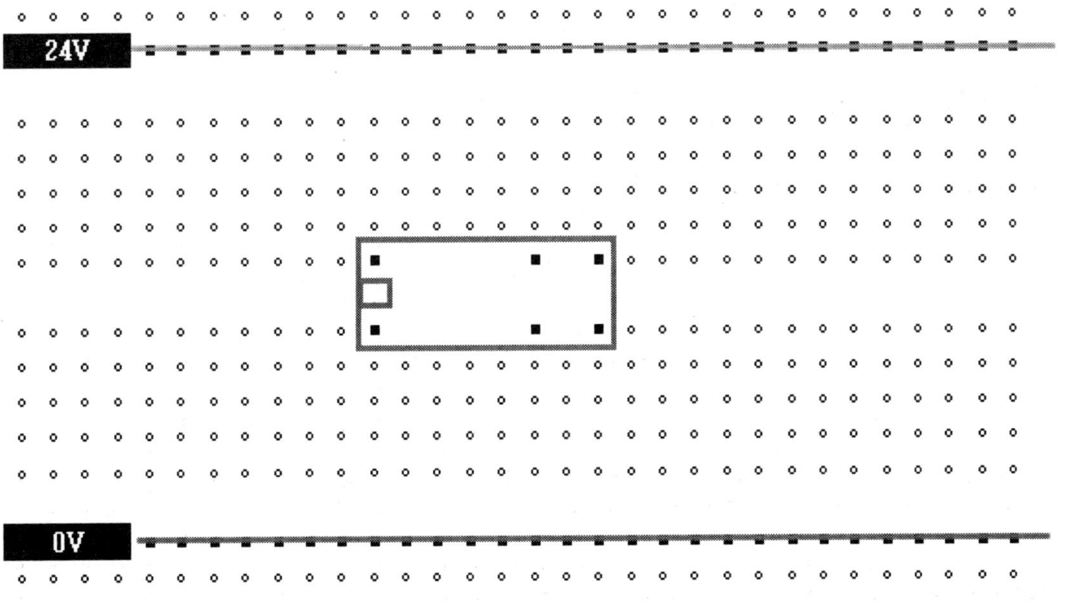

6〉 그림과 같이 4핀 릴레이를 사용하여 위와 달리 Green LED가 스위치가 ON되면 점등되도록 브레드보드 상에 설계하시오.

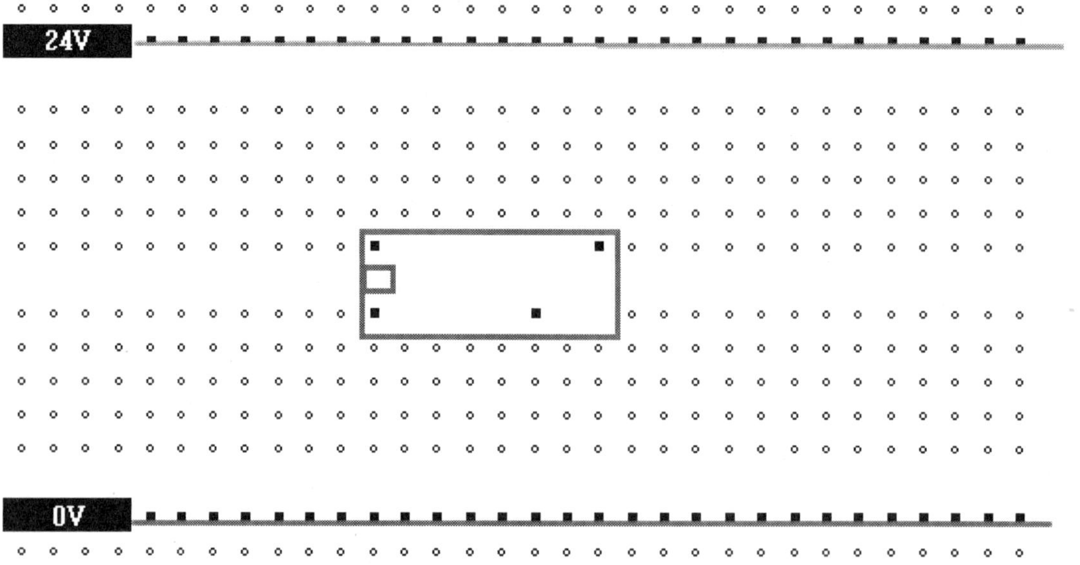

7〉 위 회로를 실습용 PCB에 디자인하고자 한다. 아래 그림은 납땜하는 면을 나타내며 점선으로 표시된 릴레이는 소켓을 사용하여 뒷면에서 꽂힌 것임을 나타낸다.

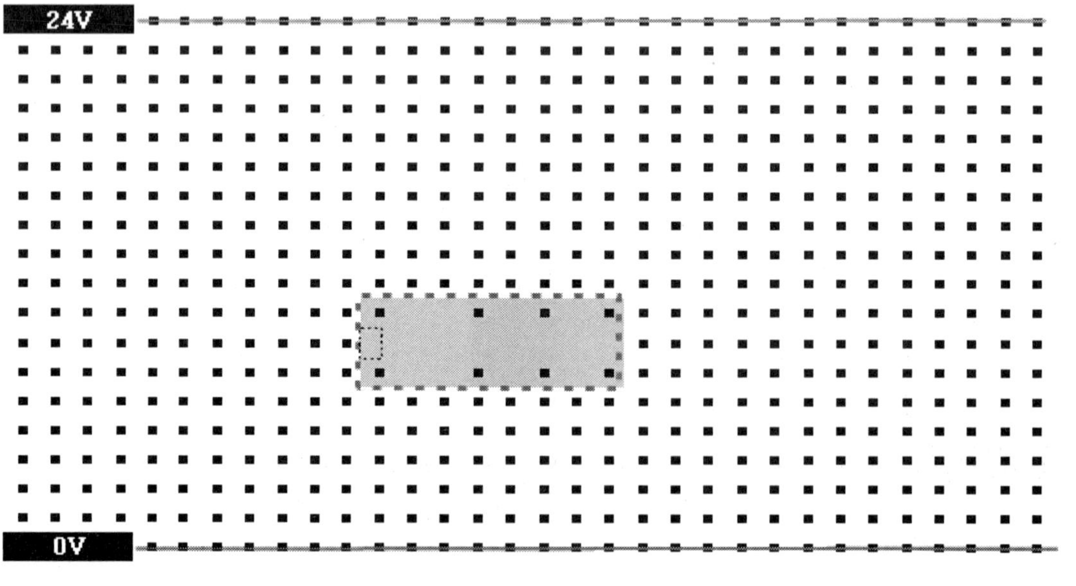

토의사항

1. Relay 소자의 기호를 그리시오.

2. Relay에서 NC접점과 NO접점에 대해 설명하시오.

3. 8핀, 6핀 및 4핀의 relay에 대해 pin번호를 붙이시오.

4. 각 Relay에서 전원이 공급되는 코일에서 측정되는 대략적인 권선저항값은?
   - 8핀 소자에서 (–) 단자: ( ) $[k\Omega]$
   - 6핀 소자에서 (–) 단자: ( ) $[k\Omega]$
   - 4핀 소자에서 (–) 단자: ( ) $[k\Omega]$

5. LED에서 양극(Anode)과 음극(Cathode)을 구분하는 방법은?

실험 10 교류신호 및 오실로스코프

실험목적

교류발전기(ac generator)나 신호발생기(function generator)에서 출력되는 교류신호인 정현파의 주기(T) 및 주파수(f) 특성을 익히고, 이 파형특성을 관찰할 수 있는 측정장비인 오실로스코프(oscilloscope)의 사용법에 대해 익힌다.

기초이론

1. 정현파(sinusoidal wave)

정현파는 교류전압 및 전류의 일반적인 형태로서 그림10-1과 같이 전압은 0[V]에서 출발하여 양(+)의 최대값까지 증가하고 다시 0[V]로 되돌아 온다. 연속하여 음(-)의 최대값까지 증가 후 다시 0[V]로 돌아온다.

주기(period: T)는 하나의 완전한 사이클(cycle)이 완성되기 위해 필요한 시간이다. 또한 주파수(frequency: f)는 1초 동안 포함되는 사이클 수이다. 가정과 사무실에 사용하는 교류전압은 주파수가 60[Hz]이며 이는 1초(one second) 동안에 60회 왕복하는 것이다.

주기와 주파수와의 관계는 다음과 같이 서로 역수관계이다.

$$T = \frac{1}{f}[\text{sec}] \qquad (10-1)$$

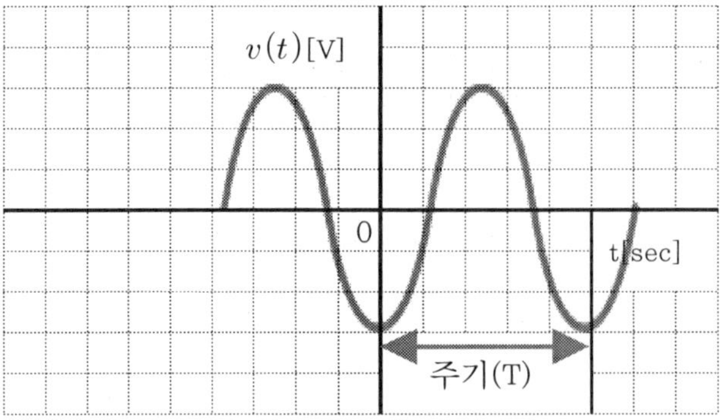

[그림 10-1] 정현파(sine wave)

2. 오실로스코프(oscilloscope)

오실로스코프는 가장 폭넓고 다양하게 사용되는 시험측정장비 중의 하나이다. 이것은 시간에 대해 변하는 전압의 실제 모양을 스크린에 표시하므로 파형을 측정할 수 있다. 두 가지 형태의 오실로스코프가 사용되는데 아날로그(analog)형 과 디지털(digital)형이 있다. 아날로그와 디지털의 차이점은 화면에 표시되기 전에 입력신호를 처리해서 출력하든지 아니면 바로 출력하는지에 따라 구별된다. 두 형태 모두 전면 제어부에 있는 기본적인 기능은 동일하다. 그러나 디지털은 더 자동적인 조작이 가능하다.

1〉 아날로그 오실로스코프

아날로그 오실로스코프는 스크린을 주사하는 전자빔에 측정할 전압이 인가되어 동작한다. 측정될 전압의 크기에 비례하여 전자빔이 위 혹은 아래로 편향되어 파형추적이 가능하다. 디지털 스코프는 신호전압을 표본화(sampling)하며 아날로그-디지털 변환기(ADC:Analog-to-Digital Converter)로 전압을 디지털정보로 변환하여 측정한다. 그 후, 파형을 스크린에 재현하기 위해 사용된다. 아날로그 스코프가 아직 생산되어 사용되고 있지만, 앞으로 아날로그 장비를 대체하여 널리 사용될 것이다.

오실로스코프는 음극선이 형광물질이 도포된 화면에 부딪혀 잔상으로 나타나는 현상을 이용하여 전기적인 신호를 시각적으로 볼 수 있도록 한 계측기이며, 음극선관(CRT)를 사용한 오실로스코프 즉 CRO(Cathode Ray Oscilloscope)라고도 불린다. 또한, 오실로스코프는 일반 계기로는 측정할 수 없는 높은 주파수나 여러 가지 파형들을 측정할 수 있고, 파형의 일그러짐(distortion)의 정도까지 관측할 수 있으며, 오차가 매우 작기 때문에 가장 널리 이용되는 주요 계측장비중의 하나이다. 따라서 오실로스코프를 잘 이해하고 응용할 수 있다면 각종 실험들을 아주 정확하게 수행할 수 있다.

이 후의 실험에서 모든 전류 및 전압측정은 지금까지 사용한 멀티미터를 사용하기 보다는 이 오실로스코프를 더욱 자주 활용하기 바란다.

단자별 기능

오실로스코프를 잘 활용하기 위한 기본적인 제어기능을 살펴보자.

- 강도/휘도(intensity) : 화면의 트레이스 밝기 변화
- 초점(focus)
- 모드 스위치:
- 동기제어
- 트리거(trigger)

- 채널선택: 측정하는 채널의 파형을 본다.
- AC-GND-DC 스위치

: 입력신호가 교류-접지-직류값을 선택할 때 사용한다. 즉, 직류값을 측정할 때는 DC를 선택하고 GND는 중심을 맞추고자 할 때 사용한다.
특히 디지털(digital)신호는 반드시 직류결합을 사용한다.

- 수평위치(X-position) 및 수직위치(Y-position)조절

: 트레이스 화면을 상하 및 좌우로 움직인다.

- 수직감도(vertical sensitivity) 및 수평감도(horizontal sensitivity) 조절기

: VOLTS/DIV- 한 칸당 수직값을 전압으로 표시한다.
TIME/DIV - 한 칸당 수평값을 시간으로 표시한다.

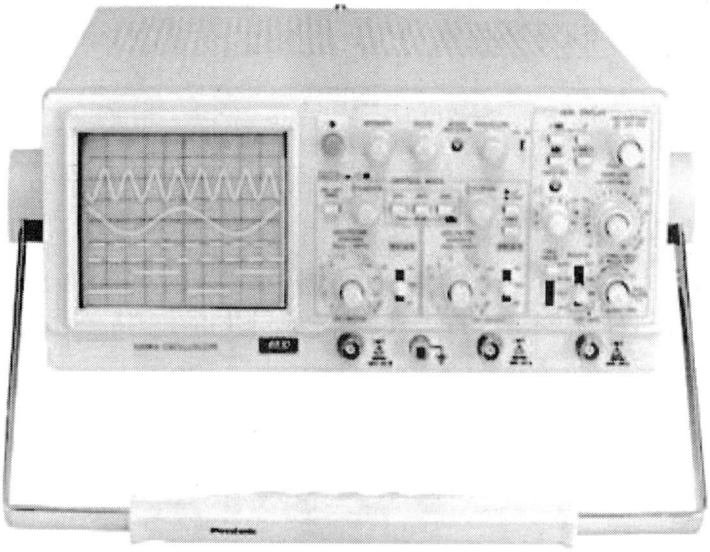

[그림 10-2] 오실로스코프 제어부

전압 및 주기(T) 측정

오실로스코프는 2채널 혹은 4채널을 가진다. 각 채널단자마다 각각 VOLT/DIV로 표시된 수직감도 다이얼이 있다. 이것은 화면의 수직축(y축)에 그려진 한 칸에 해당하는 값이다. 또한 수평축(x축)은 시간으로 TIME/DIV로 표시되어 있으며 이것 또한 수평으로 한 칸에 해당하는 값이다. 수평축 눈금으로 파형의 주기를 측정할 수 있고 이로부터 주파수를 계산할 수 있다.

■ 전압(voltage)값 측정

우선 간단히 전압값을 읽어보자. 채널1, 채널2에 연결된 신호전압이 화면에 표시되도록 입력신호를 탐침(probe)에 연결한다. 프로브에는 ×1, ×10 이 표시되어 있으며 ×10으로 선택하면 측정전압은 10배 줄여져서 화면에 표시되므로 최종적으로 읽을 때, 10배해서 읽으면 된다. 이는 주로 고주파 전압측정시 정확도를 증가시키기 위해 사용한다. 가장 일반적으로 사용하는 프로브는 ×10이며 입력신호를 10배 감소시켜 회로의 부하효과를 감소시키다.

[DC값 측정]

- 0[V]의 기준을 설정하기 위해 DC-GND-AC 스위치를 GND에 둔다.
- 직류를 측정하기 위해 DC위치로 전환하고 측정한다.
- 화면상의 수직편향값과 수직감도(VOLTS/DIV) 단자를 이용하여 값을 읽는다.

[AC값 측정]

- 0[V]를 설정하기 위해 DC-GND-AC 스위치를 GND에 둔다.
- 교류를 측정하기 위해 AC위치로 전환하고 파형의 피크 대 피크값을 측정한다.
- 화면상의 수직편향값과 수직감도(VOLTS/DIV) 단자를 이용하여 값을 읽는다.

▶ 전압[volt] = 수직편향값[DIV] × 수직감도[VOLTS/DIV]

■ **주기(period) 측정**

- AC값을 측정한 파형으로부터 1주기가 되는 수평편향값을 구한다.
- 수평감도 단자의 값을 읽는다.

▶ 주기[sec] = (한 사이클의) 수평편향값[DIV] × 수평감도[TIME/DIV]

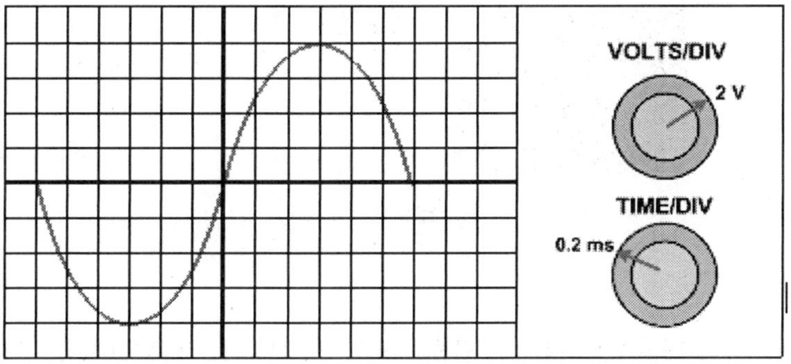

[그림 10-3] 전압값 및 주기 측정

■ 전압값: 1칸이 2V이고 4칸이므로	$V_p = 8V$, $V_{p-p} = 16V$
■ 주 기: 1칸이 0.2msec 이고 12칸이므로	$T = 2.4ms$, $f = 416Hz$

2) 디지털 저장 오실로스코프(digital storage oscilloscope)

수직과 수평제어 영역은 위치제어, 메뉴버튼 및 눈금제어로 구성되어 있다. 입력신호가 처리되는 방법으로 아날로그와 디지털을 구분한다. 디지털 스코프에는 자동측정, 파형저장 등의 기능이 있다.

수직제어 영역에서는 채널선택버튼으로 한 채널을 선택하여 제어한다. 위치제어는 파형을 위 또는 아래로 이동시킨다. 메뉴버튼으로 결합(직류, 교류 또는 접지)과 파형반전 등의 몇가지 항목을 선택할 수 있다. 눈금제어는 수직측의 각 칸으로 표시되는 전압수치를 조절한다. 디지털 오실로스코프에서 전압/칸(VOLTS/DIV) 설정은 다이얼의 값을 읽는 것이 아니라 화면에 표시된다. 또한 ×1, ×10인지를 자동으로 검출하는 부분이 있어서 스코프가 자동으로 환산하여 읽는다.

수평제어 영역에서는 두 채널을 제어한다. 위치제어는 화면상에서 파형을 수평으로 이동시킨다. 메뉴버튼으로 처음 또는 지연된 스위프 등을 선택할 수 있다. 눈금제어는 수평축의 각 칸으로 표시되는 시간을 조절한다. 여기에서 시간/칸(TIME/DIV) 설정은 다이얼의 값을 읽는 것이 아니라 화면에 표시된다.

동기영역에서 수준(level)제어는 동기가 일어나는 점을 결정한다. 메뉴버튼으로 Normal모드, 자동모드, 비디오모드, 동기신호원, 동기기울기 등을 선택할 수 있다.

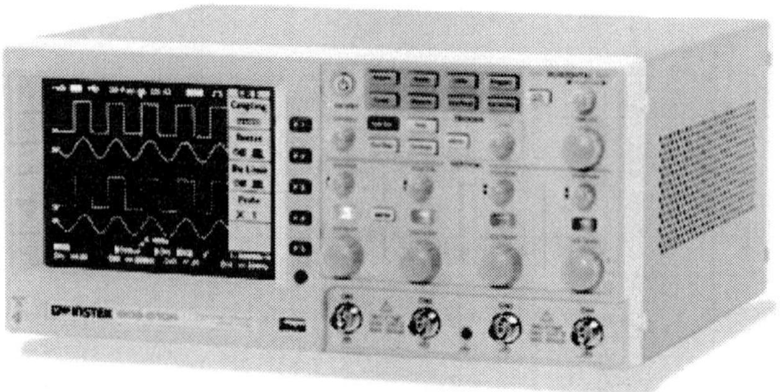

[그림 10-4] 디지털 저장 오실로스코프(DSO)

오실로스코프 프로브(probe)

프로브는 그림과 같이 동축케이블(coaxial cable)로 구성되어 있다. 이것은 중앙도체와 외부의 도체실린더(shield) 구조로 같은 축을 따라 길이 방향으로 연결된다. 실드선은 가는 철망구조를 갖는 조직으로서 대체로 접지로 사용되어 전기적

차폐를 수행한다.

중앙도체와 차폐도체 사이 공간은 도체들을 분리하는 것으로서 절연체로 채워진다. 전체 케이블은 전기적 및 기계적인 보호를 위해 또 다른 절연체로 둘러싸인다.

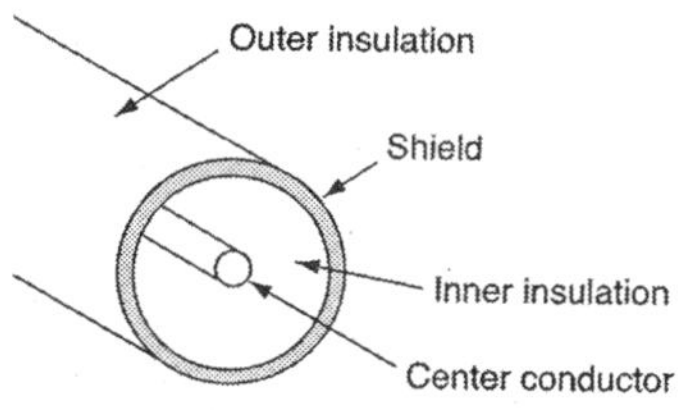

[그림 10-5] 동축 케이블 구조 및 산업체에서 사용되는 커넥터

프로브의 끝은 전압을 측정하는 뾰족한 부분과 접지선으로 이루어져 있으며 뾰족한 부분을 필요한 지점에 꽂으면 그 지점의 전압파형을 관찰할 수 있다.

3. 교류파형에서 피크치(V_p), 실효치(V_{rms}) 및 평균치의 관계

[각주파수:ω]

우리는 주기가 주파수의 역수라는 사실은 알고 있다. 이것을 다음과 같이 변형하면 각주파수(각속도)의 의미를 알 수 있다. 다음 관계를 익혀 두자.

$$v(t) = V_p \sin\theta = V_p \sin\omega t = V_p \sin 2\pi f t$$

$$\omega = \frac{d\theta}{dt} = \frac{2\pi}{T} = 2\pi f$$

[피크치과 실효치]

정현파에서 전압과 전류의 진폭을 수치로 표현하는 몇 가지 방법이 있다. 최대치(피크치), 피크 대 피크치, 실효치 및 평균치 등이 있다. 우리는 교류파형의 실효값과 피크치에 대한 용어를 자주 접한다. 이들의 관계를 여기서 규명해 보자.

실효치는 rms값이라고도 한다. rms란 root-mean-square의 약자이다. 대부분의 교류전압계는 실효치를 표시한다. 가정의 220V는 실효치이다. 이것의 정확한 의미는 다음과 같다.

> 교류전압의 rms값은 어떤 저항에 직류전압으로 발생시키는 열(전력)과 동일한 값의 열량(전력)을 발생시키는 교류전압이 있을 때, 그 때 교류(ac)전압을 실효치라 한다.

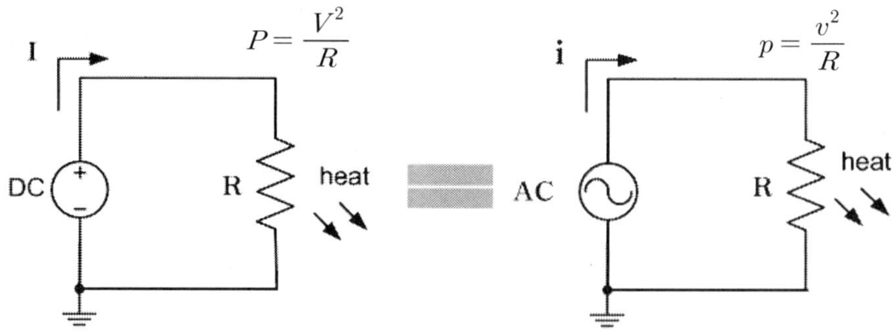

[그림 10-6] 실효치의 의미

우리는 멀티미터(DMM)를 교류모드에 두고 측정하면 이것이 실효치가 된다. 수학적인 계산으로 구하면 $v(t)=V_p\sin\theta=V_p\sin\omega t=V_p\sin 2\pi ft$ 의 정현파에서

실효치의 정의의 의해 직류 및 교류에 대한 한 주기의 전력이므로

$p=vi=i^2R=\frac{v^2}{R}$ 에서 적용하면 다음과 같다.

$\frac{1}{T}\int_0^T \frac{V^2}{R}dt=\frac{1}{T}\int_0^T \frac{v^2}{R}dt$ 에서 $V=V_{rms}$로 하면

$$V_{rms}=\sqrt{\frac{1}{T}\int_0^T v(t)^2dt}=\frac{V_p}{\sqrt{2}}=0.707\,V_P$$

최대치(피크치)의 70.7%에 해당한다.

[피크치(V_p)과 평균치($V_{avg}=V_{dc}$)]

하나의 완전한 사이클에 대한 정현파의 평균치는 0이다. 그래서 보통 반주기(T/2)에 대한 평균치를 의미한다. 수학적으로 구하면 다음과 같다.

- 1주기: $V_{avg} = \frac{1}{T}\int_0^T v(t)dt = 0$
- 1/2주기: $V_{avg} = \frac{1}{T/2}\int_0^{T/2} v(t)dt$

$$= \frac{2}{T}\int_0^{T/2} (V_P \sin\omega t)dt$$

$$= \frac{2}{T} \cdot \frac{V_P}{\omega}[-\cos\omega t]_0^{T/2}$$

$$= \frac{V_P}{\pi}[-\cos\pi - (-\cos 0^\circ)] = 2\frac{V_P}{\pi} = 0.637\,V_P$$

최대치(피크치)의 63.7%에 해당한다. 평균전압은 실효치과 같지 않다. 그 이유는 동일한 열을 발생시키지 않기 때문이다.

[피크치(V_p), 실효치(V_{rms}) 및 평균치(V_{avg})의 그래픽 비교]

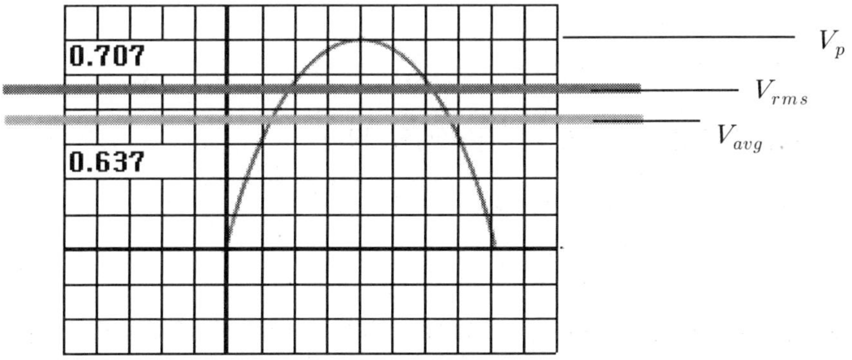

[실험장비 및 부품]

사용장비	품 목	규 격	소요량
Oscilloscope Function Generator Multimeter Breadboard	Resistor	1kΩ, 3kΩ	각 1개

[예비보고서]

1. 다음 그래프를 참고하여 물음에 답하시오. 숫자는 그 지점의 값이다.

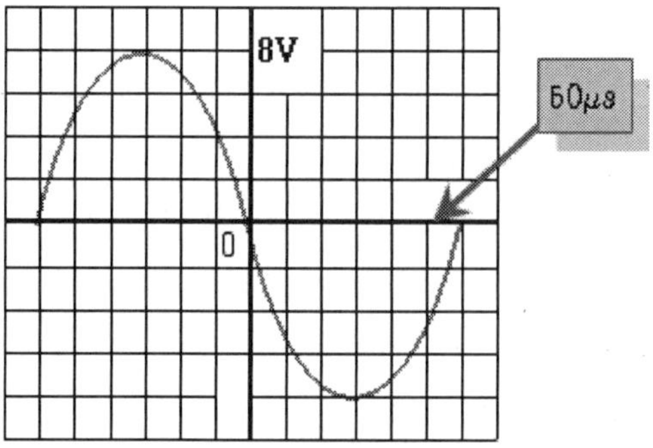

1) 피크치(V_p, 최대치)

2) 주기(T) 및 주파수(f)

3) 실효치(V_{rms})

4) 반주기(T/2) 평균치(V_{avg}) 및 한 주기(T)의 평균치

$V_{avg}(\text{for } T/2) =$ $V_{avg}(\text{for } T) =$

2. sin, cos 및 tan 파형을 −180°($-\pi$)에서 +180°($+\pi$)까지 그리시오. 단, 각 파형의 색상을 달리하시오. cos 파형은 sin 파형보다 위상이 몇 도 앞서는가?

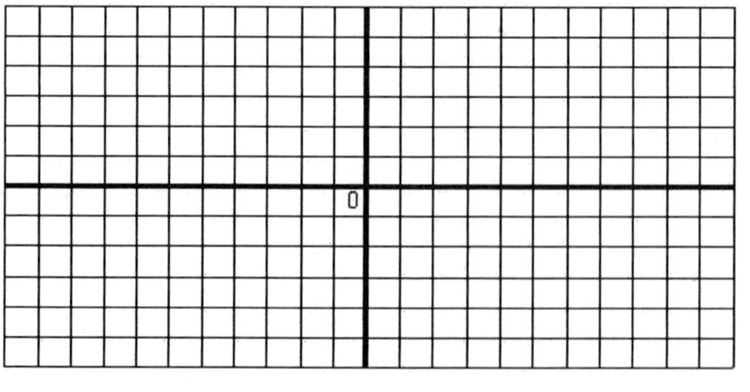

[결과보고서]

실험제목					
실험일자	월 일 (요일)		담당교수	㊞	
실 험 조		학 번		성 명	

1. $v(t) = 10 \cdot \sin(3142t)$ **인 파형이 있다. 아래 물음에 따라 표를 완성하시오.**

1〉 피크치(V_p: peak voltage)은 얼마인가?

2〉 피크 대 피크치(V_{pp}: peak to peak voltage)은 얼마인가?

3〉 실효치(V_{rms}: effective voltage)은 얼마인가?

4〉 주파수(f: frequency)는 얼마인가?

5〉 주기(T: period)는 얼마인가?

	V_p[V]	V_{pp}[V]	V_{rms}[V]	f(Hz)	T(ms)
이론치					

6〉 문제 1의 전압파형을 아래에 그리시오.
수직감도와 수평감도를 정하고 이로부터 전압과 주기(T)를 표시하시오.

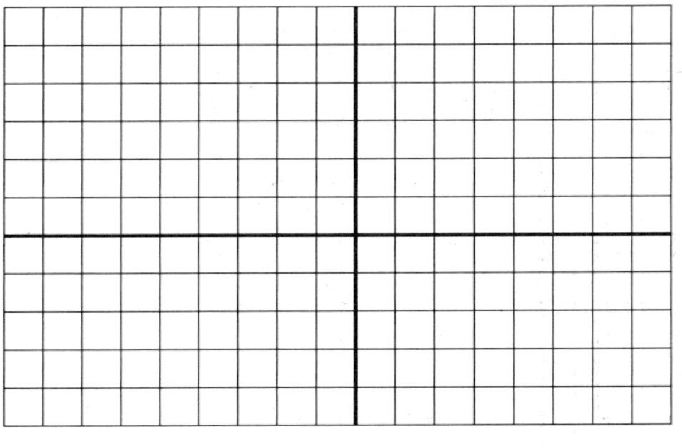

- 수직감도[VOLT/DIV]
  :
  전압값(V_p):
- 수평감도[TIME/DIV]
  :
  주기(T):

2. 문제 1의 파형을 오실로스코프(DSO)에 구현하여 화면에 나타내고자 한다. 다음 그림과 같이 DSO와 FG를 이용하여 신호를 만드시오.

- 함수발생기(FG)의 출력신호를 동축 케이블 단자로 연결하시오.
- 오실로스코프(DSO)의 프로브(probe)와 함수발생기의 단자를 서로 연결한다.
- 함수발생기의 아래의 버튼들을 조절하여 원하는 파형을 만든다.

▶ 진폭(amplitude: AMPL) ▶ 주파수(frequency: FREQ)

▶ 단위(range: RANGE)

- 오실로스코프의 버튼 [autoset] 및 버튼 [measure] 를 사용하여 주어진 정현파를 화면에 표시한다.
- 오실로스코프의 프로브 단자는 10:1로 되어 있다. 슬라이드 식으로 두 개 중에서 선택할 수 있도록 되어 있다. 10배(×10) 혹은 1배(×1)로 나타낼 것인지를 선택한다. 즉 ×10는 실제 파형을 10배 축소한 파형을 ×1는 실제 파형을 화면에 나타낸다.

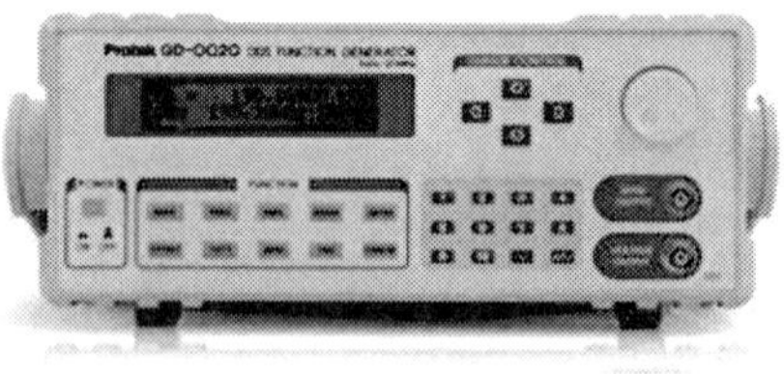

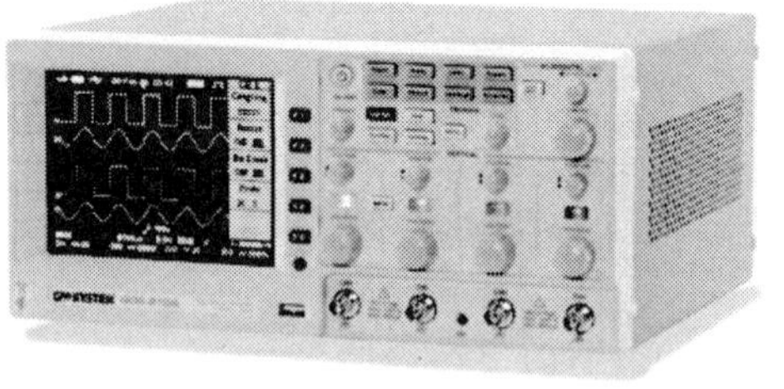

1) DSO 화면에 다음 순서대로 측정값을 나타내고 각 값을 구하시오.

	이론치	측정값	
		DSO	DMM
V_{pp}			
V_p			
V_{rms}			
V_{avg}			
f			

2〉 DMM을 사용하여 실효치와 평균치을 위 표에 나타내시오. 어떻게 측정하는가?

– 실효치(V_{rms}):

– 평균치(V_{avg}):

3〉 디지털 오실로스코프(DSO) 나타난 파형을 그리고 이것으로부터 이 파형의 전압값과 주기를 구하시오.

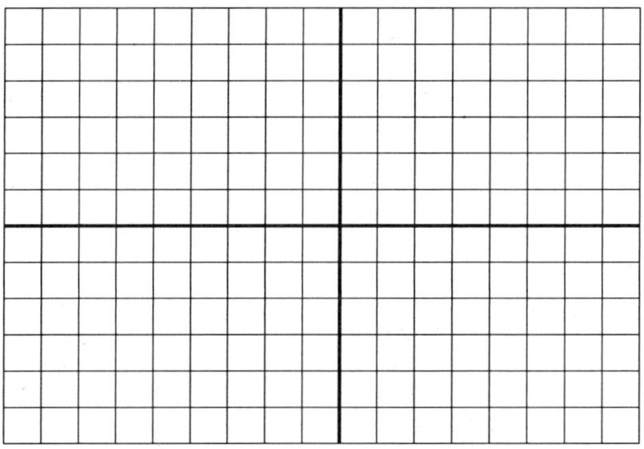

■ 수직감도[VOLT/DIV]
:
전압값(V_p):

■ 수평감도[TIME/DIV]
:
주기(T):

3. 다음 회로와 같이 교류 정현파 신호가 인가될 때, 물음에 답하시오.

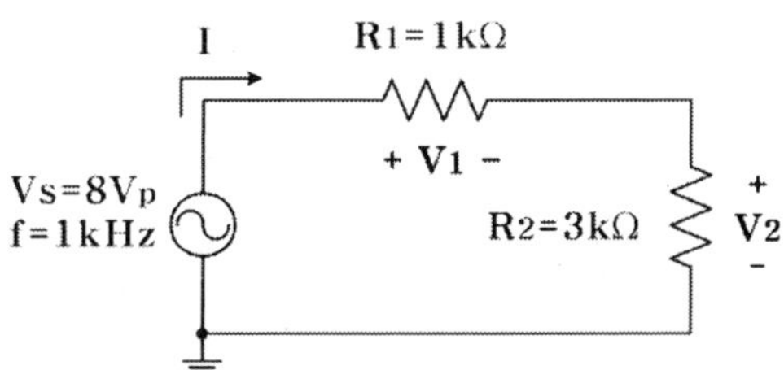

1〉 다음 값들을 오실로스코프를 이용하여 구하시오.

	피크 대 피크치(V_{pp})	실효치(V_{rms})	비고
교류전원(V_s)			
V_1			
V_2			

2〉 오실로스코프 파형의 측정은 피크 대 피크치(V_{pp}: 첨두치)로 표현하는 것이 더 편리하다. 위 회로에서 KVL법칙이 성립하는 지를 수치적으로 확인하시오.

$V_s = V_1 + V_2$

3〉 2〉에서 KVL이 성립하지 않는다면 무엇이 잘못되었는지를 검토하시오.

토의사항

1. 각주파수(ω)란 무엇인가? 주파수(f)와 관계는?

2. 실효치(V_{rms})의 정의는 무엇인가? 우리 가정에 사용하는 전압의 실효값은?

3. 교류 정현파형에서 피크치(V_p:최대치)과 실효치(V_{rms})의 관계는?

4. 디지털 오실로스코프에서 피크치, 실효치 및 평균치을 구하는 방법을 쓰시오.

1〉 피크치(최대치)

2〉 실효치

3〉 평균치

5. 평균치(V_{avg}) 측정에서 왜 거의 0[V]가 측정되는가?

실험 11 RC 직렬회로

실험목적

RC 직렬회로에서 주파수 변화에 따른 리액턴스(reactance: 전류흐름을 방해)의 변화를 이해하고 교류신호에 대한 전류와 전압의 위상관계를 익힌다.

기초이론

1. 커패시터(Capacitor)

충전된 커패시터는 일시적인 배터리(battery)로서, 이 커패시터가 저장할 수 있는 단위 전압당 전하량을 커패시턴스(C: capacitance)라 하고, 단위는 [F]로 표기하며 영국의 전기공학자 Michael Faraday를 기념하여 '패럿(farad)'이라 부른다.

1) 정의

C는 전하(charge)를 저장할 수 있는 커패시터의 능력의 크기이다. 이 C값을 전하량(Q) 및 전압(V)과의 관계로 나타내면 다음과 같이 나타낼 수 있다.

$$C = \frac{Q}{V} = \frac{\Delta Q}{\Delta V} \qquad (11-1)$$

커패시터는 '컨덴서(condenser)'라고도 하는데, 커패시터는 보통 양쪽 어느 방향에 대해서도 동작하는 일반 커패시터(a)와 극성(+, −)을 가지는 전해(electrolytic)

커패시터(b)가 있다. 실험에서 사용할 때, 전해 커패시터는 반드시 극성에 유의해야 한다. 또한 C값을 변화시킬 수 있는 가변(variable) 커패시터도 있다.

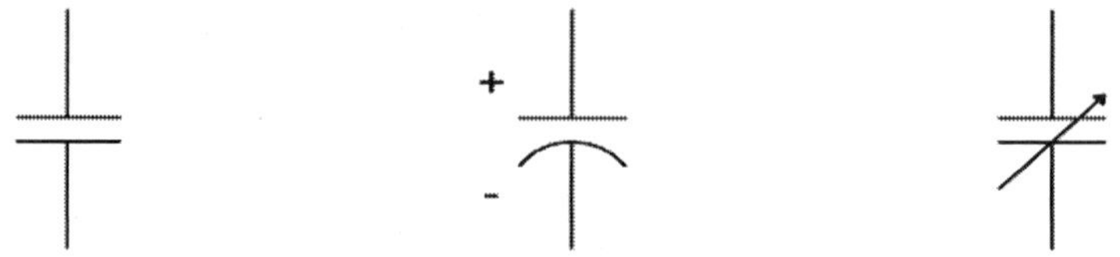

(a) 일반커패시터　(b) 전해커패시터　(c) 가변 커패시터

[그림 11-1] 커패시터 기호

2〉 커패시터 색상 및 숫자 표시

얼마의 커패시터들은 색상으로 표기된 값을 가지며 다른 것들은 숫자로 표기된 값을 가진다. 색상으로 표기된 것은 기본적으로 저항의 컬러와 유사하며 특별한 표시가 없으면 최종 값은 pF(picofarad=$10^{-12}F$)이 된다. 형태로는 mica, ceramic 혹은 tubular의 형으로 되어있으며 조금 변형하여 표기하기도 한다.

[표11-1] 대표적인 커패시터 color code

Color	Digit	Multiplier	Tolerance
Black	0		20%
Brown	1		1%
Red	2		2%
Orange	3		3%
Yellow	4		–
Green	5		5%
Blue	6		–
Violet	7		–
Gray	8		–
White	9		–
Gold	–		–
Silver	–		–

2. 전압과 전류의 위상관계

정의에 의해 전류(i)는 전하의 시간적 비율이므로 순간전류 i는 시간 t에 대한 전하Q의 변화율이다. 식 11-1을 변환하면 다음과 같다.

$$i = \frac{dQ}{dt} = C\frac{dv}{dt} \tag{11-2}$$

이 식이 의미하는 것은 커패시터를 흐르는 전류는 커패시터 양단에 걸리는 전압의 순간변화율에 커패시턴스를 곱한 것과 같다. 따라서 커패시터 양단에 걸리는 전압이 빠르게 변할수록 전류가 커진다.

미분을 이용하여 전압과 전류사이의 위상관계를 알아보자. 전압을 기준으로 보면 그래프에서 $\frac{dv}{dt}=0$ 이면, $i = C\frac{dv}{dt}=0$ 이므로 이를 그래프로 그리면 다음과 같다. 순수한 용량성 회로에서 전류는 전압보다 위상이 90° 앞선다.

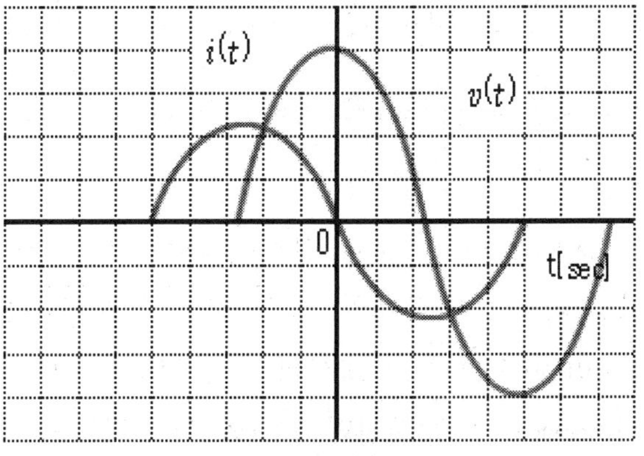

[그림 11-2] 커패시터에서 전압 및 전류파형

알다시피 커패시터는 직류(dc)를 차단한다. 즉 직류는 흐르지 못한다. 그러나 교류(ac)에서는 용량성 리엑턴스(capacitive reactance)라는 저항성분을 갖고 있어서 이것을 리엑턴스(reactance)라고 부르고 주파수(f)와 커패시턴스(C)에 의존한다. 용량성 리엑턴스는 정현파 전류를 방해하므로 단위는 [Ω]이며 기호는 X_C

이다. 전류는 주파수가 커지면 작아지고 주파수가 작아지면 전류는 커진다. 따라서 X_C는 i와 f에 반비례한다. 또한 C가 증가함에 따라 i가 증가하고, C가 감소함에 따라 i가 감소한다. 즉, 용량성 리엑턴스(X_C)는 f와 C 모두에 반비례한다. 이를 식으로 표현하면 다음과 같다.

$$X_C = \frac{1}{2\pi f C}[\Omega] \tag{11-3}$$

그림 11-2는 커패시터를 흐르는 전류(i)와 양단전압(v)의 관계를 나타낸 것이다.

$$i(t) = I_m \sin(\omega t + 90^\circ)$$

$$v(t) = V_m \sin\omega t$$

위의 관계를 극좌표를 이용하여 커패시터의 리엑턴스 값을 나타내면 다음과 같다.

$$\overrightarrow{X_C} = \vec{V}/\vec{I} = V_m \angle 0^\circ / I_m \angle 90^\circ = (V_m/I_m)\angle -90^\circ$$

$$= X_C \angle -90^\circ = -jX_C[\Omega]$$

여기서 허수단위 j는 90°를 나타내므로 $-j$는 $-90°$를 의미한다.

3. RC 직렬회로

그림 11-3은 RC 직렬회로에 흐르는 전류에 대해 각 소자양단의 전압을 시간함수로 나타낸 것이다. 그림에서 전류와 저항 양단전압($\overrightarrow{V_R}$)은 위상이 같으며 전원전압($\overrightarrow{V_S}$)은 저항양단전압($\overrightarrow{V_R}$)과 커패시터 양단전압($\overrightarrow{V_C}$)의 벡터합이 된다. 또한 저항양단전압($\overrightarrow{V_R}$)과 커패시터 양단전압($\overrightarrow{V_C}$)의 두 위상차는 90°이다.

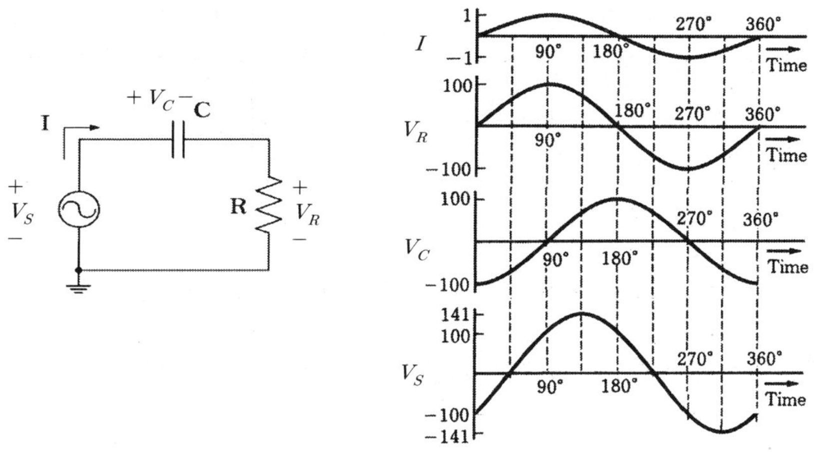

[그림 11-3] 각 소자에 대해 시간함수로 나타낸 전압파형

이 시간상의 그래프는 보기에 번거롭고 해석을 하기위해 벡터를 이용한 페이저 도를 활용하면 중요한 정보를 간략하게 나타낼 수 있다.

1〉 임피던스

[그림 11-3]의 RC 직렬회로에서 임피던스(impedance: Z)는 저항과 용량성 리액턴스(capacitive reactance: X_C)가 직렬연결이므로 이를 **직각좌표 형태**로 나타내면 다음과 같다.

$$X_C = \frac{1}{2\pi f C} = \frac{1}{\omega C}[\Omega] \qquad (11\text{-}4)$$

$$\vec{Z} = R - jX_C[\Omega] \qquad (11\text{-}5)$$

$\vec{Z}$를 다른 방식으로 표현하자. 식 (11-5)의 벡터합성하면 크기를 구할 수 있다.

$$Z = \sqrt{R^2 + (-X_C)^2} = \sqrt{R^2 + X_C^2} \qquad (11\text{-}6)$$

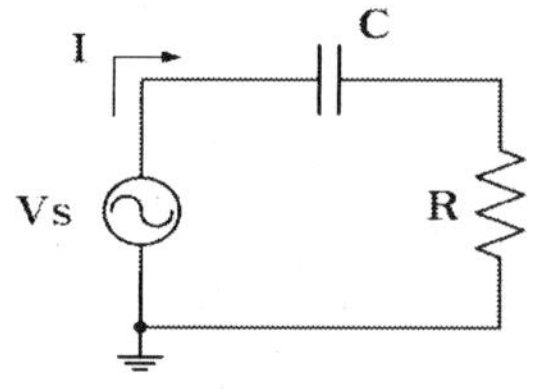

[그림 11-4] RC 직렬회로

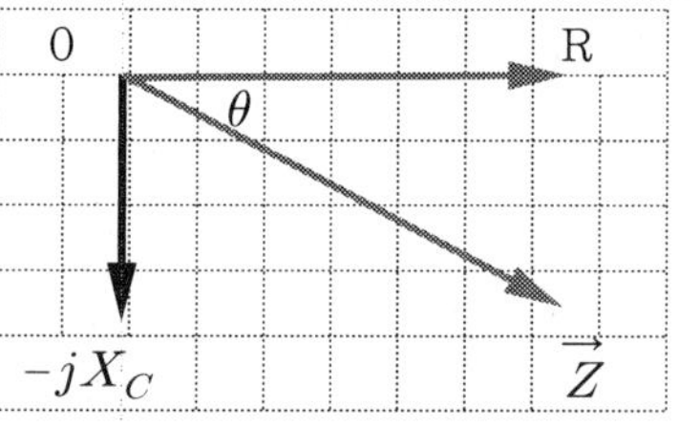

[그림 11-5] 임피던스 삼각도

또한, 위상각 θ는 삼각함수를 이용하면 다음과 같이 표시된다. (제4사분면에 존재)

$$\theta = \tan^{-1}\left(\frac{-X_C}{R}\right) \qquad (11-7)$$

식 (11-6) 및 (11-7)를 이용하여 **극좌표 형태**로 Z을 나타내면 다음과 같다.

$$\vec{Z} = \text{크기} \angle \text{위상각} = Z \angle \theta \qquad (11-8)$$

2) 전류 및 전압

Ohm법칙을 사용하여 간단히 전류를 구하고 이로부터 각 저항 및 커패시터에 걸리는 전압을 구할 수 있다.

$$\vec{I} = \frac{\overrightarrow{V_s}}{\vec{Z}}, \qquad \overrightarrow{V_R} = \vec{I}R, \qquad \overrightarrow{V_C} = \overrightarrow{IX_C} \qquad (11-9)$$

여기서 중요한 것은 전류의 위상과 저항양단전압의 위상이 동일하다는 것이다. 이는 페이저도(phasor diagram)를 그릴 때 염두하길 바란다.

그림 11-5와 같이 저항 양단전압 $\overrightarrow{V_R}$ 과 커패시터 양단전압 $\overrightarrow{V_C}$ 는 서로 90° 차이를 가진다. 전압계로 전압을 측정하고 합성할 때 이 관계에 유념해야 한다.

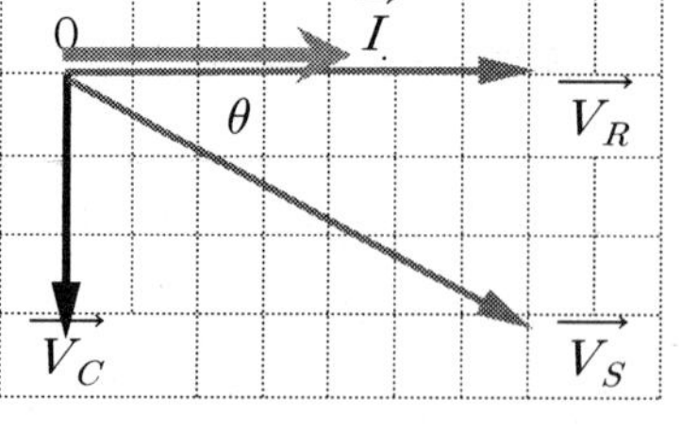

$$\overrightarrow{V_S} = V_R - jV_C$$

$$V_S = \sqrt{V_R^2 + V_C^2}$$

[그림 11-6] 각 전압 및 전류 페이저

4. 전력 삼각형(power triangle)

어떤 교류회로가 저항(R)만으로 구성되어 있을 때, 전원에 의해 공급되는 모든 에너지는 저항에 의해 열로 소모된다. 반대로 커패시터(C)만으로 이루어진 교류회로에서는 전원전압의 한 사이클에서 모든 에너지가 커패시터에 저장되고, 저장된 에너지가 다시 전원으로 반환된다. 따라서 커패시터만으로 이루어진 회로에서는 에너지가 열로 변환되지 않으므로 손실이 없다.

1〉 유효전력, 무효전력 및 피상전력

회로에 저항과 커패시터가 함께 들어있는 경우, 전체에너지중의 일부는 커패시터(C)에서 저장과 반환이 반복되고, 그 나머지 에너지는 저항(R)에 의해 소모된다. 저항(R)에서 소모되는 전력을 유효전력(P_t:true power)라고 하며 단위는 [W]이고, 커패시터(C)에 저장되는 전력을 무효전력(P_r:reactive power)이라 하며 단위는 [VAR: volt-ampere reactive]이다.

$$P_t = I^2 R \ \text{[W]} \qquad (11-10)$$

$$P_r = I^2 X_C \ \text{[VAR]} \qquad (11-11)$$

임피던스 삼각도를 바탕으로 확장하여 전력도를 그리면 다음과 같다.

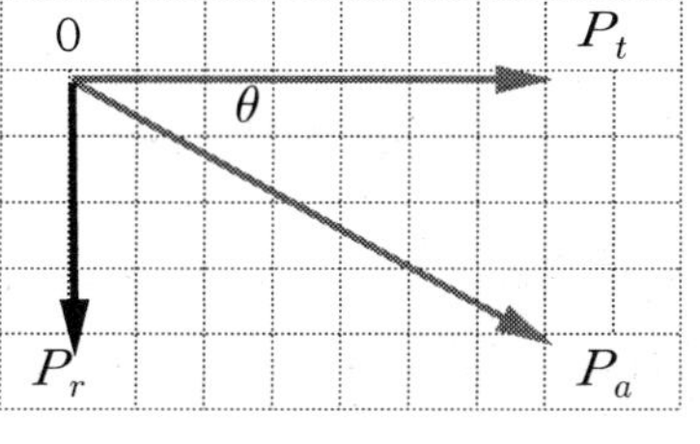

[그림 11-7] RC 직렬회로의 전력 삼각형

피상전력(P_a: apparent power)은 신호원과 부하사이에 전달되는 것처럼 보이는 전력으로 단위는 [VA:volt-ampere]이다. 유효전력과 무효전력 두 성분으로 구성되어 있다. 모든 전기전자시스템에서, 실제로 일을 하는데 사용되는 전력은 유효전력이다. 무효전력은 단지 신호원과 부하사이를 왕복할 따름이다.

$$P_a = I^2 Z \ [\text{VA}] \qquad (11\text{-}12)$$

$$P_t = P_a \cos\theta \ [\text{W}] \qquad (11\text{-}13)$$

$$P_r = P_a \sin\theta \ [\text{VAR}] \qquad (11\text{-}14)$$

교류회로의 전력은 직류회로와는 달리 전압×전류의 실효값에 $\cos\theta$를 곱해야 한다. 저항만으로 구성된 회로는 $\theta = 0°$이므로 $P_t = P_a$이며, 커패시터만으로 구성된 회로는 $\theta = 90°$이므로 $P_t = 0$이다. 즉, 이상적 커패시터에서는 전력소모가 없다.

2) 역률(power factor: $\cos\theta$)

이것은 무엇 때문에 생기는가? 저항에 대해 파형을 관찰하면 전압과 전류가 동시에 증가하고 감소한다. 즉 위상차가 0°이다. 그러나 커패시터의 경우, 그림 11-2와 같이 전압 및 전류가 동시에 증가 혹은 감소를 하지 않으므로 즉 90° 위상차가 생겨 전력에서 차이가 발생한다. 따라서 저항과 커패시터가 함께 존재하면 0°~90° 사이의 값을 갖는 위상차가 생기고 전력에서 차이가 발생하게 된다.

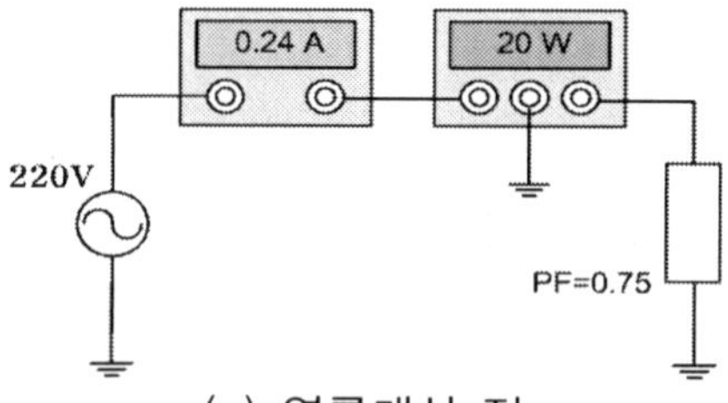

(a) 역률개선 전

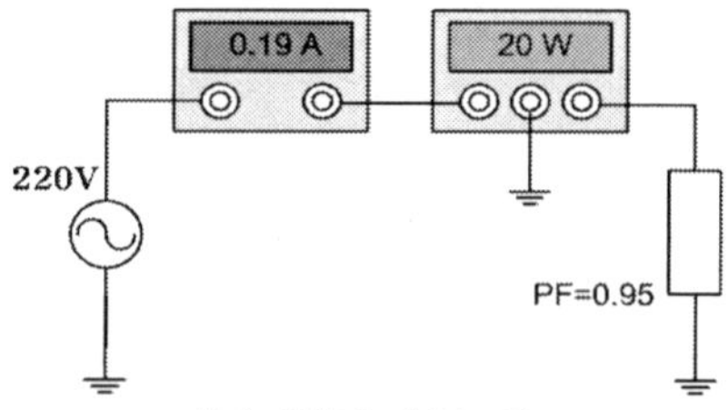

(b) 역률개선 후

[그림 11-8] 역률개선으로 인한 효과

이 의미는 무엇인가? 역률(PF)은 전체 전력 중에서 얼마나 많은 양의 유용한 전력(유효전력: P_t)이 부하에 전달되는가를 구하고자 할 때 사용한다. 역률의 최대값은 1(cos0°=1)이며 이것은 부하에 흐르는 전류와 인가 전원전압사이의 위상차가 없다는 것을 나타낸다.

그러면 역률은 회로에 어떤 효과를 미치며 응용시 고려해야 할 사항은 무엇인가? 아래 그림과 같이 역률이 개선되면 같은 전력(power)을 소비하는데 있어서 더 적은 전류가 흘러도 되므로 전기설비를 설계함에 있어서 전선의 두께를 줄일 수 있으므로 훨씬 경제적이다.

5. 위상차 측정

oscilloscope에서는 파형을 측정하기 위해 두 종류의 프로브(probe)가 사용된다. 전압프로브(voltage probe)와 전류프로브(current probe)가 있다. 전류프로브를 사용하면 위상각측정이 간편하지만 가격이 비싸서 전압프로브처럼 쉽게 구하기 어렵다. 여기서는 전압프로브만을 사용하여 위상각을 측정한다. 일반적으로 전압프로브에는 프로브 팁(probe tip)과 접지단자(ground)라고 하는 두 개의 외부접속단자가 달려 있다. 프로브에 의해 oscilloscope로 측정되는 **모든 전압은 프로브의 접지단자(0[V])를 기준**으로 한다.

전압프로브만 사용하므로 전체전류는 직접 측정할 수 없다. 그러나 저항양단의 전압위상이 전체전류 위상과 같기 때문에 이를 이용하면 위상각을 측정할 수 있다. 위상측정을 시작하기 전에 저항양단전압을 측정하는데 한 가지 문제점이 있다는 것을 반드시 알아야 한다.

1〉 위상차 측정

그림 11-9(a)과 같이 스코프 프로브를 저항양단에 연결하면 스코프의 접지단자에 의해 점 B가 회로접지와 단락되게 되므로 저항을 통과한 전류는 더 이상 회로의 각 소자를 통해 흐르지 못하고 모두 회로접지로 흘러 버린다. 결국, 저항을 제외한 나머지 소자(커패시터:C)를 회로에서 제거한 꼴이 되는 것이다. 이와 같은 일이 일어나지 않도록 신호원 및 소자의 접지단자를 공통으로 해야 한다.
그림 (b)와 같이 두 출력단자를 서로 바꾸어 회로와 연결한다. 이렇게 하면 회로접지에 연결되고 올바른 측정이 된다.

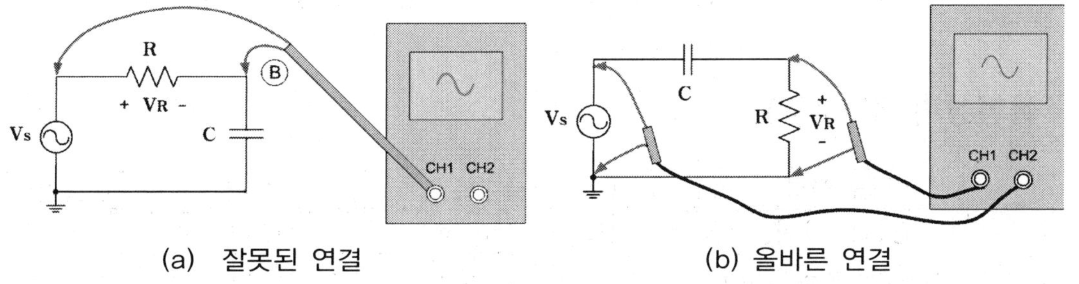

(a) 잘못된 연결 (b) 올바른 연결

[그림 11-9] 오실로스코프를 이용한 저항양단 전압 측정

2) 계산 기법

프로브를 회로에 연결하기 전에, 두 개의 trace를 스크린의 중앙에 맞추어 조정한다. 그림과 같이 1/2주기 즉, 반 사이클(180° : one half-cycle) 만 스크린에 나타나도록 하여 위상차(phase angle)를 측정하면 된다.

반주기(180°)에 해당하는 수평눈금의 값을 읽은 후, 위상차이가 나는 눈금을 읽어 비례식으로 처리하면 쉽게 구할 수 있다. 그림 11-10에서 위상차를 구해 보자.

$$180° : 8 = x° : 1.5$$

$$x = \frac{180°}{8} \times 1.5 = 33.7°$$

RC 직렬회로에서 전류(i)와 저항양단전압(v_R)의 위상은 같으므로 이 회로에서 위상차를 구하면 전체전류(i)가 전원전압(v_s)보다 약 34° 앞선다. 이 측정법으로부터 역률을 구하면 $PF = \cos\theta = \cos 33.7°$ 가 된다.

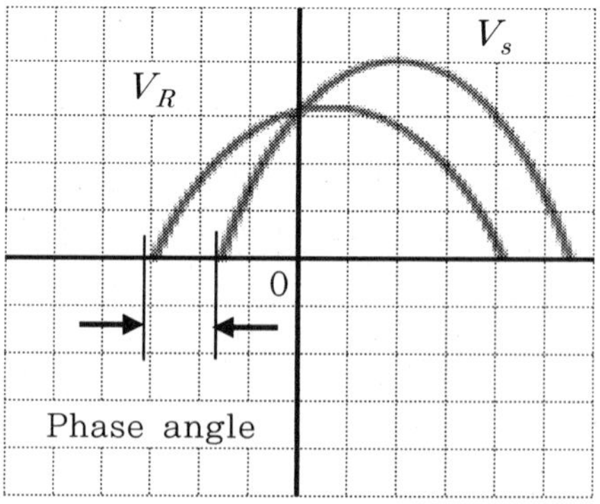

[그림 11-10] 오실로스코프를 이용한 위상각 측정

[실험장비 및 부품]

사용장비	품 목	규 격	소요량
Oscilloscope Function Generator Breadboard	Resistor	10kΩ	1
	Capacitor	0.01㎌ 0.0047㎌	1

[예비보고서]

1. 0.01㎌을 가진 커패시터(C)가 3개 있다. 이들로 만들 수 있는 조합구조를 그려서 그 합성값을 구하시오.

   1〉 직렬연결

   2〉 병렬연결

   3〉 직병렬연결

2. 다음 회로에 대해 답하시오.

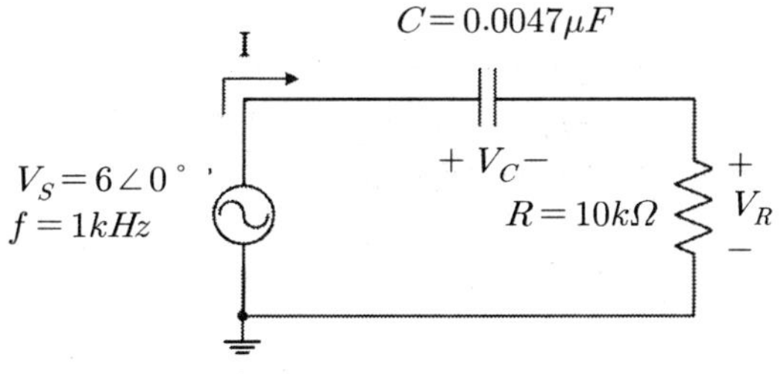

   1〉 임피던스($\vec{Z}$) 삼각형(impedance triangle)를 그리시오. 극좌표로 표현하시오.

2〉 해당 전류값($\vec{I}$)과 전압($\overrightarrow{V_C}$, $\overrightarrow{V_R}$)을 구하시오. (소수3째 자리까지)

〈1〉 $\vec{I}=$

〈2〉 $\overrightarrow{V_R}=$

〈3〉 $\overrightarrow{V_C}=$

3〉 문제2〉에서 구한 각 값의 Phasor도를 그리시오.

4〉 유효전력(P_t), 무효전력(P_r) 및 역률을 구하시오.

[결과보고서]

실험제목					
실험일자	월 일 (요일)		담당교수	㊞	
실 험 조		학 번		성 명	

1. 각 소자의 전압 측정

1) 그림과 같이 RC 직렬회로를 구성하시오. 단, $V_{S(pp)} = 12[V]$로 하고($f = 1kHz$), $R = 10k\Omega$, 그리고 $C = 0.0047\mu F$이다.

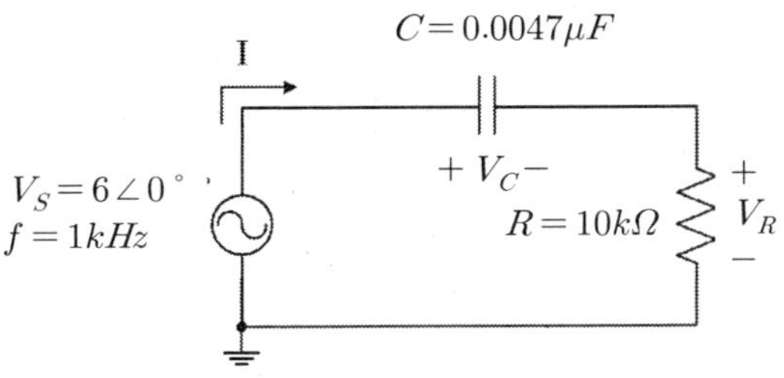

2) Oscilloscope를 이용하여 $V_{R(pp)}[V]$ 및 $V_{C(pp)}[V]$를 측정하여 표1에 나타내시오. 각 전압을 측정할 때 오류가 발생하지 않도록, 오실로스코프의 접지상태를 유념하여 측정한다.

〈표 1〉 전압 측정

	이론치	측정치	오차
$V_{R(pp)}[V]$			
$V_{C(pp)}[V]$			
$V_{S(pp)}[V]$			

3) 그림 11-5를 참고하여 측정한 값을 바탕으로 V_S를 구하여 표 1에 쓰시오.

$$\overrightarrow{V_S} = \overrightarrow{V_R} + \overrightarrow{V_C} = V_R - jV_C, \qquad V_S = \sqrt{V_R^2 + V_C^2}$$

4) 3)에서 $V_S = V_R + V_C$과 같이 왜 산술적인 값이 성립하지 않는가?

2. 교류전류 및 임피던스 측정

RC 직렬회로에 대해 측정값으로부터 아래 식을 활용하여 교류전류 및 임피던스를 구하시오. 임피던스는 DMM을 이용하여 직접 구할 수가 없으므로 간접적으로 구한다. 다음을 이용하여 전류계산시에 저항(R)의 측정값을 이용하시오.

$$I = I_R = \frac{V_R}{R} \quad \text{또는} \quad I = I_C = \frac{V_C}{X_C}, \qquad Z = \frac{V_S}{I}$$

〈표 2〉 교류전류 및 임피던스 측정

	이론치	측정치	오차
$V_{R(pp)}[V]$			
$V_{S(pp)}[V]$			
$I_{(pp)}[\mathrm{mA}]$			
$Z[k\Omega]$			

3. 위상차 측정

RC 직렬회로에 대해 위상차를 구하기 위해 Oscilloscope의 CH1, CH2를 이용하여 전원전압(V_S)과 저항전압(V_R)을 측정하고, 반주기(180°)에 해당하는 파형을 그린다.

1〉 전원전압(V_S)과 저항전압(V_R)을 중심에 맞추어 측정하시오.

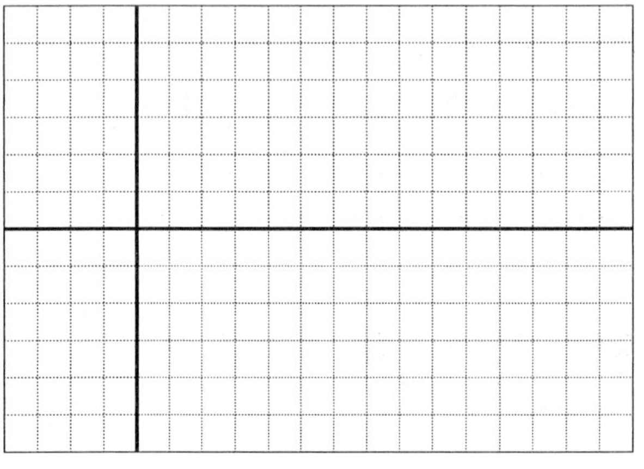

[측정값]

2〉 위상각(θ)은 전원전압(v_s)과 전원을 흐르는 전체전류(i)의 위상차이다. 즉, **전원전압위상 - 전류위상** ($\theta_S - \theta_R$)가 된다. 위의 파형으로부터 위상각과 역률을 구하시오.

〈표 3〉 위상각 측정

	이론값	측정치	오 차
위상차(θ)			
역률($\cos\theta$)			

4. 페이저도(phasor diagram)

앞의 실험 자료들로부터 각 성분($\overrightarrow{I}$, $\overrightarrow{V_R}$ 및 $\overrightarrow{V_C}$)의 페이저도를 그림에 나타내시오.

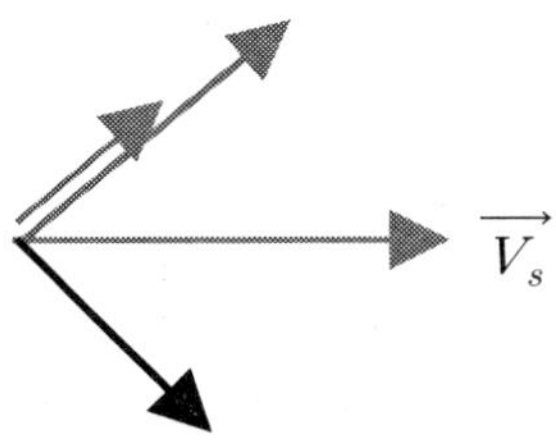

5. 용량성 리엑턴스의 주파수 특성

주파수 및 C값에 따른 X_C값의 변화를 측정한다. X_C의 단위는 $[\Omega]$이지만 저항계를 사용하여 직접 측정할 수 없다. 그러나 C를 흐르는 전류는 R을 흐르는 전류와 같으므로 C양단전압을 측정하면 간접적으로 X_C를 구할 수 있다. 위의 회로에서 전원의 주파수(f)를 바꾸었을 때 다음 표를 완성하시오.

1〉 $f = 500Hz$ 일 때

	이론치	측정치	오차
$V_{R(pp)}[V]$			
$I_{R(pp)}[mA]$			
$V_{C(pp)}[V]$			
$X_C[\Omega]$			

2〉 다음 각 주파수에 대해 측정치를 구하시오.

	$V_{R(pp)}[V]$	$I_{R(pp)}[mA]$	$V_{C(pp)}[V]$	$X_C[\Omega]$
$500Hz$				
$1kHz$				
$2kHz$				
$3kHz$				
$5kHz$				
$8kHz$				
$10kHz$				

3〉 위의 표를 바탕으로 주파수(f)에 따른 리엑턴스값(X_C)의 그래프를 그리시오.

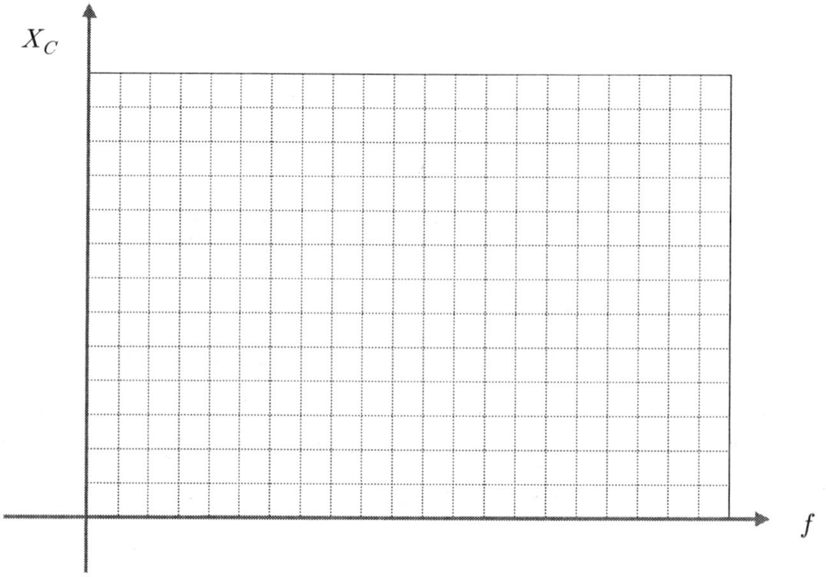

4〉 위 그래프로부터 주파수(f)와 용량성 리엑턴스(X_C)의 관계를 식으로 나타내시오.

$X_C \propto$

토의사항

1. 다음 RC회로 실험에서 그림과 같이 저항양단전압을 측정하고자 한다.
   아래 회로구성에서 잘못된 부분을 바르게 고쳐 설명하시오.

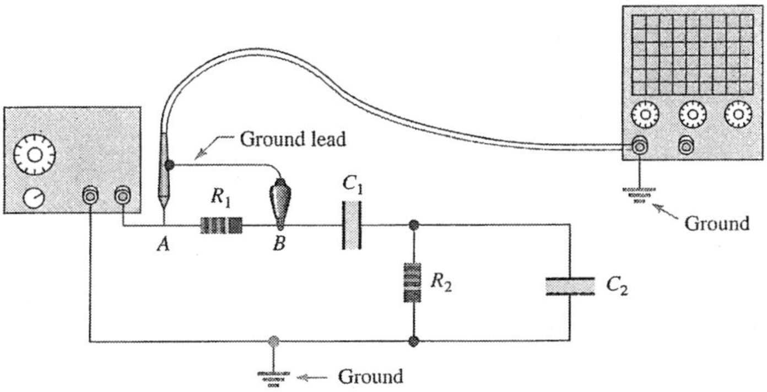

2. 커패시터에 숫자 472 이라고 적혀있다. 몇 [pF]인가 혹은 [uF]인가?

3. RC 회로에서 왜 합성전압을 벡터로 구하는가?

4. 용량성 리엑턴스(X_C)는 주파수(f)와 어떤 관계를 가지는가?

실험 12 RL 직렬회로

실험목적

저항(R)과 인덕터(L)로 구성된 RL직렬회로에서 주파수 변화에 따른 리액턴스(X_L)변화를 익히고, 교류신호에 대한 전류 및 전압의 위상관계를 이해한다.

기초이론

1. 인덕터

인덕터(inductor)는 기본적으로 전선을 감은 코일(coil)인데, 이 코일은 저항과는 달리 그림 12-1과 같이 자기장의 영향이 미치는 곳에서 푸른 막대를 좌우로 이동하면 유도전압이 생기고 이에 따라 폐회로가 형성되어 전류가 흐르게 되어 전등(lamp)이 빛을 낸다. 당연히 움직이지 않으면 자속의 변화가 없으므로 유도전압이 발생하지 않는다. 관련 실험을 수행하는 입장에서 이와 같이 유도전압을 만드는 것이 대단히 불편하므로 이 대신에 시간적으로 변하는 교류전류(i)를 인덕터에 흘리면 같은 의미의 유도전압이 생성된다.

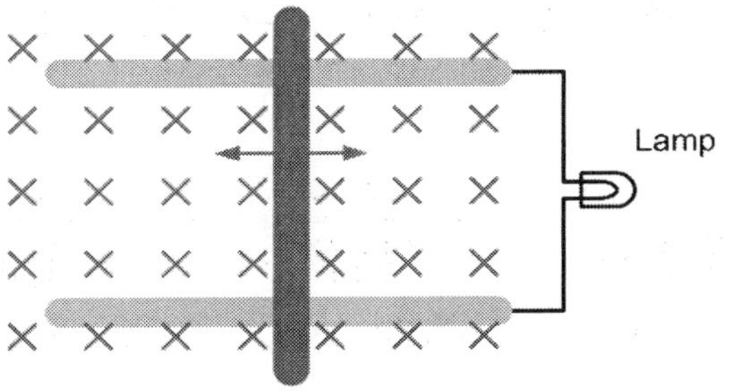

[그림 12-1] 유도전압 발생원리

그러나 일정한 전류 즉 직류가 흘렀을 때 유도전압은 생기지 않는다. 즉, 직류(dc)에 대해서는 도선과 같아 저항이 0[Ω]이다. 인덕터의 크기를 인덕턴스(inductance : 이하 'L'로 표현)라 하고, 단위는 [H]로 표기하여 '헨리(Henry)'라고 부른다.

인덕턴스의 정의

교류전류가 흐를 때, 유도되는 전압이므로 다음과 같이 표현할 수 있다.

$$L = \frac{v_L}{di/dt} \qquad (12-1)$$

이것을 변형하면 인덕터 양단에 걸리는 유도전압(v_L)은 L과 di/dt에 비례하여 다음과 같이 표현할 수 있다.

$$v_L = L\frac{di}{dt} \qquad (12-1)$$

인덕턴스의 종류

한편 인덕터는 고정과 가변(variable)으로 나누어 [그림 12-2]과 같이 나타낼 수 있고, 고정과 가변 인덕터는 코어 물질의 형태에 따라 공심코어, 철심코어(iron core), 페라이트 코어(ferrite core)로 분류된다.

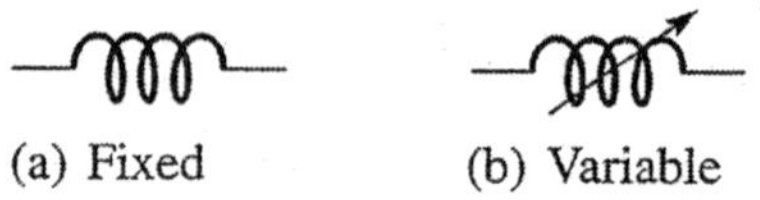

[그림 12-2] 고정 및 가변 인덕터 기호

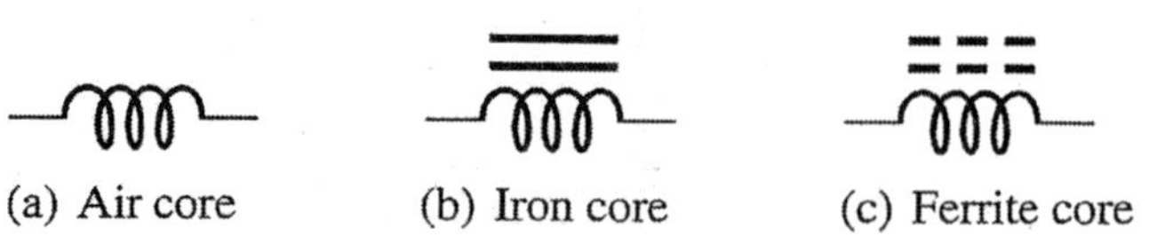

[그림 12-3] 코어물질에 따른 인덕터 기호

2. RL 직렬회로

그림 12-4는 RL직렬회로에 대해 시간변화에 따른 전압 및 전류파형을 나타낸 것이다. 전류의 위상은 저항양단전압의 위상과 동일하다. 인덕터 양단전압은 저항양단전압보다 위상이 90° 앞선다. 또한 전원전업의 크기는 소자전압의 $\sqrt{2}$ 배가 된다. 이를 바탕으로 뒤에 배울 페이저도를 그리면 확실한 개념을 얻을 수 있다.

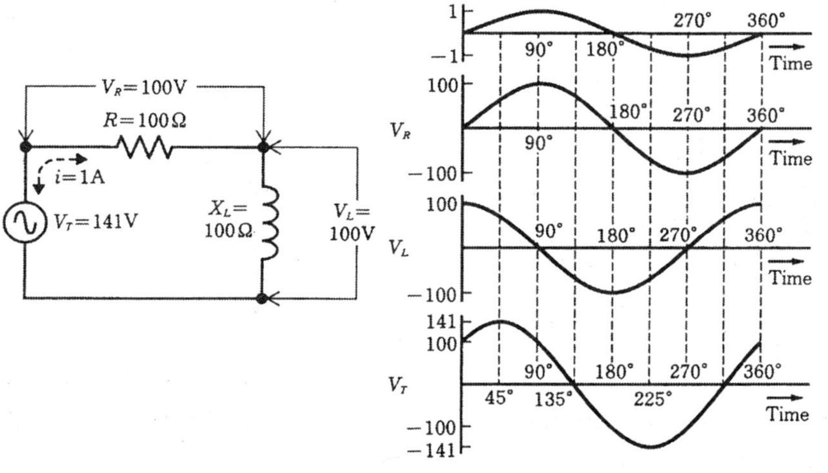

[그림 12-4] 시간에 따른 각 소자의 전압 및 전류파형

1〉 임피던스

그림 12-4은 RL 직렬회로에서 임피던스(impedance: Z)는 저항과 유도성 리액턴스(reactance: X_L)에 의해 구해지며 이를 **직각좌표 형태**로 나타낸다. 여기서 모든 값은 교류신호에 대한 것이다.

$$X_L = \omega L = 2\pi f L[\Omega] \qquad (12-3)$$

$$\vec{Z} = R + jX_L[\Omega] \qquad (12-4)$$

로 되며, 여기서 Z 및 X_L의 단위는 $[\Omega]$이다. 이것을 극좌표로 표시해보자. Z의 크기는 식 (12-5)와 같이 벡터의 합성으로 구할 수 있다.

$$Z = \sqrt{R^2 + X_L^2} \qquad (12-5)$$

또한, 위상각 θ는 삼각함수를 이용하면 다음과 같이 표시된다. (제1사분면)

$$\theta = \tan^{-1}(\frac{X_L}{R}) \qquad (12-6)$$

식 (12-5) 및 (12-6)을 이용하여 극좌표 형태로 Z을 나타내면 다음과 같다.

$$\vec{Z} = Z\angle\theta \qquad (12-7)$$

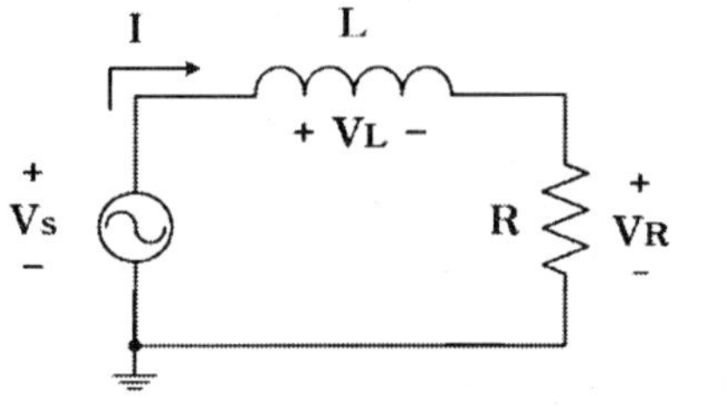

[그림 12-5] RL 직렬회로

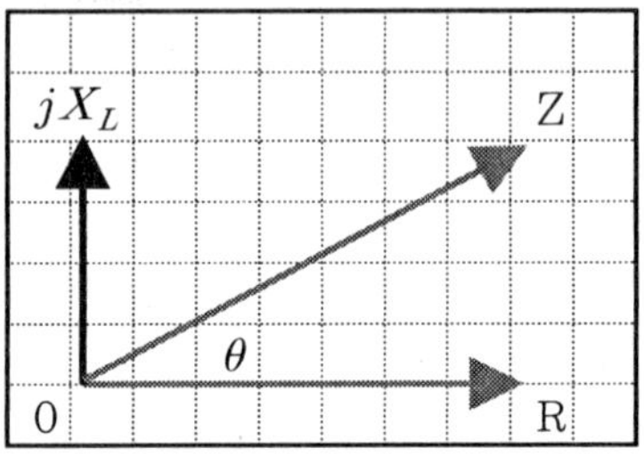

[그림 12-6] 임피던스 삼각도

2〉 전류 및 전압

Ohm법칙을 사용하여 간단히 전류를 구하고 이로부터 각 저항 및 커패시터에 걸리는 전압을 구할 수 있다.

$$\vec{I} = \frac{\overrightarrow{V_s}}{\vec{Z}}, \qquad \overrightarrow{V_R} = \vec{I}R, \qquad \overrightarrow{V_L} = \vec{I}X_L$$

어떤 전류를 기준으로 페이저도(phasor diagram)를 그려보자. KVL을 적용하면 $-\overrightarrow{V_s} + \overrightarrow{V_R} + \overrightarrow{V_L} = 0$이고 저항 양단전압 $\overrightarrow{V_R}$과 인덕터 양단전압 $\overrightarrow{V_L}$은 90° 의 위상차를 가진다. 벡터를 합성하면 전원전압을 구할 수 있다.

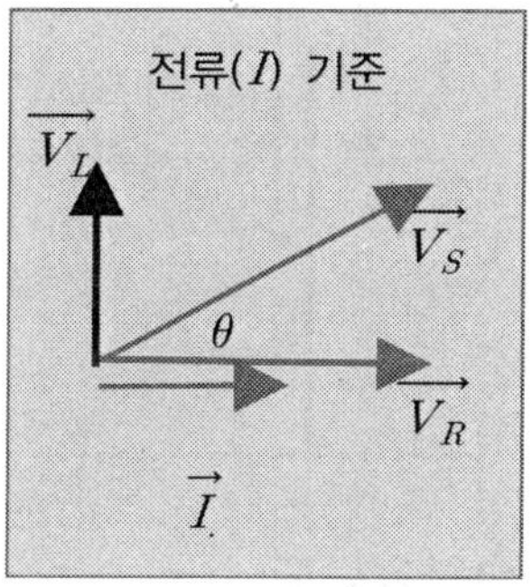

$$\overrightarrow{V_s} = \overrightarrow{V_R} + \overrightarrow{V_L}$$
$$\overrightarrow{V_s} = V_R + jV_L$$

$$V_S = \sqrt{V_R^2 + V_L^2}$$
$$\theta = \tan^{-1}\left(\frac{V_L}{V_R}\right)$$

[그림 12-7] 전압 및 전류 페이저도

여기서 중요한 것은 전류의 위상과 저항양단전압의 위상이 동일하다는 것이다. 이는 페이저도를 그릴 때 염두하길 바란다.

3. 전력 삼각형(power triangle)

어떤 교류회로가 저항(R)만으로 구성되어 있을 때, 전원에 의해 공급되는 모든 에너지는 저항에 의해 열로 소모된다. 반대로 인덕터(L)만으로 이루어진 교류회로에서는 전원전압의 한 사이클 내의 1/2사이클에서는 전원에 의해 공급되는 모든 에너지가 인덕터에 저장되고, 나머지 1/2사이클 동안은 인덕터에 저장된 에너지가 다시 전원으로 반환된다. 따라서 인덕터 만으로 이루어진 회로에서는 에너지가 열로 변환되지 않으므로 손실이 없다.

회로에 저항과 인덕터가 함께 들어있는 경우, 전체 에너지중의 일부는 인덕터에서 저장과 반환이 반복되고, 그 나머지 에너지는 저항에 의해 소모된다.

1> 유효전력, 무효전력 및 피상전력

저항에서 소모되는 전력을 유효전력(P_t:true power)라고 하며 단위는 [W]이고, 인덕터에 저장되는 전력을 무효전력(P_r:reactive power)이라 하며 단위는 [VAR: volt-ampere reactive]이다.

$P_t = I^2 R$ [W]

$P_r = I^2 X_L$ [VAR]

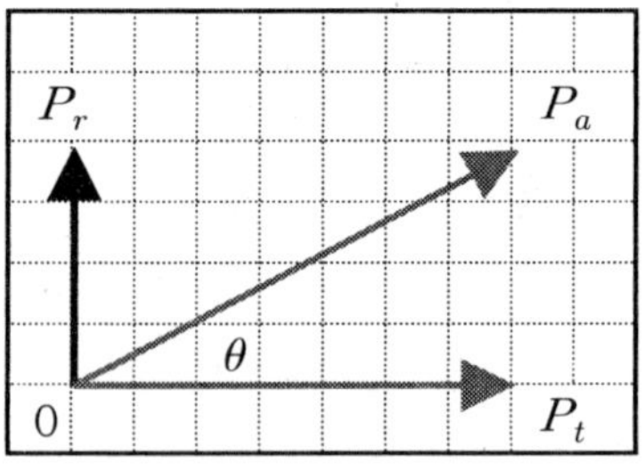

[그림12-8] RL 직렬회로의 전력삼각도

피상전력(apparent power)은 신호원과 부하사이에 전달되는 것처럼 보이는 전력으로 단위는 [VA:volt-ampere]이다. 유효전력과 무효전력 두 성분으로 구성되어 있다.

모든 전기전자시스템에서, 실제로 일을 하는데 사용되는 전력은 유효전력이다. 무효전력은 단지 신호원과 부하사이를 에너지의 소비없이 왕복할 따름이다.

$P_a = I^2 Z$ [VA]

$P_t = P_a \cos\theta$ [W]

$P_r = P_a \sin\theta$ [VAR]

저항만으로 구성된 회로는 $\theta = 0°$이므로 $P_t = P_a$이며, 인덕터만으로 구성된 회로는 $\theta = 90°$이므로 $P_t = 0$ 이다. 즉, 이상적 인덕터에서는 전력소모가 없다.

2) 역률($\cos\theta$)

저항에 대해서는 전압과 전류가 동시에 증가하고 동시에 감소한다(= in phase). 그러나 인덕터(L)인 경우에는 전압 및 전류파형이 동시에 증가 혹은 감소를 하지 않으므로 차이가 생긴다(= out of phase). 따라서 반드시 유효전력을 구하고자 할 때, $\cos\theta$가 필요하다. 역률을 개선하는 것은 여러 가지 경제적인 효과가 있다.

인덕터를 사용한 장비가 우리 실생활에 많이 활용되므로 특히 전동기를 사용할 때 이 역률의 중요성을 경제적인 면에서 실감할 수 있다. 같은 전력효과를 가지는데 있어서 더 적은 전류로 즉 전선의 굵기를 줄일 수 있다.

4. 위상차 측정

1〉 저항양단전압(v_R) 측정

전압과 위상측정을 시작하기 전에 저항양단전압을 측정하는데 한 가지 문제점이 있다는 것을 반드시 알아야 한다. 그림과 같이 스코프 프로브를 저항양단에 연결하면 스코프의 접지단자에 의해 점 B가 회로접지와 단락되게 되므로 저항을 통과한 전류는 더 이상 회로의 각 소자를 통해 흐르지 못하고 모두 회로접지로 흘러 버린다. 결국, 저항을 제외한 나머지 소자를 회로에서 제거한 꼴이 되는 것이다.

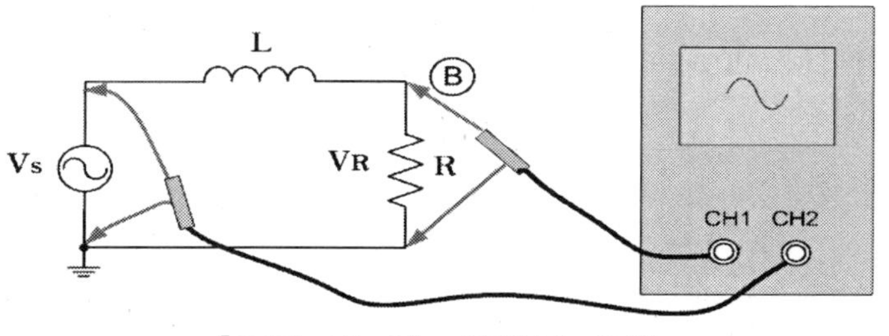

[그림 12-9] 올바른 측정

2〉 인덕터(inductor: L) 양단전압(v_L) 측정

그림 12-8에서 L과 R를 서로 바꾸면 접지문제가 해결되고 올바른 측정을 수행할 수 있다.

3〉 위상차 측정

위상차를 구하기 위해 반 사이클(180°)에 해당하는 파형을 오실로스코프 스크린에 나타나도록 하여 측정하면 된다.

[실험장비 및 부품]

사용장비	품 목	규 격	소요량
Oscilloscope Function Generator Breadboard	Resistor Inductor	1kΩ 100 mH	1 1

[예비보고서]

1. 다음 회로에 대해 답하시오. 단 표시된 전원전압은 피크전압(V_p)을 나타낸다.

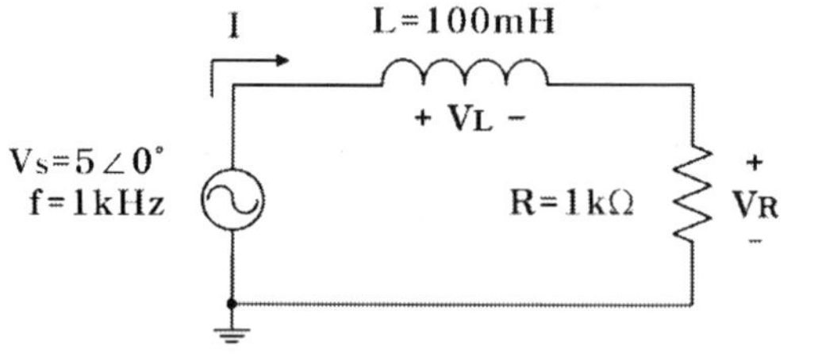

1〉 임피던스 삼각형(impedance triangle)를 그리시오.

2〉 임피던스의 극좌표를 구하시오.

2. 해당 전류값($\vec{I}$)과 전압($\overrightarrow{V_L}$, $\overrightarrow{V_R}$)을 구하시오. (소수3째 자리에서 반올림)

1〉 $\vec{I}$=

2〉 $\overrightarrow{V_L}=$

3〉 $\overrightarrow{V_R}=$

3. 문제2에서 구한 각 값의 Phasor도를 그리시오. 이로부터 Kirchhoff 전압법칙 (KVL)이 성립하는지를 확인하시오.

4. 위의 회로에서 유효전력, 무효전력 및 피상전력을 구하시오.

[결과보고서]

실험제목					
실험일자	월 일 (요일)			담당교수	㊞
실 험 조		학 번		성 명	

1. 전압 측정

1〉 RL 직렬회로를 다음과 같이 구성한다. 전원전압은 $V_{S(p-p)} = 10[V]$로 하고 ($f = 1kHz$), $R = 1k\Omega$, 그리고 $L = 100mH$이다.

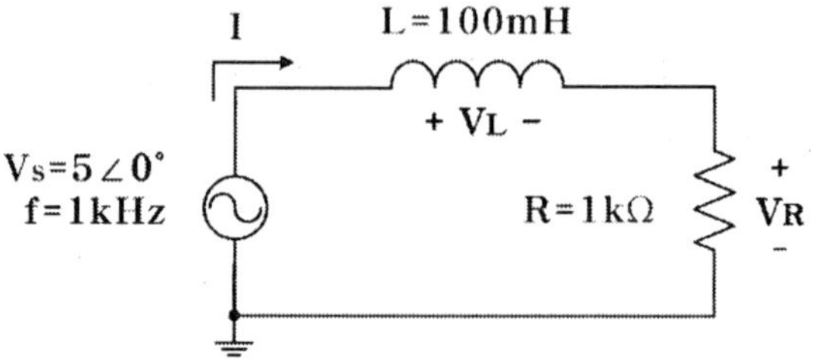

2〉 Oscilloscope를 이용하여 저항 양단전압 $V_{R(p-p)}$과 인덕터 양단전압 $V_{L(p-p)}$를 측정하여 표1에 기록하시오. 전압 및 위상차를 측정할 때 오류가 발생하지 않도록, 오실로스코프의 접지상태를 유념하여 측정한다.

3〉 아래 식을 활용하여 2〉에서 측정한 값을 바탕으로 V_S를 계산하시오.

$\overrightarrow{V_S} = V_R + jV_L, \qquad V_S = \sqrt{V_R^2 + V_L^2}$

〈표 1〉 저항 양단, 인덕터 양단전압 및 합성전압 측정

	이론치	측정치	오차
$V_{R(p-p)}[V]$			
$V_{L(p-p)}[V]$			
$V_{S(p-p)}[V]$			

2. 교류전류 및 임피던스 측정

저항양단전압 $V_{R(p-p)}$ 측정하여 〈표2〉에 기록한다. 아래 식을 참조하여 전류 및 임피던스를 구하시오.

$$I = I_R = \frac{V_R}{R} \quad \text{또는} \quad I = I_L = \frac{V_L}{X_L}, \qquad Z = \frac{V_S}{I}$$

〈표 2〉 교류전류 및 임피던스 측정

	이론치	측정치	오차
$V_{R(p-p)}[V]$			
$V_{S(p-p)}[V]$			
$I_{(p-p)}$[mA]			
$Z[k\Omega]$			

3. 위상차 측정

RL직렬회로에서 오실로스코프의 CH1, CH2를 이용하여 위상차를 측정코자 한다.

1〉 전원전압(V_S)과 저항양단 전압(V_R)을 나타낸다.

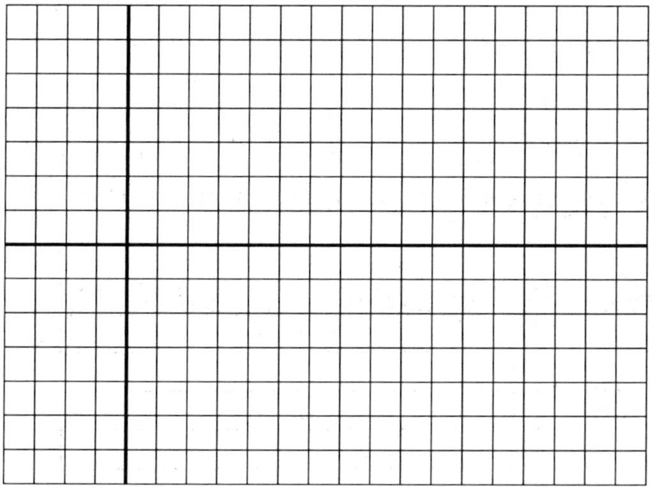

[측정값]

2〉 위상각(θ)은 전원전압(v_s)과 전원을 흐르는 전체전류(i)의 위상차이다. 즉, **전원전압위상 − 전류위상** ($\theta_S - \theta_R$)가 된다. 예비보고서에서 계산하였듯이 RC 직렬회로에서 전류의 위상은 저항양단의 전압위상과 동일하다. 위의 파형으로부터 위상각을 구하시오.

〈표 3〉 위상각 측정

	이론값	측정치	오 차
위상차(θ)			
역률($\cos\theta$)			

4. 페이저도(phasor diagram)

앞의 실험자료로부터 각 성분($\vec{I}$, $\overrightarrow{V_R}$ 및 $\overrightarrow{V_R}$)의 페이저도를 그림에 나타내시오.2〉

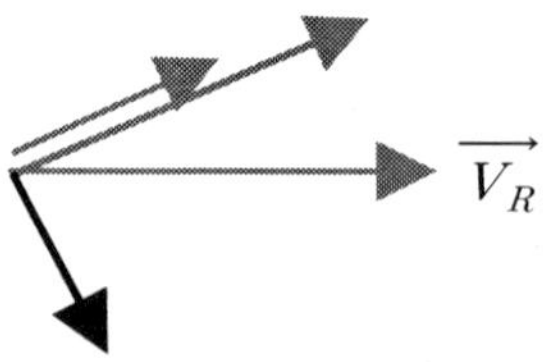

5. 유도성 리엑턴스의 주파수 특성

주파수 및 L값에 따른 X_L값의 변화를 측정한다. RL 직렬회로에서 X_L의 단위는 $[\Omega]$이지만 저항계를 사용하여 직접 측정할 수 없다. 그러나 L를 흐르는 전류는 R을 흐르는 전류와 같으므로 L양단전압을 측정하면 간접적으로 X_L를 구할 수 있다. 위의 회로에서 전원의 주파수를 바꾸었을 때 다음 표를 완성하시오.

1〉 $f = 1kHz$로

	이론치	측정치	오차
$V_{R(pp)}[V]$			
$I_{R(pp)}[mA]$			
$V_{L(pp)}[V]$			
$X_L[\Omega]$			

2) 다음 각 주파수에 대해 측정치를 구하시오.

	$V_{R(pp)}[V]$	$I_{R(pp)}[mA]$	$V_{L(pp)}[V]$	$X_L[\Omega]$
$500Hz$				
$2kHz$				
$4kHz$				
$6kHz$				
$8kHz$				
$10kHz$				
$15kHz$				
$30kHz$				

3) 위의 표를 바탕으로 주파수(f)에 따른 리엑턴스값(X_L)의 그래프를 그리시오.

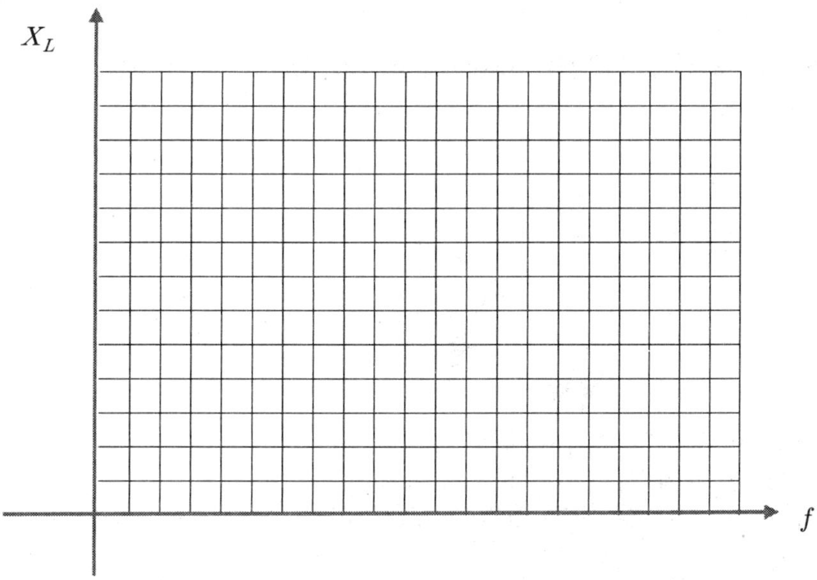

4) 위 그래프로부터 주파수와 유도성 리엑턴스의 관계를 식으로 나타내시오.

$X_L \propto$

토의사항

1. R-L 직렬회로에서 전압이 앞서는가 아니면 전류가 앞서는가?
[설명]

2. 전동기(motor)에서 역률(power factor)의 중요성 및 잇점을 설명하시오.
[설명]

3. 인덕터(inductor)를 읽는 방법을 설명하시오.

4. 유도성 리엑턴스(X_L)와 주파수(f)의 관계를 설명하시오.

실험 13 RC 병렬회로

실험목적

저항(R)과 커패시터(C)로 구성된 RC 병렬회로에서 주파수 변화에 따른 리액턴스 변화를 익히고, Ohm 법칙과 Kirchhoff 전류 및 전압법칙을 이용하여 교류신호에 대한 전류 및 전압의 위상관계를 이해한다.

기초이론

1. RC 병렬회로의 임피던스와 위상각

그림 13-1은 저항과 커패시터로 이루어진 RC 병렬회로를 나타낸 것이다. 병렬회로에서 중요한 요소는 각 소자에 흐르는 전류이다. 즉 Kirchhoff 전류법칙과 Ohm 법칙을 활용하는 것이 필요하다.

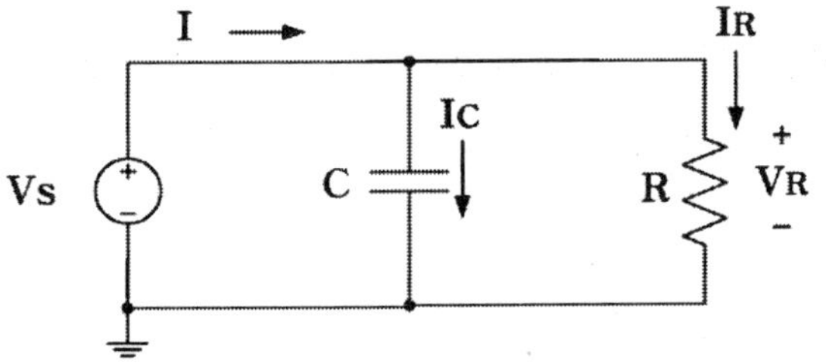

[그림 13-1] 간단한 RC 병렬회로

우선 커패시터(C)에 의한 용량성 리엑턴스(X_C)는 다음과 같다.

$$X_C = \frac{1}{\omega C} = \frac{1}{2\pi f C}[\Omega] \qquad (13-1)$$

그림에서 임피던스(impedance: Z)는 저항(R)과 용량성 리액턴스(X_C)의 병렬연결이므로 이를 직각좌표 형태로 나타내면 다음과 같다.

$$\vec{Z} = R//(-jX_C)[\Omega] \qquad (13-2)$$

[그림 13-1]과 같은 R-C 병렬회로에서 임피던스(Z)를 계산하면,

$$\vec{Z} = (\frac{1}{R} + \frac{1}{-jX_C})^{-1} = \frac{(R\angle 0°)(X_C\angle -90°)}{R-jX_C} \qquad (13-3)$$

로 되며, 이를 극좌표 형식으로 바꾸기 위하여 전개하면,

$$\vec{Z} = \frac{R \cdot X_C \angle (0° - 90°)}{\sqrt{R^2 + X_C^2} \angle (-90° + \tan^{-1}(\frac{X_C}{R}))} \qquad (13-4)$$

로 되어 다음과 같이 나타낼 수 있다.

$$\therefore \ \vec{Z} = \frac{R \cdot X_C}{\sqrt{R^2 + X_C^2}} \angle (-90° + \tan^{-1}(\frac{X_C}{R})) \qquad (13-5)$$

따라서, 극좌표 $\vec{Z} = Z\angle\theta$ 에서 $\vec{Z}$의 크기(Z)는

$$Z = \frac{R \cdot X_C}{\sqrt{R^2 + X_C^2}} \qquad (13-6)$$

이며, 위상각 θ는 다음과 같이 표시된다. (제4 사분면에 존재)

$$\theta = -90° + \tan^{-1}(\frac{X_C}{R}) \qquad (13-7)$$

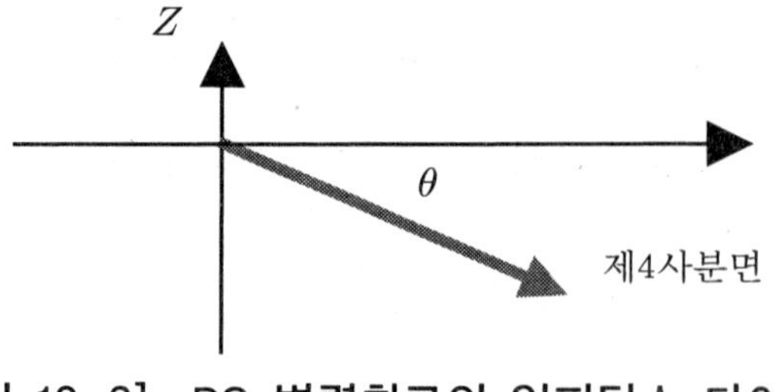

[그림 13-2] RC 병렬회로의 임피던스 다이어그램

2. RC 병렬회로에서 전류해석

회로에서 인가전압 Vs는 저항과 커패시터에 병렬로 연결되어 있으므로 각 소자(저항과 커패시터)의 양단전압은 크기와 위상이 서로 동일하다. 그러나, 임피던스를 해석하기보다는 병렬이므로 전류로 해석하는 것이 더욱 효율적이라고 할 수 있다. 전체 전류 $\vec{I}$는 저항에 흐르는 전류 $\overrightarrow{I_R}$과 커패시터에 흐르는 전류 $\overrightarrow{I_C}$로 나누어진다. 또한, 저항의 양단전압 $\overrightarrow{V_R}$과 저항에 흐르는 전류 $\overrightarrow{I_R}$의 위상은 서로 같다.

우리가 앞에서 익힌 것처럼 커패시터에 흐르는 전류 $\overrightarrow{I_C}$는 커패시터의 양단전압 $\overrightarrow{V_C}$보다 90° 앞선다. 따라서 커패시터에 흐르는 전류 $\overrightarrow{I_C}$는 저항에 흐르는 전류 $\overrightarrow{I_R}$ 보다 90° 앞서게 된다.

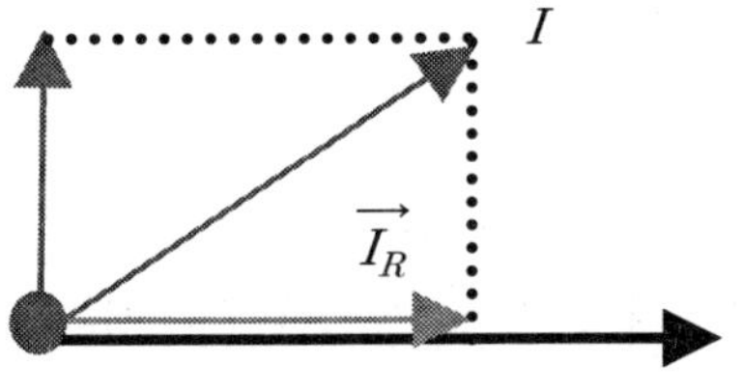

[그림 13-3] RC 병렬회로의 전류 페이저도

전체 전류 $\vec{I}$는 키르히호프의 전류법칙(KCL)에 의해 두 전류의 페이저 합이 된다. 이를 수식으로 표현해 보자.

$$\vec{I} = \overrightarrow{I_R} + \overrightarrow{I_C} = \frac{\overrightarrow{V_R}}{R} + \frac{\overrightarrow{V_R}}{X_C} \text{ 으로부터}$$

$$\vec{I} = \frac{\overrightarrow{V_R}}{R} + \frac{\overrightarrow{V_R}}{-jX_C} = \frac{\overrightarrow{V_R}}{R} + \frac{\overrightarrow{V_R}}{X_C} \angle 90° \qquad (13\text{-}8)$$

$\overrightarrow{V_R} = V_R \angle 0°$ 라고 하면 위 식은 다음과 같이 바뀔 수 있다.

$$\vec{I} = \frac{V_R \angle 0°}{R \angle 0°} + \frac{V_R \angle 0°}{X_C \angle -90°} \quad (13-9)$$

$$\vec{I} = I_R \angle 0° + I_C \angle 90° \quad (13-10)$$

저항을 흐르는 전류를 기준으로 좌표를 정하면 다음과 같이 표현할 수 있다.

$$\vec{I} = I_R + jI_C \quad (13-11)$$

이 된다. 이를 극좌표 형식으로 나타내면,

$$\vec{I} = \sqrt{I_R^2 + I_C^2} \angle \tan^{-1}(\frac{I_C}{I_R}) \quad (13-12)$$

이 된다. 여기서 전체 전류의 크기는

$$I = \sqrt{I_R^2 + I_C^2} \quad (13-13)$$

이고, I_R과 I 사이의 위상차는 다음과 같으며 제1 사분면에 존재한다.

$$\theta = \tan^{-1}(\frac{I_C}{I_R}) \quad (13-14)$$

[실험장비 및 부품]

사용장비	품 목	규 격	소요량
DC Power Supply Multimeter Breadboard Phase meter	Resistor	20 kΩ	1
	Capacitor	0.01 μF	1

[예비보고서]

1. 다음 회로에 대해 답하시오. 교류 전압원의 주파수는 $f = 1kHz$ 이다.

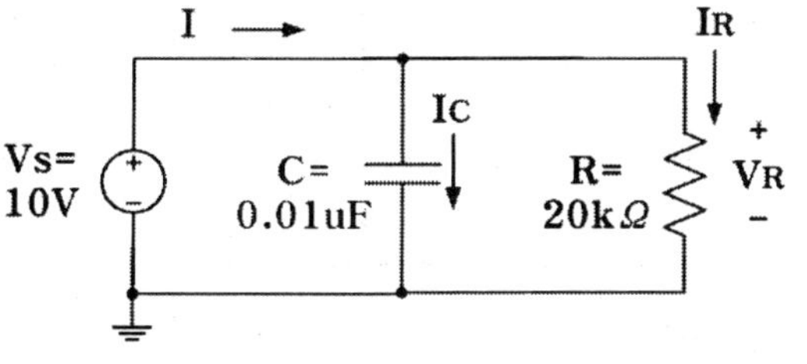

1) 합성 임피던스($\vec{Z}$)를 구하시오.

2) 전류 $\vec{I_R}$, $\vec{I_C}$ 및 $\vec{I}$ 를 구하시오.(소수 3째자리에서 반올림)

3〉 문제2에서 구한 각 값의 Phasor도를 그리시오. 이로부터 Kirchhoff 전류법칙이 성립하는지를 확인하시오.

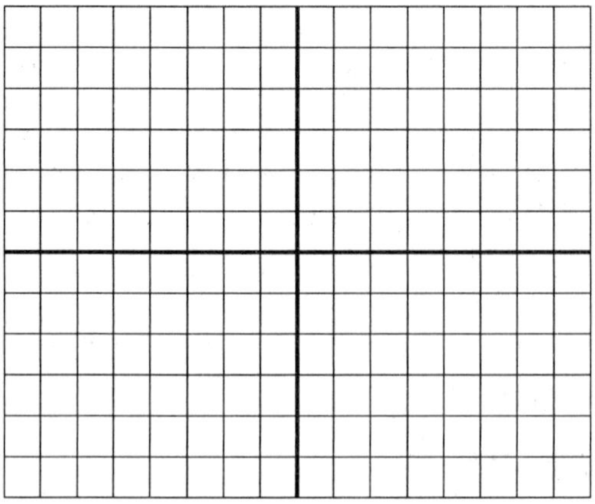

4〉 위의 회로에서 유효전력, 무효전력 및 피상전력을 구하시오.

2. 커패시터를 흐르는 전류의 위상을 측정코자 한다. 현재 전류 프로브(current probe)는 활용할 수 없다고 한다. 어떻게 하면 되는가?

[결과보고서]

실험제목					
실험일자	월 일 (요일)			담당교수	㉤
실 험 조		학 번		성 명	

1. 그림과 같이 회로를 구성하시오.

전원전압은 $V_s = 10V$, 전원의 주파수는 $f = 1kHz$, 커패시터는 $C = 0.01\mu F$, 저항 $R = 20k\Omega$이며 전원과 직렬로 연결된 저항 $R_s = 100\Omega$은 다른 회로에 영향을 끼치지 않는 가능한 한 작은 값으로 하시오.

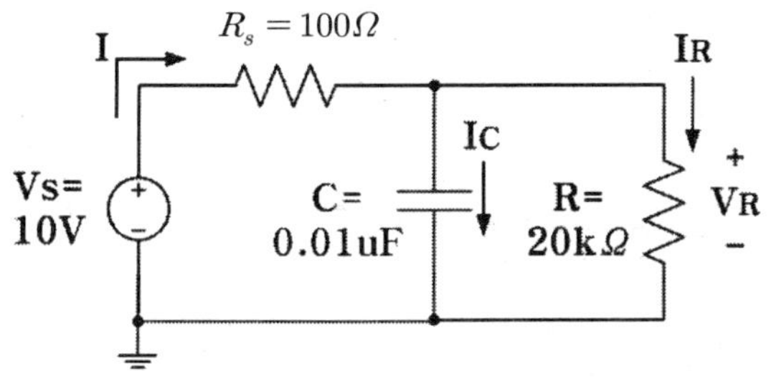

1) 오실로스코프를 이용하여 전원 $\overrightarrow{V_s}$ 및 전류 $\vec{I}$ 파형을 그리시오.

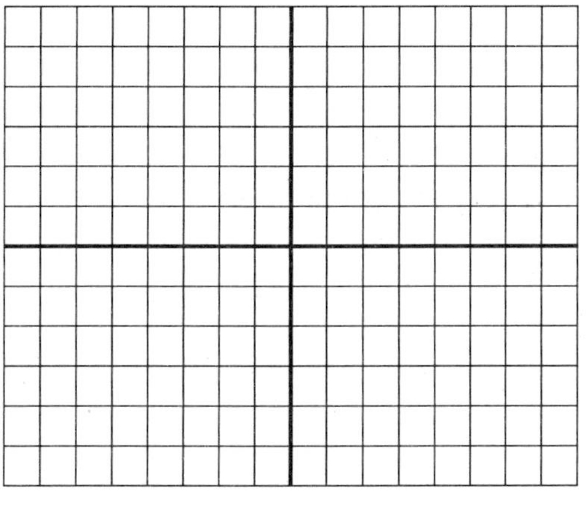

청색선: $\overrightarrow{V_s}$
적색선: $\vec{I}$

2〉 오실로스코프를 이용하여 전류 $\overrightarrow{I_C}$ 및 전류 $\overrightarrow{I_R}$ 파형을 그리시오.

전류 $\overrightarrow{I_C}$을 측정할 때 회로를 적절히 변형하시오.

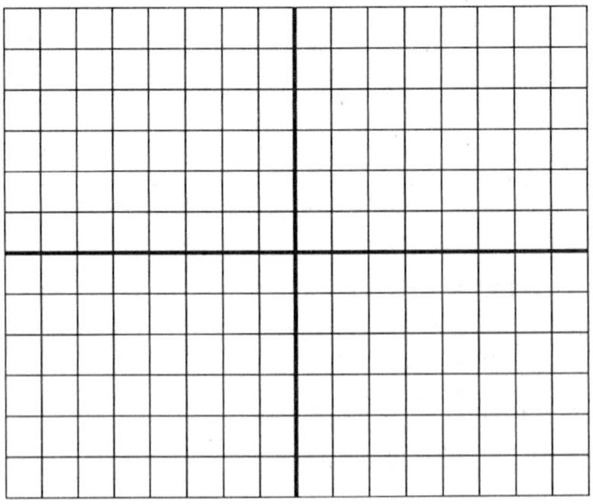

청색선: $\overrightarrow{I_R}$

적색선: $\overrightarrow{I_C}$

3〉 위의 파형을 바탕으로 다음 표를 완성하시오.

	I_R	I_C	I	기타
이론치				
측정치				
오 차				

2. 임피던스(Z) 구하기

위의 표를 바탕으로 아래의 식에 의해 전압을 계산하여 다음 표에 기록한다.

- $V_S = V_R = I_R \cdot R = I_C \cdot X_C$
- $Z = \dfrac{V_S}{I}$

	$V_R[V_{pp}]$	I[mA]	$X_C[\Omega]$	$Z[\Omega]$
이론치				
측정치				
오 차				

3. 회로의 위상차 측정

오실로스코프를 이용하여 전원전압(V_S)과 전원전류(I)을 화면상에 비교하여 나타내고, 그 위상차를 구하고자 한다.

1〉 전원전류의 파형을 구하려면 어떻게 회로를 구성해야 하나? 회로를 그리시오.

2〉 두 파형으로부터 전원전압과 전류의 위상차를 구한다.

[회로도]

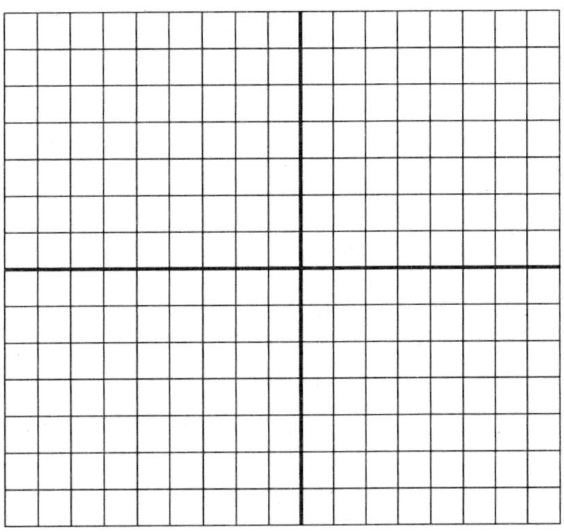

토의사항

1. RC 병렬회로에서 합성전류는 몇 상한에 존재하는가? 그 이유를 설명하시오.

2. 커패시터를 흐르는 전류의 위상을 측정코자 한다. 현재 전류 프로브(current probe)는 활용할 수 없다고 한다. 어떻게 하면 되는가?

실험 14 RLC 직렬회로

실험목적

저항(R), 인덕터(L) 및 커패시터(C)로 구성된 RLC 직렬회로에서 주파수 변화에 따른 임피던스 변화를 익히고, 교류신호에 대한 전류 및 전압의 위상관계를 이해한다. 또한 공진이 일어나는 조건을 찾아 선택도인자 및 대역폭의 관계를 이해한다.

기초이론

RLC회로는 저항, 인덕터 및 커패시터를 모두 가지고 있다. 교류신호에 대해 유도성 리엑턴스$X_L = 2\pi f L[\Omega]$, 용량성 리엑턴스$X_C = 1/2\pi f C[\Omega]$ 및 저항R을 가진다. 유도성 리엑턴스와 용량성 리엑턴스는 위상이 서로 정반대로 작용한다.

1. 직렬회로의 임피던스

우리는 지금까지 RC 및 RL회로에 대해 살펴보았다. 이 장에서 RLC 직렬회로에는 저항, 인덕턴스, 커패시턴스가 모두 포함되어있다. 앞에서 살펴보았듯이, 유도성 리액턴스(X_L)는 전류가 인가전압보다 뒤진다. 반대로, 용량성 리액턴스(X_C)는 전류가 인가전압보다 앞선다. 즉, X_L과 X_C는 서로 반대되는 성질을 갖고 있으므로 X_L과 X_C가 함께 존재하는 경우에는 서로 상대편의 성질을 없애려는 특성을 갖는다.

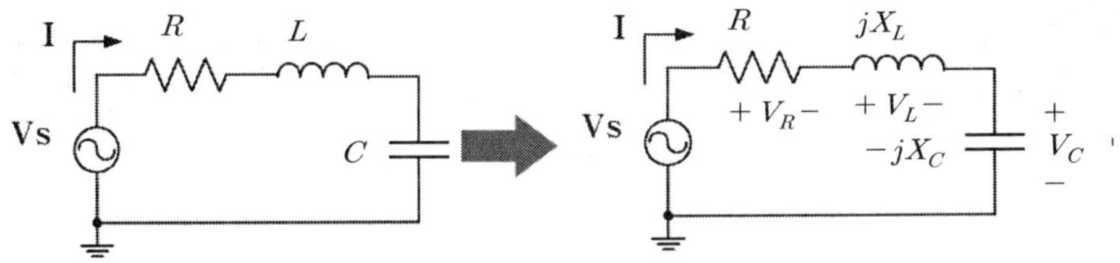

[그림 14-1] RLC 직렬회로

RLC 직렬회로의 총 임피던스를 직각좌표형식과 극좌표형식을 써서 나타내면 각각 식 (14-1), 식 (14-2)와 같다.

$$\vec{Z} = R + jX_L - jX_C = R + j(X_L - X_C) \quad (14-1)$$

$$\vec{Z} = \sqrt{R^2 + (X_L - X_C)^2} \angle \tan^{-1}(\frac{X}{R}) \quad (14-2)$$

식 (14-2)에서 임피던스의 크기는 $\sqrt{R^2 + (X_L - X_C)^2}$ 이고, 전체전류와 인가전압 사이의 위상각은 $\tan^{-1}(\frac{X}{R})$이 된다.

만일 X_L과 X_C의 크기가 서로 같으면, 이 둘은 상쇄되어 총 리액턴스가 0이 된다. 직렬회로에서 총 리액턴스의 값은

$$X = X_L - X_C \quad (14-3)$$

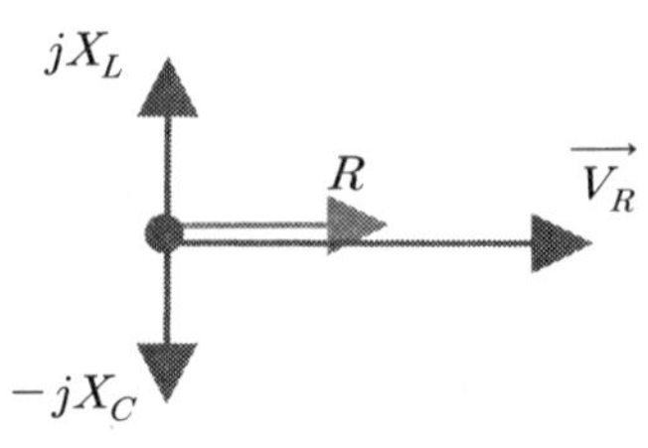

[그림 14-2] RLC 직렬회로의 임피던스 다이어그램

그림 14-3은 일반적인 RLC 직렬회로에서 총 리액턴스의 값이 주파수에 따라 어떻게 변하는가를 보여준다. $X_L > X_C$인 경우, 회로에서 유도성 리액턴스가 더 큰 값을 가지므로 이 회로도 유도성 리액턴스의 성질이 우세한 유도성(inductive) 회로가 되며, $X_L < X_C$ 인 경우, 반대로 용량성 리액턴스의 성질이 우세한 용량성(capacitive) 회로가 된다.

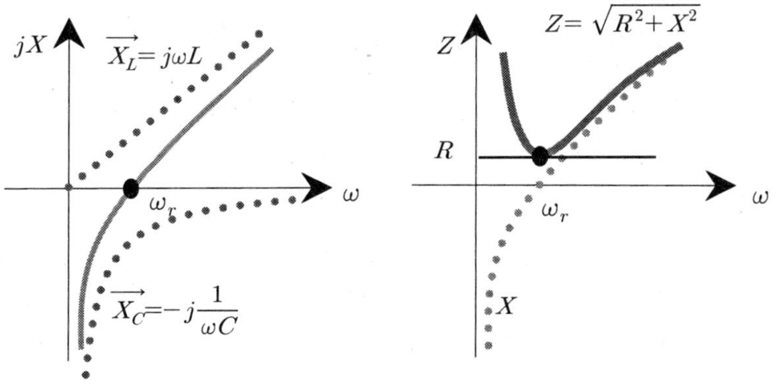

[그림 14-3] RLC 직렬회로의 주파수에 따른 임피던스도

2. 회로해석

RLC 직렬회로에서, 커패시터 양단의 전압과 인덕터 양단의 전압 사이의 위상차는 항상 180°이다. 직렬회로에서는 전류가 같으므로 이를 페이저로 표현하면 다음과 같다. Kirchhoff 전압법칙으로 표현하면 다음과 같다.

$$\overrightarrow{V_S}= \overrightarrow{V_L}+ \overrightarrow{V_C}+ \overrightarrow{V_R} \qquad (14-4)$$

$$= V_R+jV_L-jV_C = V_R+j(V_L-V_C)$$

여기서 $\overrightarrow{V_L}= \overrightarrow{X_L}\cdot\vec{I}= jX_L\vec{I}$, $\overrightarrow{V_C}= \overrightarrow{X_C}\vec{I}=-jX_C\vec{I}$, $\overrightarrow{V_R}= R\vec{I}$ 이다.

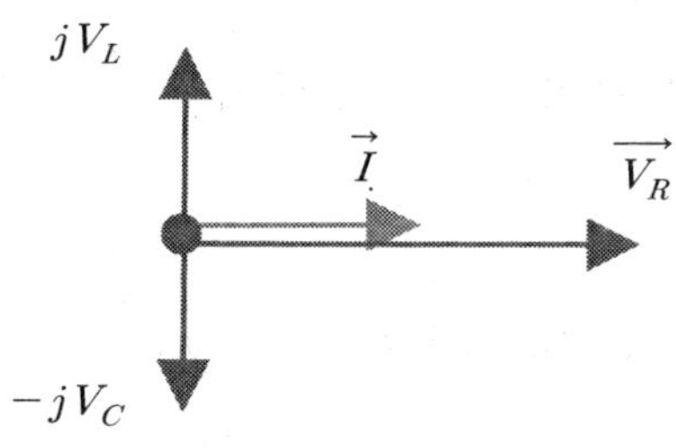

[그림 14-4] RLC 직렬회로의 전압 페이저도

3. 직렬 공진회로(series resonant circuit)

RLC 직렬회로에서, 용량성 리액턴스와 유도성 리액턴스의 값이 같아질 때 공진이 일어난다. 먼저, 주파수가 아주 낮은 영역에서 X_C 값은 크고, X_L 값은 작으므로, 회로는 용량성이 된다. 주파수가 점점 증가하면, X_C 의 값은 점점 감소하고, X_L의 값은 계속 증가한다. 이 때, 두 리액턴스 값이 같아지는 점, 즉 $X_L = X_C$ 가 되는 주파수에서는 두 리액턴스가 서로 상쇄되어 총 리액턴스의 값은 0Ω이 되므로, 회로는 순수한 저항성 회로가 된다. 바로 이 상태를 직렬공진(series resonance)이라고 한다.

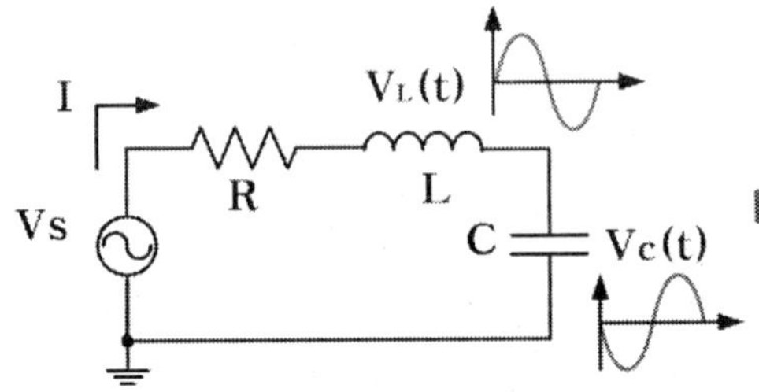

(a) 원회로

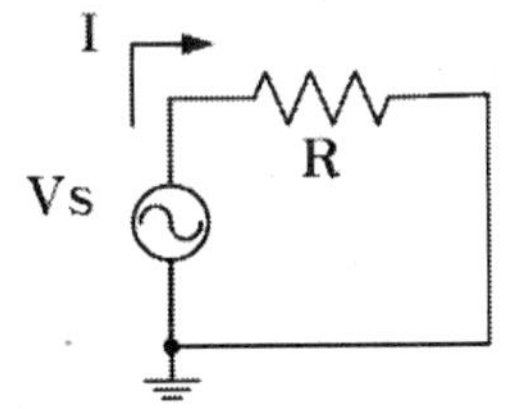

(b) 등가회로

[그림 14-5] 공진시 직렬 RLC 회로에서 등가회로

공진이 일어날 때, 두 리액턴스는 상쇄되어 0이 되므로, 회로의 임피던스는 저항성분만을 갖게 된다. 회로에서 총 임피던스는 다음 식과 같다.

$$Z = R + jX_L - jX_C = R + j(X_L - X_C) \qquad (14-5)$$

공진 상태에서 $X_L = X_C$ 이므로 허수부는 0이 된다. 따라서 임피던스는 저항만으로 표시된다. 회로의 공진상태를 식으로 표시하면 다음과 같다.

$$Z_r = R \qquad (14-6)$$

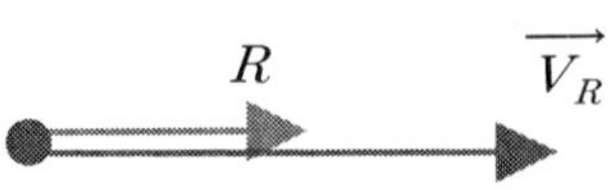

[그림 14-6] RLC직렬회로의 공진시 페이저도

직렬공진 주파수에서 C와 L의 양단전압은, 리액턴스가 같고 두 소자는 직렬연결이므로 동일한 전류가 흐르기 때문에 크기가 같다($I \cdot X_L = I \cdot X_C$). 또한 X_L과 X_C 사이의 위상차는 항상 180°가 된다.

1) 공진이 일어날 때의 등가회로 및 임피던스

그림 14-5(a)에 나타나 있듯이, V_C 와 V_L 의 극성은 항상 반대가 된다. 즉, C와 L양단의 전압은 크기가 같고 부호가 서로 반대가 되므로, 그림에 그려진 것처럼 두 전압을 더하여 구하는 $V_L(t) + V_C(t)$ 전압은 항상 0V가 된다. 점 A에서 점 B로 전류가 흐르는 상태에서 점 A와 B 사이의 전압이 0V가 되려면, 그림 (b)와 같이 이 두 점 사이의 총 리액턴스가 0Ω이 되어야만 한다.

2) 직렬 공진주파수(series resonant frequency)

RLC 직렬 회로에서, 공진은 오직 한 주파수(즉, 공진주파수)에 대해서만 일어난다. 이 공진주파수(f_r)는 식 (14-5)로부터 구할 수 있다. 즉,

$$X_L = X_C \tag{14-7}$$

L과 C에 대한 리액턴스 공식을 대입하면,

$$2\pi f_r L = \frac{1}{2\pi f_r C} \tag{14-8}$$

이 식을 f_r에 대해 풀면,

$$f_r^2 = \frac{1}{4\pi^2 LC} \tag{14-9}$$

이 식의 양변에 제곱근($\sqrt{\ }$)을 취하면 공진주파수는 다음 식과 같이 된다.

$$f_r[Hz] = \frac{1}{2\pi\sqrt{LC}} \tag{14-10}$$

4. 선택도(Q)와 대역폭(BW)

먼저 RC 직렬회로에 대해 익혀 보자. 전원(V_{in})의 주파수를 변화시킨다고 가정하자. 직류이므로 같은 전류가 흐른다. 용량성 리액턴스 $X_C = 1/2\pi fC$에서 주파수가 증가함에 따라 커패시터 양단전압(V_c)은 감소한다. 결과적으로 저항양단전압은 그림과 같이 주파수의 증가에 따라 증가한다. 수식적으로 전압분배법칙을 사용하여도 결과는 같다.

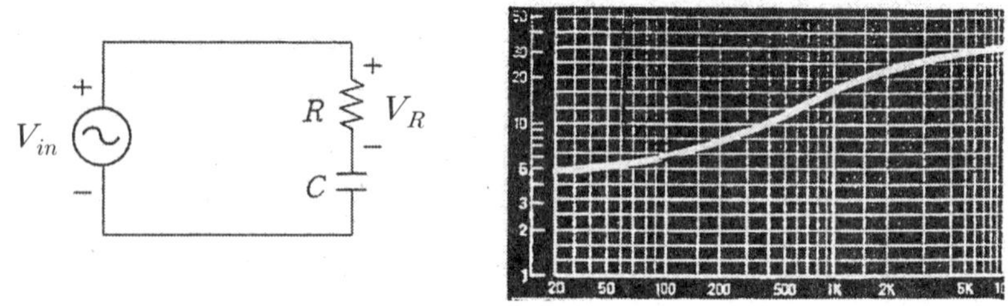

[그림 14-7] RC회로에서 주파수에 따른 저항양단전압의 변화

다음은 먼저 RL 직렬회로에 대해 익혀 보자. 전원(V_S)의 주파수를 변화시킨다고 가정하자. 직류이므로 같은 전류가 흐른다. 유도성 리액턴스 $X_L = 2\pi fL[\Omega]$에서 주파수가 증가함에 따라 인덕터 양단전압(V_c)은 증가한다. 결과적으로 저항양단전압은 그림과 같이 주파수의 증가에 따라 감소한다. 수식적으로 전압분배법칙을 사용하여도 같은 결과를 얻는다.

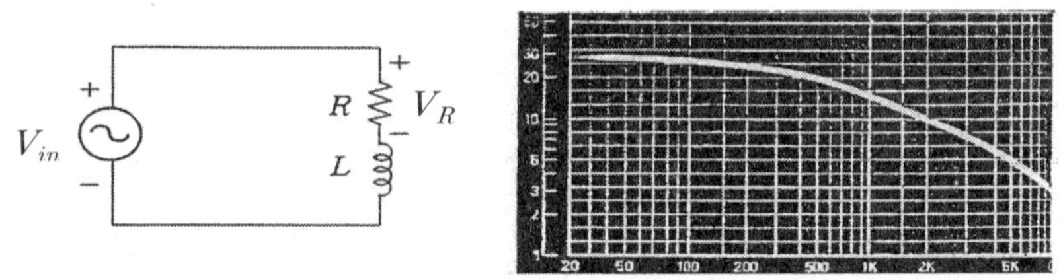

[그림 14-8] RL회로에서 주파수에 따른 저항양단전압의 변화

이상의 결과를 바탕으로 RLC 직렬회로를 검토해 보자. RLC 직렬회로에 흐르는 전류는 공진주파수($f_r[Hz]$)에서 최대가 되며, 주파수가 공진주파수에서 양쪽으로 멀어짐에 따라 감소한다. 즉 그림과 같이 출력전압을 저항양단전압(V_R)으로 한다면 공진주파수에서 최대값을 나타낸다.

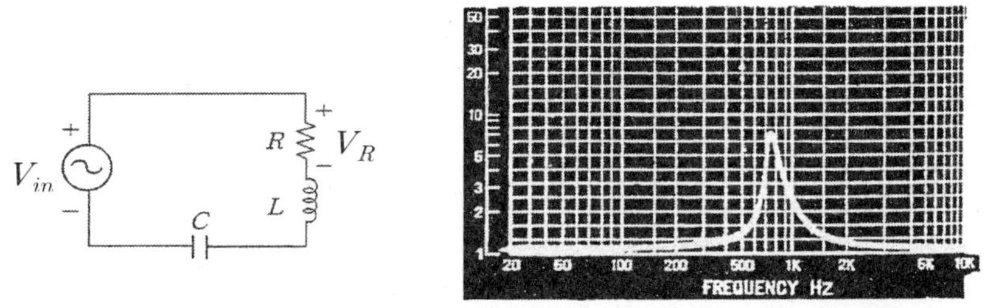

[그림 14-9] 주파수에 따른 직렬 RLC 회로 출력전압특성

1〉 차단주파수(cutoff frequency) 및 대역폭(bandwidth)

대역폭은 공진 회로 특성을 표시하는 중요한 항목으로, 약자 BW로 표기한다. 대역폭은 최대 전류 크기(즉, 공진 주파수일 때의 전류)의 70.7% 이상이 되는 전류가 흐르는 주파수의 범위로서 정의한다.

그림 14-10을 보면, RLC 직렬회로의 주파수 응답 곡선 위에 대역폭이 표시되어 있다. 여기서 대역폭을 결정하는 두 주파수 f_1, f_2에 대해 알아본다.

f_1과 f_2는 각각 전류의 크기가 $0.707I_{max}$가 되는 주파수로 차단주파수(cutoff frequency)라고 불린다. 공진주파수 f_r보다 작은 값을 갖는 f_1은 저주파 차단주파수(lower cutoff frequency), 반대로 큰 값을 갖는 f_2는 고주파 차단주파수(upper cutoff frequency)라고 한다.

두 개의 차단주파수 f_1, f_2는 −3dB 주파수, 임계주파수(critical frequency), 반전력 주파수(half-power frequency) 등으로도 불린다.

두 차단주파수를 반전력 주파수라고도 한다. 이것은 차단주파수에서의 전력이 공진주파수에서의 전력의 1/2이 되므로 붙여진 이름이다.

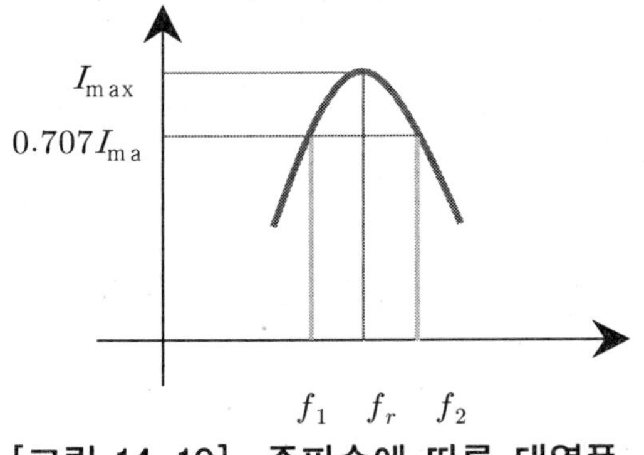

[그림 14-10] 주파수에 따른 대역폭

직렬 공진회로에 대해서, 이를 증명해 보면 다음과 같다. 공진이 일어날 때 전력은 $P_{max} = I_{max}^2 \cdot R$ 이고 주파수 f_1, f_2에서의 전력은 다음과 같다.

$$P_{f1} = I_{f1}^2 R = (0.707 I_{max})^2 R$$
$$= (0.707)^2 I_{max}^2 R = 0.5 I_{max}^2 R = 0.5 P_{max} \qquad (14-11)$$

직렬 또는 병렬회로의 대역폭은 회로의 I 또는 Z에 대한 주파수 응답곡선에서 최대값의 0.707(=1/$\sqrt{2}$)배가 되는 두 차단주파수 사이의 주파수대역으로 정의된다. 따라서 대역폭은 f_2와 f_1사이의 주파수 차가 되므로

$$BW = f_2 - f_1 \qquad (14-12)$$

이상적으로 공진주파수 f_r은 중심주파수(center frequency)이며, 다음 식으로 계산된다.

$$f_r = \frac{f_1 + f_2}{2} \qquad (14-13)$$

2) 선택도(Q: Selectivity, Quality Factor)

공진회로에서의 선택도는 회로가 갖고 있는 주파수 선택성의 정도 즉, 회로가 어느 정도로(얼마나 잘) 특정 주파수에 대해서 응답하고 그 밖의 주파수에 대해서는 응답하지 않는가를 표시한다.

따라서 대역폭(BW)이 작을수록 선택도(Q)는 커진다. 선택도는 다음과 같이 Q= 무효전력/유효전력으로 정의한다. 직렬회로에서는 각 소자에 같은 전류가 흐른다.

$$Q = \frac{\text{무효전력}}{\text{유효전력}} = \frac{I^2 X}{I^2 R} = \frac{X}{R} \qquad (14-14)$$

RLC 직렬회로에서 실험적으로 선택도를 구해보자.

$$\overrightarrow{V_R} = R\vec{I} \qquad (14-15)$$

$$\overrightarrow{V_L} = \overrightarrow{X_L} \cdot \vec{I} = jX_L \vec{I} = jX_L \frac{\overrightarrow{V_R}}{R} = jQ\overrightarrow{V_R} \qquad (14-16)$$

$$\overrightarrow{V_C} = \overrightarrow{X_C}\vec{I} = -jX_C\vec{I} = -jX_C\frac{\overrightarrow{V_R}}{R} = -jQ\overrightarrow{V_R} \qquad (14-17)$$

즉, 저항전압과 인덕터 혹은 커패시터전압의 관계를 이용하여 쉽게 선택도 Q를 구할 수 있다.

회로의 Q가 클수록 대역폭은 작아진다. 반대로 Q값이 작을수록 대역폭은 커진다. 회로의 Q로써 대역폭을 구하는 식은 다음과 같다.

$$BW = \frac{f_r}{Q} \qquad (14-18)$$

[실험장비 및 부품]

사용장비	품 목	규 격	소요량
Oscilloscope Breadboard Function Generator	Capacitor	0.01 μF	1
	Resistor	470 Ω	1
	Inductor	10 mH	1

[예비보고서]

1. 다음 회로에 대해 각 값을 구하시오.

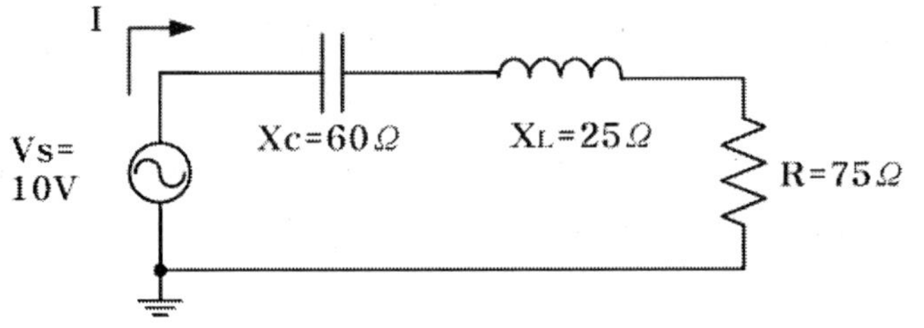

1〉 임피던스 $\vec{Z}$의 직각좌표 및 극좌표를 구하시오. 이 때 용량성인가 유도성인가?

2〉 전류 $\vec{I}$를 구하시오.

3〉 $\overrightarrow{V_L}$를 구하시오.

4〉 $\overrightarrow{V_C}$를 구하시오.

5〉 $\overrightarrow{V_R}$를 구하시오.

6〉 각 전압 Phasor도를 그리시오.
(전원전압 $\overrightarrow{V_S}$를 기준으로)

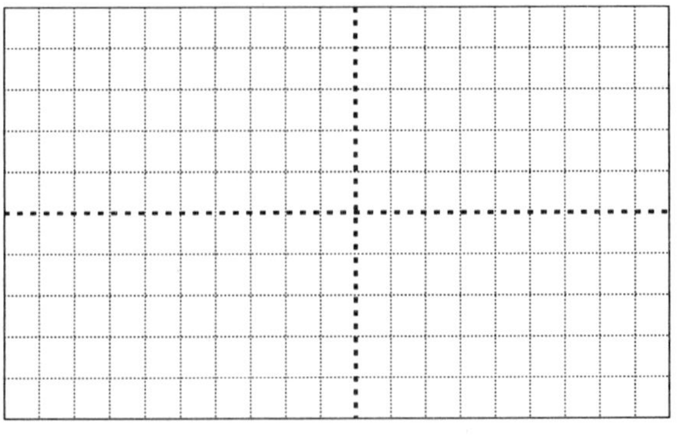

2. 다음 회로에 대해 각 주파수에 따라 물음에 답하시오.

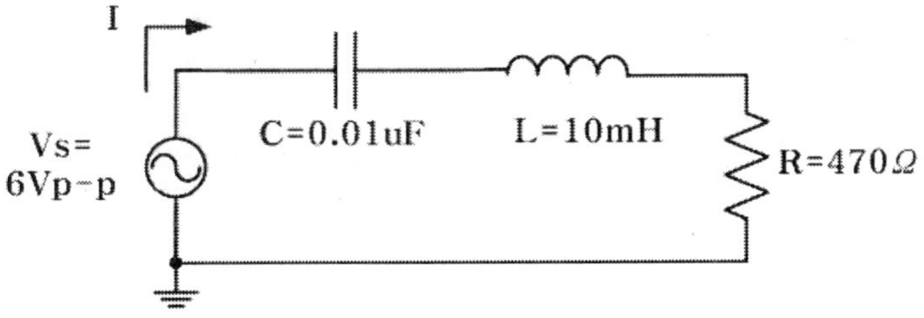

1〉 공진주파수(f_r)를 구하고 이 주파수에서 $\vec{Z}$ 및 $\overrightarrow{V_R}$를 구하시오.

2〉 $f = f_r - 1$㎑에서 $\vec{Z}$, $\overrightarrow{V_R}$를 구하시오.

3〉 $f = f_r + 1$㎑에서 $\vec{Z}$, $\overrightarrow{V_R}$를 구하시오.

4〉 공진주파수에서 Q값은 얼마인가?

[결과보고서]

<table>
<tr><td>실험제목</td><td colspan="5"></td></tr>
<tr><td>실험일자</td><td colspan="2">월 일 (요일)</td><td>담당교수</td><td colspan="2">㊞</td></tr>
<tr><td>실 험 조</td><td></td><td>학 번</td><td></td><td>성 명</td><td></td></tr>
</table>

1. 공진주파수(f_r) 측정

다음회로를 구성하시오. 각 소자로 R은 470[Ω], L은 10[mH], C는 0.01[㎌]이다.

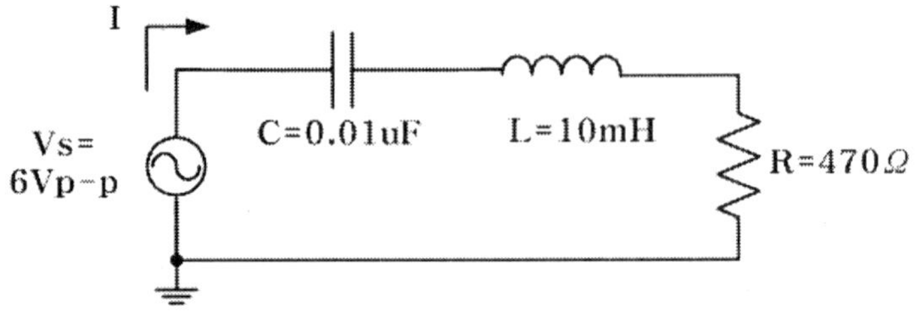

1〉 전원전압(V_S)을 6[V_{p-p}]로 하여 오실로스코프의 CH1에 연결하고, 오실로스코프 CH2에 저항양단전압을 연결한다. 함수발생기의 주파수를 1[㎑]~300[㎑]의 범위까지 변화시키면서 저항양단의 전압(V_R)을 측정하여 〈표1〉에 기록한다.

〈표1〉 주파수변화에 따른 저항양단의 전압

주파수(f)	전압(V_R)	주파수(f)	전압(V_R)	주파수(f)	전압(V_R)
1㎑		2㎑		3㎑	
4㎑		5㎑		6㎑	
7㎑		8㎑		9㎑	
10㎑		20㎑		30㎑	
40㎑		50㎑		60㎑	
70㎑		80㎑		90㎑	
100㎑		200㎑		300㎑	

2〉 최대값이 되는 지점부근에서 함수발생기를 정확히 조절하여 주파수변화에 따른 저항양단전압의 최대값을 기록하고, 그 때의 주파수를 기록한다.

	$V_R(\max)[V_{pp}]$	f_r[㎐]
이론값		
측정값		

3〉 표1을 이용하여 각 주파수에 따른 저항양단전압 그래프를 그리시오.
반대수 그래프(semilog)에 x축(log)은 주파수, y축은 저항양단전압으로 하시오.

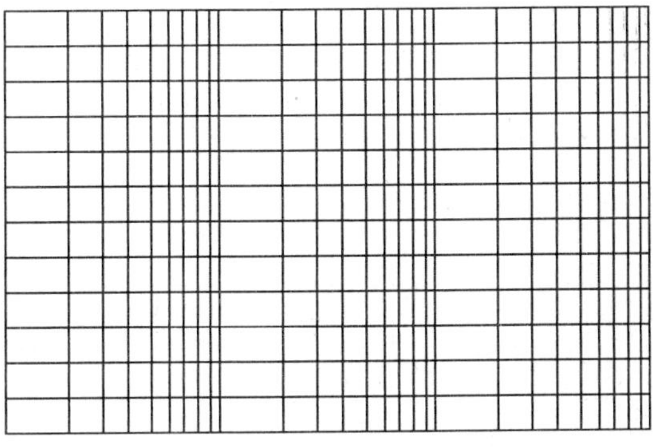

4〉 공진이 일어나는 주파수(f_r)에서 전원전압(V_S)파형 및 저항양단전압(V_R)파형의 그래프를 그려 위상차를 비교하시오. 서로 다른 색상을 사용하시오.

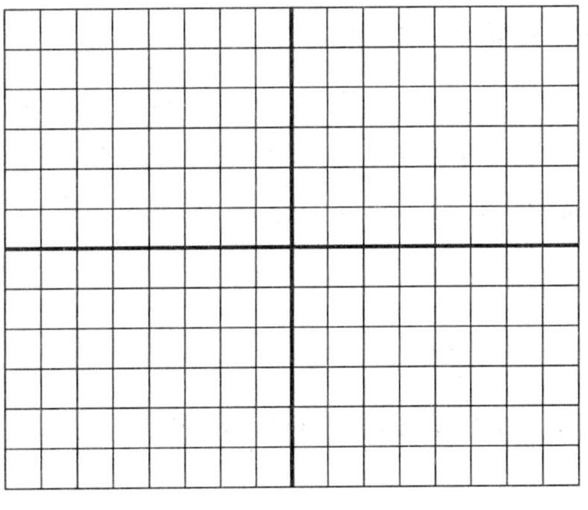

위상차:

a〉 $f = 5$㎑

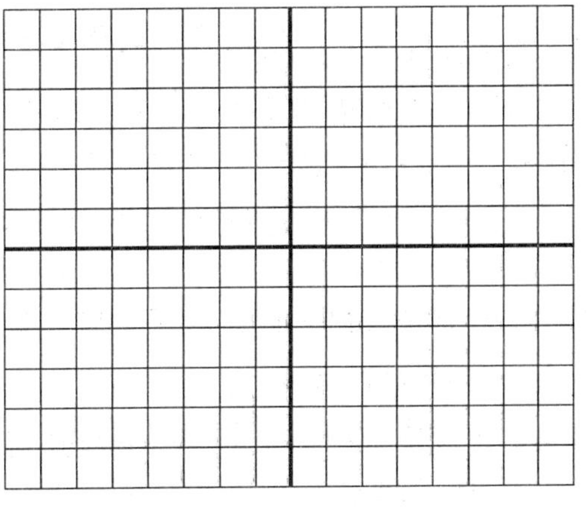

위상차:

b〉 $f = f_r$

2. 선택도 인자(Q) 측정

1〉 전원전압(V_S)을 6[V_{pp}]로 하여 오실로스코프의 CH1에 연결하고, 공진주파수에서 오실로스코프 CH2로 커패시터양단전압(V_C) 및 인덕터 양단전압(V_L)를 각각구한다. V_C 및 V_L을 측정시 오실로스코프의 접지개념에 유념하시오.

2〉 공진주파수(f_r)에서 다음 표를 완성하시오.[예비보고서 참조]

– V_R과 V_C를 활용

변수	V_R		V_C		Q		비고
	이론값	측정값	이론값	측정값	이론값	측정값	
값							$V_C = QV_R$

– V_R과 V_L를 활용

변수	V_R		V_L		Q		비고
	이론값	측정값	이론값	측정값	이론값	측정값	
값							$V_L = QV_R$

3. 대역폭(BW: bandwidth) 측정

실험1의 자료인 반대수(semilog) 그래프를 바탕으로 대역폭을 구하고자 한다. 이 반대수 그래프에서 알 수 있듯이 RLC 직렬회로는 대역통과 특성을 가지고 있다. 함수발생기의 주파수를 조절하여 이것의 상한주파수 및 하한주파수를 측정한다.

1〉 공진주파수(f_r)에서 V_R은 최대값을 갖는다.

최대값 $V_R(\mathrm{max})$:

2〉 이 값의 70.7%인 0.707 $V_R(\mathrm{max})$가 되는 하한 주파수(f_1)를 찾는다.

0.707 $V_R(\mathrm{max})$:

3〉 이 값의 70.7%인 0.707 $V_R(\mathrm{max})$가 되는 상한 주파수(f_2)를 찾는다.

0.707 $V_R(\mathrm{max})$:

변수	반전력주파수(f_1,f_2)	대역폭(bandwidth)		비고
	측정값	이론값	측정값	
측정값	$f_1 =$ $f_2 =$			$BW = \frac{f_r}{Q}$[Hz]

4. 주파수에 따른 전압변화 측정

1〉 함수발생기의 주파수를 아래범위로 변화시키면서 커패시터양단전압 및 인덕터양단전압을 측정하고 특히 최대값이 되는 지점부근에서 주파수를 정확히 조절하여 해당값을 기록한다.

〈표2〉 주파수변화에 따른 전압 측정

주파수(f)	V_C	V_L	주파수(f)	V_C	V_L	주파수(f)	V_C	V_L
1㎑			2㎑			3㎑		
4㎑			5㎑			6㎑		
7㎑			8㎑			9㎑		
10㎑			20㎑			30㎑		
40㎑			50㎑			60㎑		
70㎑			80㎑			90㎑		
100㎑			200㎑			300㎑		

2〉 표2를 이용하여 각 주파수에 따른 V_C 및 V_L그래프를 그리시오. 전압값은 서로 다른 색상을 사용하시오.

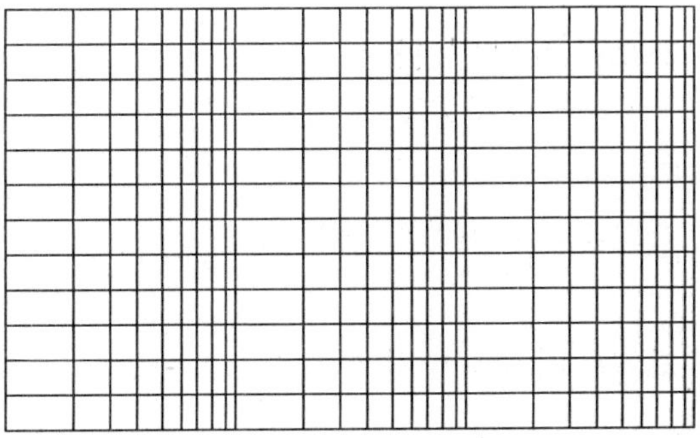

토의사항

1. RLC직렬회로에서 임피던스 삼각도(Impedance Triangle)를 그리시오.

2. 공진이 일어날 경우, 임피던스 삼각도는 어떻게 표현되는가?

3. RLC 직렬회로에서 선택도인자(Q: quality factor, selectivity factor)란 무엇이며 어떻게 구하는가?

1〉 정의:

2〉 대역폭(BW: bandwidth)과의 관계는?

4. 반대수(semilog)그래프란 무엇인가?

실험 15 RLC 병렬회로

실험목적

저항(R), 인덕터(L) 및 커패시터로 구성된 RLC 병렬회로에서 주파수 변화에 따른 임피던스 변화를 익히고, 교류신호에 대한 전류 및 전압의 위상관계를 이해하여 통신분야에 활용되는 정보를 익힌다.

기초이론

1. RLC 병렬회로

다음과 같은 병렬회로에 대한 기본적인 해석을 위해 컨덕턴스, 서셉턴스, 어드미턴스의 개념으로 회로에 대한 수식을 페이저로 다시 한 번 써보면 다음과 같다.

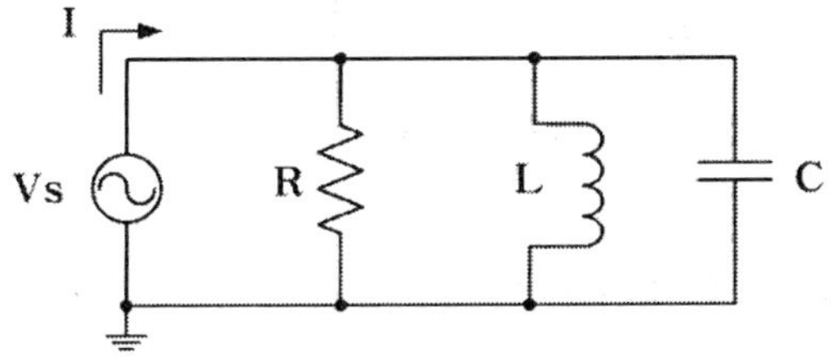

[그림 15-1] 기본적인 RLC 병렬회로

병렬이므로 다음과 같이 쓸 수 있다.

$$\frac{1}{\vec{Z}} = \frac{1}{R\angle 0^\circ} + \frac{1}{X_L\angle 90^\circ} + \frac{1}{X_C\angle -90^\circ} \qquad (15-1)$$

$$\overrightarrow{G} = \frac{1}{R\angle 0^\circ} = G\angle 0^\circ \tag{15-2}$$

$$\overrightarrow{B_C} = \frac{1}{X_C\angle -90^\circ} = B_C\angle 90^\circ = jB_C \tag{15-3}$$

$$\overrightarrow{B_L} = \frac{1}{X_L\angle 90^\circ} = B_L\angle -90^\circ = -jB_L \tag{15-4}$$

$$\overrightarrow{Y} = \frac{1}{Z\angle \pm\theta} = Y\angle \mp\theta = G + jB_C - jB_L \tag{15-5}$$

1〉 병렬전류

용량성 리액턴스값은 주파수에 반비례하고, 유도성 리액턴스값은 주파수에 비례한다. 낮은 주파수 영역에서는 RLC 병렬회로의 유도성 리액턴스의 값이 용량성 리액턴스보다 작다. 따라서 회로는 유도성(inductive)이 된다. 주파수가 증가하면 X_L은 증가하고 X_C는 감소한다. 이 때, $X_L = X_C$가 되는 주파수에서 병렬 공진이 발생한다. 주파수가 이 값에서 더욱 증가하면 X_C는 X_L보다 작아지므로 회로는 용량성(capacitive)이 된다.

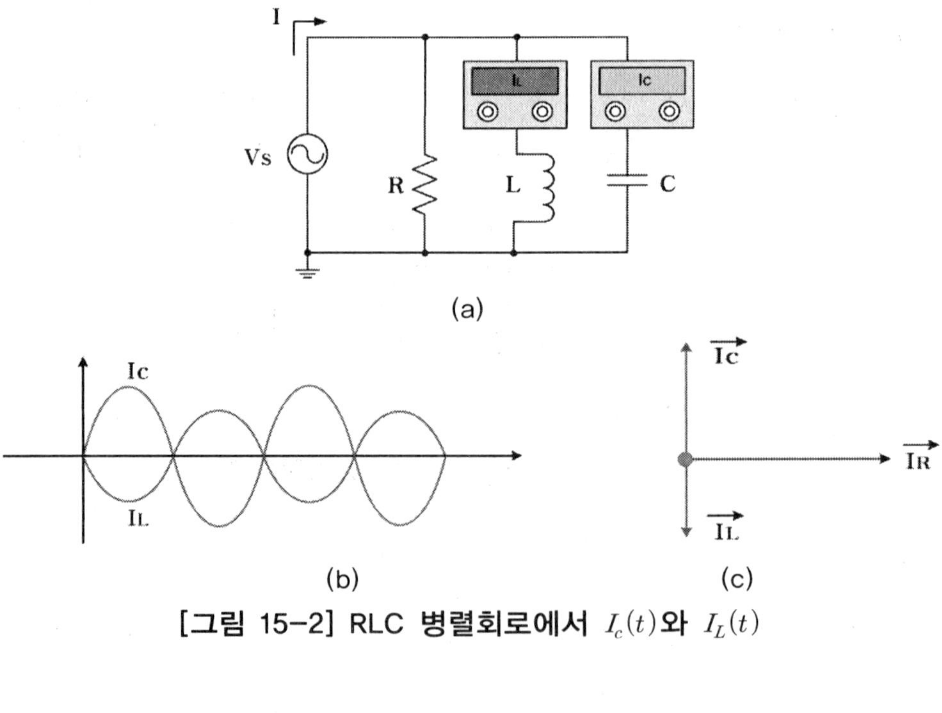

[그림 15-2] RLC 병렬회로에서 $I_c(t)$와 $I_L(t)$

RLC 병렬회로에서, 커패시터를 통해 흐르는 전류와 인덕터를 통해 흐르는 전류 사이에는 180°의 위상차가 발생한다. (코일의 권선 저항 성분은 0Ω으로 가정) 따라서 I_L 과 I_C의 부호는 반대가 되므로, 이 두 전류를 더하여 얻는 총 리액턴스 전류(I_{CL})는 전류 I_L, I_C 중에서 큰 전류보다 작은 값이 된다. 물론 저항을 통해 흐르는 전류(I_R)와 각 리액턴스 소자를 통해 흐르는 전류(I_L, I_C) 사이에는 그림 15-2(c)의 페이저도와 같이 90°의 위상차가 있다.

위 그림으로부터

$$\begin{aligned}\vec{I} &= \overrightarrow{I_R} + \overrightarrow{I_L} + \overrightarrow{I_C} = \overrightarrow{I_R} + I_L\angle -90^\circ + I_C\angle 90^\circ \\ &= I_R + (-j)I_L + (j)I_C \\ &= I_R + j(I_C - I_L) \qquad (15\text{-}6)\end{aligned}$$

총 전류는 다음 식으로 표시된다.

$$I = \sqrt{I_R^2 + (I_C - I_L)^2}\angle\tan^{-1}\frac{(I_C - I_L)}{I_R} \qquad (15\text{-}7)$$

2) 병렬공진

이상적인 경우(인덕터 L의 권선 저항이 0Ω)의 병렬 공진은 $X_C = X_L$ 이 될 때 일어난다. 병렬 공진이 발생하는 주파수를 직렬공진의 경우와 마찬가지로 공진 주파수라고 한다. $X_C = X_L$ 일 때, C와 L을 통해 흐르는 전류 I_C 와 I_L 은 서로 크기가 같고, 위상차는 180°가 된다. 따라서 그림 15-4와 같이 두 전류는 서로 상쇄되어 전체 전류 $I_{CL} = 0$이 된다.

병렬 공진서, 전체전류(I_{CL})는 0이 되므로, LC 병렬회로의 임피던스는 무한대(∞)가 된다. 이와 같은 이상적인 병렬 공진조건을 정리해 보면 다음과 같다.

$$X_L = X_C \qquad (15\text{-}8)$$

$$Z_r = \infty \qquad (15\text{-}9)$$

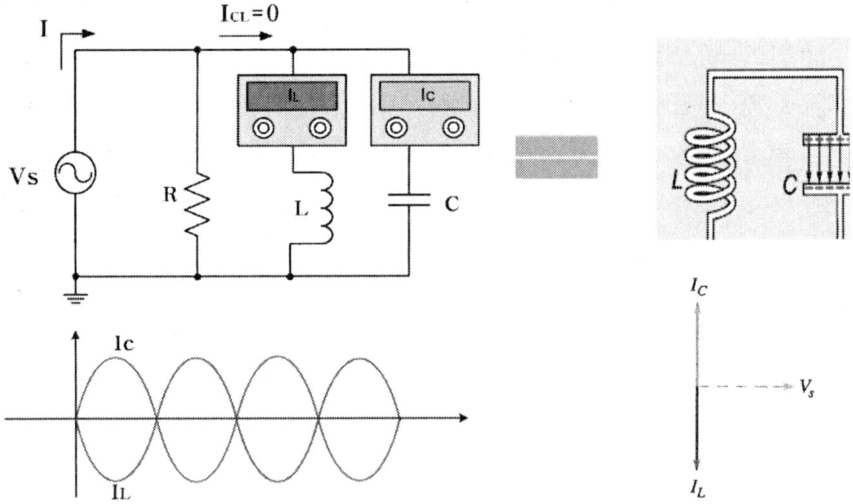

[그림 15-4] 공진이 일어날 때 $I_c(t) = -I_L(t)$

[공진조건]

저항이 없는 이상적인 병렬 공진회로에서, 공진이 일어나는 공진주파수는 직렬 공진회로의 경우와 동일한 식으로 구한다. 즉, 병렬 공진주파수는

$$f_r = \frac{1}{2\pi\sqrt{LC}} \quad (15-10)$$

[공진시 전류와 위상각]

탱크(tank)회로는 병렬공진회로의 또 다른 이름이다. 코일에서는 자기장을 커패시터에서는 전기장의 형태로 에너지를 저장하기 때문에 위와 같이 이름지어졌다. 이상적인 탱크 회로에서, 공진시 회로의 임피던스는 무한대(∞)이므로 전원으로부터 공급되는 전체 전류가 0[A]가 된다. 그러나 실제의 탱크 회로에서는 공진 주파수에서도 전체 전류가 약간 흐른다.

공진시 병렬 공진회로의 임피던스($\vec{Z}$)는 리엑턴스성분($\vec{X}$)은 서로 상쇄되고 단지 저항(R)성분만을 가지므로, 위상각은 0°가 된다.

2. 실제적인 RLC 공진회로 해석

1) 공진회로 해석 및 등가회로

실제로 코일(인덕터)에서는 약간의 저항성분이 존재한다. 이것을 고려하여 회로를 다시 그리면 다음과 같다. 회로해석시에 이 회로를 변형하여 각 성분을 병렬로 처리한 등가회로를 활용하면 명확한 의미와 활용상에 잇점을 가진다. 먼저 기본회로를 변형시켜 보자.

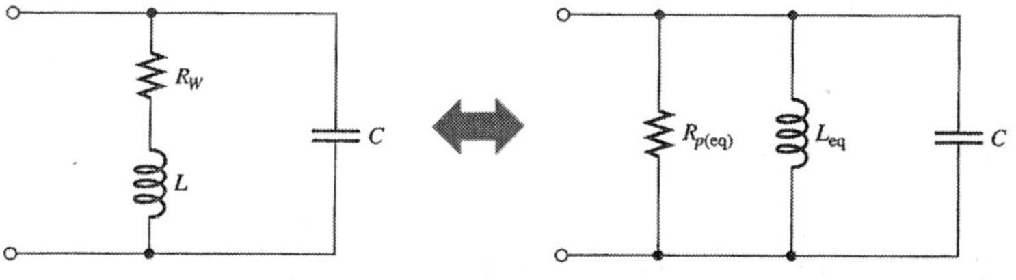

(a) 원회로 (b) 등가변환회로

[그림 15-5] 실제적인 LC 탱크회로

위의 그림 15-5(a) 회로로부터

$$\frac{1}{\vec{Z}} = \frac{1}{R + jX_L} + \frac{1}{-jX_C}$$

$$= \frac{R_w - jX_L}{(R_w + jX_L)(R_w - jX_L)} + j(\frac{1}{X_C}) = \frac{R_w - jX_L}{(R_w^2 + X_L^2)} + j(\frac{1}{X_C})$$

$$= \frac{R_w}{(R_w^2 + X_L^2)} + \frac{-jX_L}{(R_w^2 + X_L^2)} + j(\frac{1}{X_C})$$

$$= \frac{R_w}{(R_w^2 + X_L^2)} + j(\frac{-X_L}{(R_w^2 + X_L^2)} + \frac{1}{X_C}) \qquad (15-11)$$

만약 공진이 일어난다면 허수부분이 0이므로 쉽게 공진주파수를 구할 수 있다.

$$\frac{X_L}{(R_w^2 + X_L^2)} = \frac{1}{X_C}$$

$$f_r = \frac{1}{2\pi\sqrt{LC}}\sqrt{(1 + R_w^2 \cdot C/L)} \qquad (15-12)$$

위 식으로부터 $R_w = 0$이라면 직류에서 익힌 공진식과 같다.

또한 우리는 등가회로를 구하는 것이 목적이므로 계속하여 변화시켜 보자. 그림 15-5(b)로부터 어드미턴스는 다음과 같다.

$$\frac{1}{\vec{Z}} = \frac{1}{R_{eq}} - j\frac{1}{X_{eq}} + j\frac{1}{X_C} \qquad (15-13)$$

원래 저항과 인덕터는 직렬이었으므로 실험14장에서 그 선택도를 Q로 정의했다.

$$Q = \frac{X_L}{R_w}$$

이를 이용하여 변형하면

$$\frac{1}{R_{eq}} = \frac{1}{R_w(1+Q^2)}, \qquad \frac{1}{L_{eq}} = \frac{1}{L(1+1/Q^2)} \qquad (15-14)$$

더욱 편의를 위해 선택도(Q)가 10이상이면 식 15-14를 간략화할 수 있다.

$$R_{eq} = R_w(1+Q^2) \simeq R_w Q^2 \qquad (15-15)$$

$$L_{eq} = L(1+1/Q^2) \simeq L \qquad (15-16)$$

2〉 선택도(Q)와 대역폭(BW)

공진주파수에서 RLC 직렬회로의 리액턴스는 서로 상쇄되어 0이 되므로 회로에 흐르는 전류의 크기는 최대가 된다. 반대로 RLC 병렬회로에서는 커패시터와 인덕터를 통해 흐르는 전류가 서로 상쇄되어 0이 되므로 회로에 흐르는 전류는 최소가 된다. 즉 임피던스가 최대로 된다.

먼저 선택도(Quality Factor)를 구해보자. Q는 다음과 같이 정의된다. 병렬회로에서 전압의 크기가 동일하므로 다음과 같다.

$$Q \equiv \frac{\text{무효전력}}{\text{유효전력}} = \frac{V^2/X}{V^2/R} = \frac{R}{X} \qquad (15-17)$$

임피던스 곡선에서 Z가 최대가 되는 주파수는 공진주파수 f_r이다. $Z = 0.707 Z_{max}$가 되는 두 주파수는 저주파 차단주파수 f_1과 고주파 차단주파수 f_2이다. 다음 그림15-6에 표시된 것처럼 대역폭(Bandwidth)은 f_1과 f_2사이의 주파수 영역이 된다.

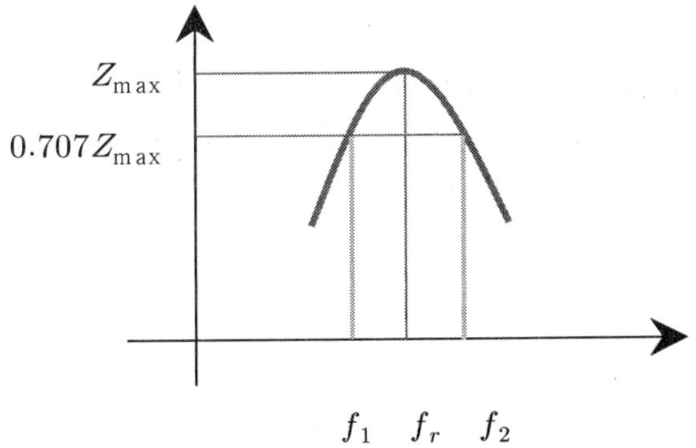

[그림 15-6] 병렬공진회로의 응답에 따른 대역폭

즉 $BW = f_2 - f_1$가 된다.

3. 공진회로의 응용

공진회로는 많은 다양한 응용분야에 특히 통신시스템에서 더욱 활용된다. 공진회로의 중요성을 설명하기 위해 몇 가지 사례를 익혀보자.

1) 수퍼헤테로다인(superheterodyne) 수신기

AM(amplitude modulation) 수신기에서 널리 쓰이고 있는 공진회로의 응용 예에 대해서 설명한다. AM 방송의 주파수 대역은 535㎑~1605㎑이다. 각 AM 방송국마다 이 방송주파수 대역 내의 특정 대역폭이 할당되어 있다. 그림 15-7에는 수퍼헤테로다인 수신기의 블록도가 그려져 있다.

이 시스템의 앞단에는 병렬공진을 이용한 세 개의 대역통과필터가 놓여있다. 이 세 개의 필터는 커패시터에 의해 연동 동조(ganged tuning) 동시에 조정된다. 즉, 각 필터를 구성하는 커패시터가 기계적(또는 전자적)으로 함께 연결되어 있으므로, 조정 손잡이를 돌리면 한꺼번에 움직이게 되어 커패시턴스의 값이 동시에 변한다. 예를 들어, 여러 방송국의 송신 신호 중에서 중심 주파수가 600㎑인 방송국의 신호만을 수신하는 경우를 생각해 본다.

첫 번째 필터의 공진주파수 f_r을 600㎑로 조정하면, 안테나로부터 들어오는 여러 주파수 신호 중에서 600㎑ 대역의 신호만이 첫 번째 필터를 통과하여 RF(radio frequency) 증폭기에 가해진다. AM 변조 방식에서 600㎑의 반송파(carrier)의 진폭은 음성신호의 진폭에 비례하여 변하므로, 반송파 신호의 전체적인 모양은 음성신호의 형태를 따라가게 된다. 여기서, 음성신호에 따라 변하는 반송파의 진폭을 포락선(envelope)이라고 하는데, 바로 이 포락선이 실제의 음성신호이다.

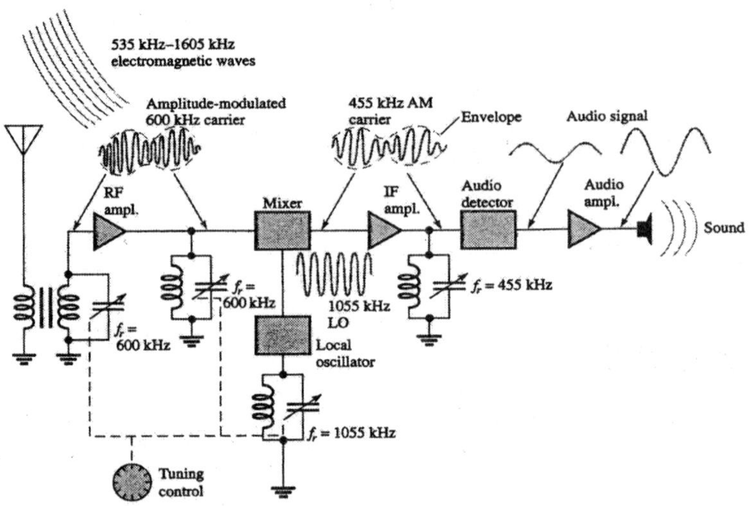

[그림 15-7] 수퍼헤테로다인 AM 라디오 리시버의 블록 다이어그램

그림에 나타난 AM 반송파 신호 파형에서 점선으로 표시된 것이 바로 포락선이다. 600㎑ 신호는 혼합기(mixer)라고 불리는 회로에 인가된다. 국부 발진기(local oscillator : LO)는 항상 선택된 신호(여기서는 600㎑)보다 455㎑ 만큼 높은 주파수(여기서는, 600㎑ + 455㎑ = 1055㎑)로 조정된다. 600㎑의 AM 신호는 혼합기 회로에서 1055㎑의 국부발진기 신호와 혼합되어 이 두 신호의 차인 455㎑(1055㎑ – 600㎑ = 455㎑)의 신호로 변환된다. 이 변환 과정을 수퍼헤테로다인 과정(또는 비팅(beating) 과정)이라고 한다.

이 455㎑가 표준 AM 수신기의 중간 주파수(IF)이다. 어떤 AM 방송국의 신호가 동조 회로에서 선택되더라도 선택된 신호는 혼합기에 의해 언제나 455㎑로 바뀐다. 다음으로 음성 검파기(audio detector)는 진폭 변조된 IF 신호 중에서 IF신호

(455㎑)만을 제거하여, 실제 음성신호인 포락선만을 통과시킨다. 이 음성신호는 증폭기에서 증폭된 다음 스피커에 전달된다.

안테나 수신부

그림 15-8은 일반적인 안테나 수신부의 회로로서 안테나에서 수신된 신호를 변압기를 거쳐 수신기까지 전달해 주는 역할을 하고 있다.

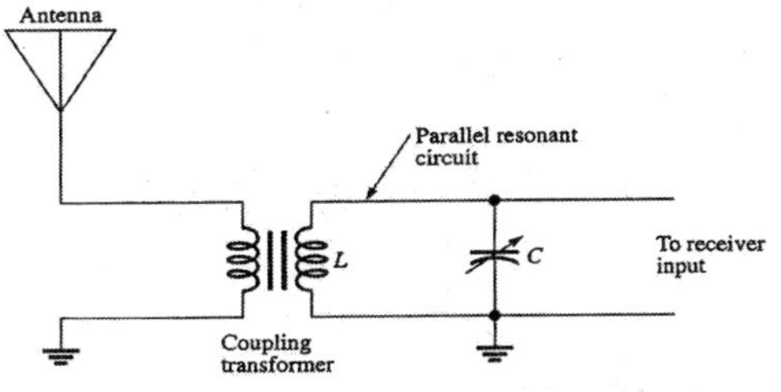

[그림 15-8] 일반적인 안테나 수신부의 회로

송신기에서 발생된 무선 신호는 전자기파(electromagnetic wave)의 형태로 공간을 전파(진행)한다. 이 전자기파가 수신 안테나에 도달하면 안테나에 작은 크기의 유도 전압이 발생한다. 이 때, 안테나는 어떤 주파수를 갖는 전자기파라도 수신할 수 있으므로, 아주 넓은 주파수 범위 중에서 원하는 특정 주파수 대역의 신호만을 선택할 수 있어야 한다. 변압기의 2차 측에 병렬로 연결된 가변 커패시터는 2차 코일과 함께 병렬 공진회로를 구성하고 있다.

동조증폭기(Tuned Amplifier)

동조증폭기는 특정 주파수 대역의 신호만을 증폭시키는 회로이다. 일반적으로 동조 증폭기는 병렬 공진회로와 증폭기로 구성되어 있으므로 주파수 선택성을 갖는다. 동조 증폭기의 동작을 살펴보면, 먼저 넓은 주파수 범위를 가진 입력 신호가 증폭기를 통해 증폭된다. 공진회로는 증폭된 신호 중에서 상대적으로 좁은 범위의 주파수를 갖는 신호만을 통과시킨다.

그림 15-9와 같이 가변 커패시터(variable capacitor)의 값을 변화시켜 공진주파수를 조정할 수 있으므로, 원하는 주파수 대역의 신호만을 통과시킬 수 있다.

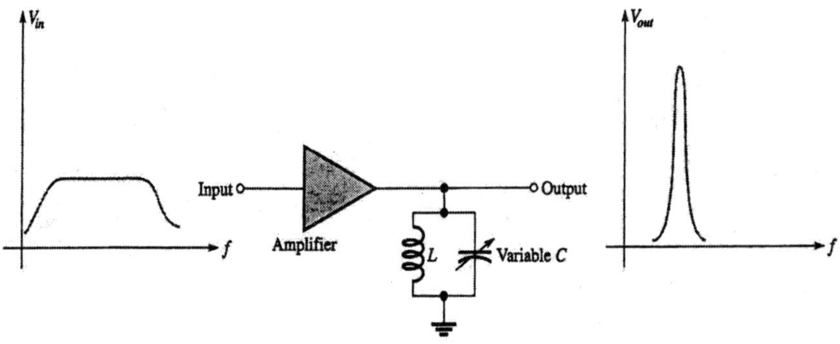

[그림 15-9] 동조증폭기

2) TV 수신기의 신호수신 및 분리

TV 수신기는 영상신호(video signal)와 음성신호(audio signal)를 모두 수신할 수 있어야 한다. 방송국에서는 이 두 신호를 함께 송신하며, 각 방송국마다 $6MHz$의 주파수 대역폭이 할당되어 있다. 즉, 각 채널마다 $6MHz$폭을 가진다.

어떤 한 채널을 선택하면 동조증폭기의 주파수가 그 채널의 주파수로 조정되고 여러 채널 중에서 선택한 채널의 주파수만 통과시킨다. 동조증폭기(tuned amplifier)를 통과한 신호는 언제나 채널에 무관하게 $41 \sim 46MHz$의 대역폭을 갖는다. 이 주파수대역을 중간주파수(IF: intermediate frequency) 대역이라 부른다. 이 IF대역에는 영상신호와 음성신호가 모두 포함되어 있다. 동조증폭기는 이 IF대역의 신호를 증폭시켜 영상증폭기에 전달한다.

그림 15-10은 음성신호는 $4.5MHz$ 밴드스탑 필터(band-stop filter)에 의해 제거되고, 나머지 영상신호만이 TV의 picture tube에 전달된다. 이 필터는 영상신호가 음성신호에 의해 간섭을 받지 않도록 하는 역할을 한다. 또한 IF주파수는 밴드패스 필터(band-pass filter)에도 가해져서 음성신호만이 필터를 통과하게 된다.

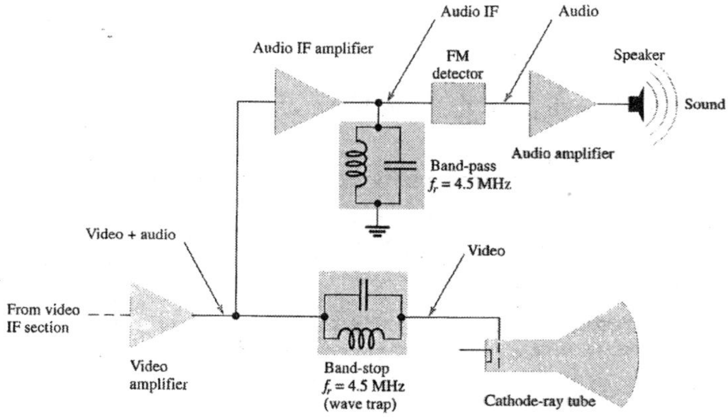

[그림 15-10] LC 공진필터가 적용된 TV 수신부

[실험장비 및 부품]

사용장비	품 목	규 격	소요량
Oscilloscope Multimeter Breadboard	capacitor	0.47㎌	1
	resistor	30Ω, 4.7㏀	각 1
	inductor	100 mH	1

[예비보고서]

1. 다음 회로에서 각 소자에 흐르는 전류를 구하시오.

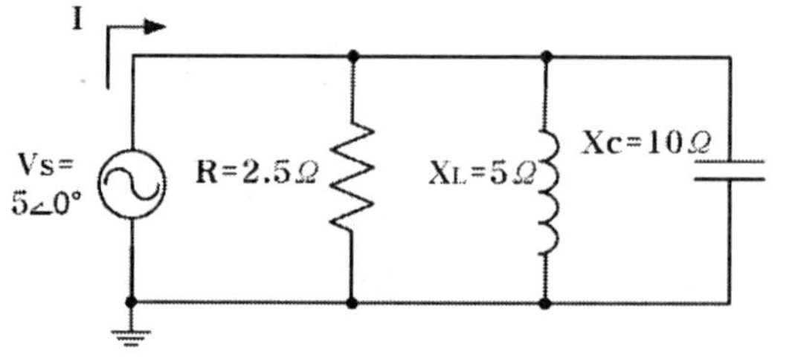

1〉 $\overrightarrow{I_R}=$

2〉 $\overrightarrow{I_L}=$

3〉 $\overrightarrow{I_C}=$

4〉 전원을 흐르는 총전류 $\vec{I}$를 직각좌표와 극좌표로 구하시오.

5〉 각 전류의 phasor도를 그리시오. 이 회로는 용량성인가 유도성인가?

2. 다음은 우리가 실험할 회로이다. 실제 전기소자로서 코일(인덕터)은 작은 저항성분을 가지고 있다. 이 값을 $R_w = 33\Omega$이라 하자. 아래 물음에 답하시오.

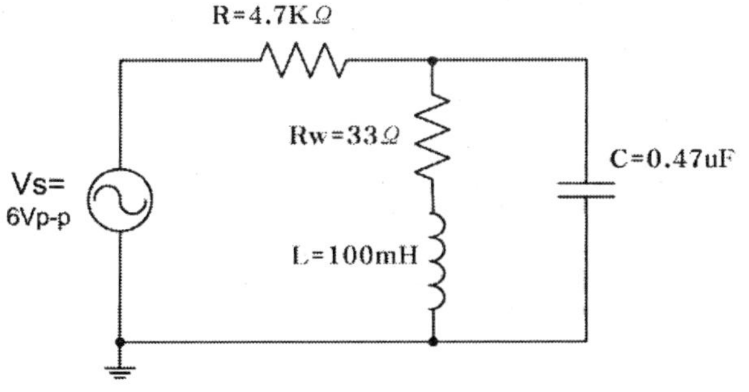

➡

1) 식 15-12를 유도하시오.

2) 위 회로의 공진주파수(f_r)를 구하시오.

3) Q를 구하고 이 회로의 오른쪽에 등가 RLC 병렬회로로 고쳐 그리시오.

$Q =$

$R_{eq} =$

$L_{eq} =$

4〉 등가회로에서 $\overrightarrow{I_L}$과 $\overrightarrow{I_C}$를 구하고 커패시터 양단(V_C)에 걸리는 전압은?

5〉 위 회로의 대역폭(BW)을 구하시오.

[결과보고서]

실험제목					
실험일자	월 일 (요일)		담당교수	㊞	
실 험 조		학 번		성 명	

1. 공진주파수(f_r) 측정

다음회로를 구성하시오. 각 값으로 R_w은 33[Ω], L은 100[mH], C는 0.47[㎌]이다.

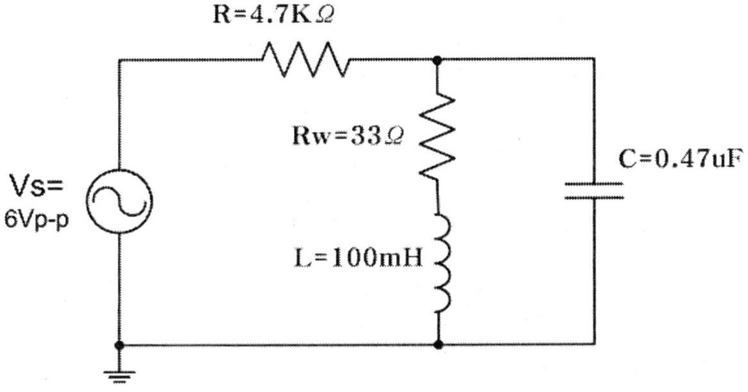

1⟩ 전원전압(V_S)을 6[V_{pp}]로 하여 오실로스코프의 CH1에 연결하고, 오실로스코프 CH2에 커패시터양단전압을 연결한다. 함수발생기의 주파수를 100[Hz] ~ 6[kHz]의 범위에서 변화시키면서 전압을 측정하여 ⟨표1⟩에 기록한다.

⟨표1⟩ 주파수변화에 따른 커패시터양단의 전압 측정

주파수(f)	전압(V_C)	주파수(f)	전압(V_C)	주파수(f)	전압(V_C)
100㎐		200㎐		300㎐	
400㎐		500㎐		600㎐	
700㎐		800㎐		900㎐	
1㎑		2㎑		3㎑	
4㎑		5㎑		6㎑	

2〉 최대값이 되는 지점부근에서 함수발생기를 정확히 조절하여 주파수변화에 따른 커패시터양단전압(V_C)의 최대값을 기록하고, 그 때의 주파수를 기록한다.

	$V_C(\max)[V_{pp}]$	f_r[Hz]
이론값		
측정값		

3〉 표1을 이용하여 각 주파수에 따른 커패시터양단전압 그래프를 그리시오. 반대수그래프(semilog)에 x축(log)은 주파수, y축은 커패시터양단전압으로 하시오.

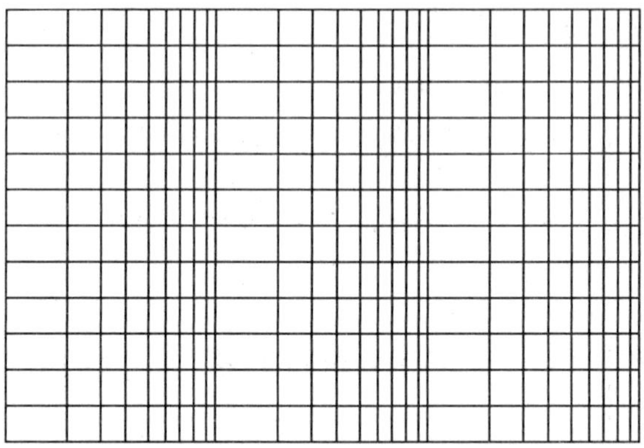

4〉 공진(resonance)이 일어나는 주파수(f_r)에서 전원전압파형 및 커패시터양단전압 파형의 그래프를 그려 위상차을 비교하고 전압은 서로 다른 색상을 사용하시오.

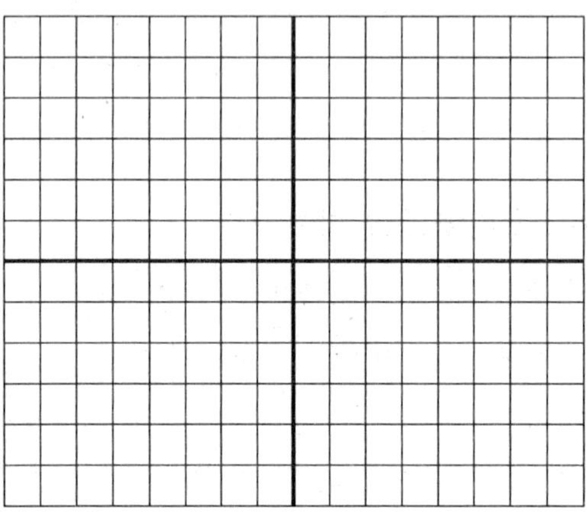

위상차: ______________

a〉 $f = 5$㎑

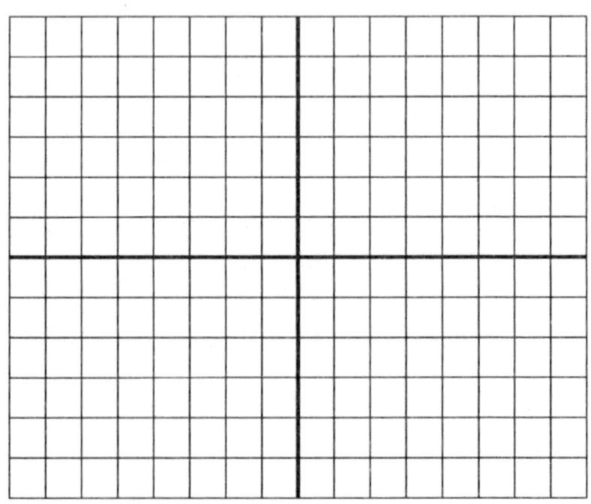

위상차: ______________

b〉 $f = f_r$

2. 선택도 인자(Q) 측정

1⟩ 전원전압(V_S)을 6[V_{pp}]로 하여 공진주파수에서 전원을 흐르는 전류 및 인덕터를 흐르는 전류(I_L)를 각각 구한다. 등가회로에서 공진주파수에서 $I_L = I_C$이고 위상이 180°이므로 이 두 전류의 합은 $\overrightarrow{I_L} + \overrightarrow{I_C} = 0[A]$이다. 즉 탱크회로(병렬LC회로)의 합성임피던스는 아주 크다(∞). 등가회로에서 다음 식을 유도할 수 있다.

$$I_C = \frac{V_C}{X_C} = (V_S \frac{R_P}{R + R_P}) / X_C = I \frac{R_P}{X_C} = QI,$$

$$I_L = \frac{V_L}{X_L} = (V_S \frac{R_P}{R + R_P}) / X_L = I \frac{R_P}{X_L} = QI$$

여기서 전원을 흐르는 전류 $I = \dfrac{V_S}{R + R_P}$이다.

즉, 해당 전류값을 측정하면 선택도 Q를 구할 수 있다. 실제회로에서 I 및 I_L을 측정하는 방법을 나타내시오.

– $I =$

– $I_L =$

2⟩ 공진주파수(f_r)에서 I과 I_L를 활용하여 다음 표를 완성하시오.

변수	I		I_L		Q		비고
	이론값	측정값	이론값	측정값	이론값	측정값	
값							$I_L = QI$

3. 대역폭(BW: bandwidth) 측정

실험1의 자료인 반대수그래프를 바탕으로 반전력주파수를 구한다. 이를 바탕으로 대역폭을 구한다.

1〉 0.707 $V_C(\mathrm{max})$가 되는 하한 주파수(f_1): 0.707 $V_C(\mathrm{max})$:

2〉 0.707 $V_C(\mathrm{max})$가 되는 상한 주파수(f_2): 0.707 $V_C(\mathrm{max})$:

변수	반전력주파수(f_1,f_2)	대역폭(bandwidth)		비고
	측정값	이론값	측정값	
측정값	$f_1 =$ $f_2 =$			$BW = \frac{f_r}{Q}$ [Hz]

토의사항

1. 실제적인 인덕터부품은 내부저항을 가지고 있다. 이 직렬저항을 등가의 병렬값으로 바꾸면 어떤 값을 가지는가?

2. RLC 병렬회로에서 Q를 정의하고, 이 값을 회로에서 측정하는 방법은?

실험 16 3상 평형회로의 결선 및 전압

실험목적

3상(three-phase) 평형회로에서 전류 및 전압과의 관계를 익히고 전력계의 사용법을 익힌다. Y결선 및 △결선의 전원부의 상전압(phase voltage) 및 선간전압(line voltage)과의 관계와 부하부의 Y-△ 상호변환 기법을 학습한다.

기초이론

3상(three-phase) 회로는 왜 필요한가를 알면, 본 장의 내용을 익히는데 도움이 될 것이다. 첫 번째로 더 큰 전력을 얻을 수 있으며, 두 번째로 같은 전력이라면 전선의 크기를 줄일 수 있다. 마지막으로 단상(single phase)에 비해 기계적 진동이 작다. 이와 같은 여러 가지 이유로 현재 통상적인 발전, 송전, 배전 등 공업용 전력계통은 거의 전부 3상 방식에 의존한다.

1. 실험을 위한 예비지식

1) Y 및 △결선에서 부하저항의 상호변환

우선 단자 A와 B간의 등가저항을 구해보자. 다음 회로에서 계산된 값은

△결선에서 $R_{A-B} = R_{ab} \parallel (R_{bc} + R_{ca}) = \dfrac{R_{ab} \cdot (R_{bc} + R_{ca})}{R_{ab} + R_{bc} + R_{ca}}$ (16-1)

Y결선에서 $R_{A-B} = R_a + R_b$

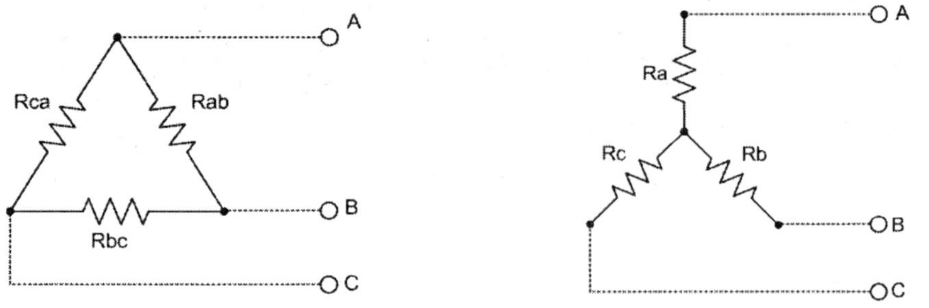

[그림 16-1] Y 및 △결선의 부하저항 상호변환

또한 단자 B와 C간의 합성 및 단자 C와 A간의 합성하면 각각 다음과 같다.

△결선에서 $R_{B-C} = R_{bc} \parallel (R_{ca} + R_{ab}) = \dfrac{R_{ab} \bullet (R_{bc} + R_{ca})}{R_{ab} + R_{bc} + R_{ca}}$ (16-2)

Y결선에서 $R_{B-C} = R_b + R_c$

△결선에서 $R_{C-A} = R_{ca} \parallel (R_{ab} + R_{bc}) = \dfrac{R_{ab} \bullet (R_{bc} + R_{ca})}{R_{ab} + R_{bc} + R_{ca}}$ (16-3)

Y결선에서 $R_{C-A} = R_c + R_a$

세 식을 합성하면 $R_a + R_b + R_c = \dfrac{R_{ab}R_{bc} + R_{bc}R_{ca} + R_{ca}R_{ab}}{R_{ab} + R_{bc} + R_{ca}}$ (16-4)

식 (16-4)로부터 앞 식 (16-3, 2 및1)을 각각 빼면 다음과 같이 간략화된다. 즉, △결선의 각 저항값을 환산하면 다음과 같이 Y결선의 각 저항값으로 된다.

$$R_a = \frac{R_{ca}R_{ab}}{R_{ab} + R_{bc} + R_{ca}} \qquad (16-5)$$

$$R_b = \frac{R_{bc}R_{ca}}{R_{ab} + R_{bc} + R_{ca}} \qquad (16-6)$$

$$R_c = \frac{R_{bc}R_{ca}}{R_{ab} + R_{bc} + R_{ca}} \qquad (16-7)$$

만약 각 저항값이 같다면 저항은 1/3로 감소된다. 즉 $R_{ab} = R_{bc} = R_{ca} = 3k\Omega$이면 $R_a = R_b = R_c = 1k\Omega$된다는 것을 의미한다.

다음은 Y결선의 각 저항값을 △결선의 저항값으로 환산해보자.

식 (16-5)로부터 식을 간략히 변형하면 $R_a = \frac{R_{ca}}{1+R_{bc}/R_{ab}+R_{ca}/R_{ab}}$ 이 되며 이 식에 식 (16-6) 및 식 (16-7)을 대입하면 다음과 같이 쓸 수 있다.

$$R_{ab} = \frac{R_aR_b + R_bR_c + R_cR_a}{R_c} \quad (16-8)$$

$$R_{bc} = \frac{R_aR_b + R_bR_c + R_cR_a}{R_a} \quad (16-9)$$

$$R_{ca} = \frac{R_aR_b + R_bR_c + R_cR_a}{R_b} \quad (16-10)$$

만약 각 저항값이 같다면 저항은 3배로 증가한다.

2〉 3상(three-phase)이란 무엇인가?

발전기에서 자기극수를 120˚ 간격으로 배치하고 회전자를 회전시키면 다음과 같이 정현파형이 발생한다. 평형3상에서 3상 전압은 그림과 같이 크기가 동일하고 위상차는 120° 이다. 각 전압의 상순은 A-B-C순이며 120°씩 위상차를 가진다. 이것을 삼각함수와 극좌표로 표시하면 다음과 같다.

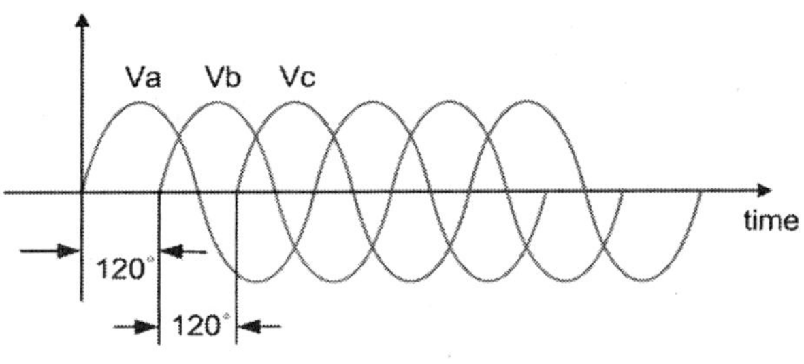

[그림 16-2] 3상 전압

삼각함수 표시법	극좌표 표시법
$v_a(t) = V_p \sin\omega t$	$\overrightarrow{V_a} = V_p \angle 0^\circ$
$v_b(t) = V_p \sin(\omega t - 120^\circ)$	$\overrightarrow{V_b} = V_p \angle -120^\circ$
$v_c(t) = V_p \sin(\omega t - 240^\circ) = V_p \sin(\omega t + 120^\circ)$	$\overrightarrow{V_c} = V_p \angle 120^\circ$

2. 3상에서 전압 및 전류관계

1) Y 결선

Y결선에서 선(간)전압($\overrightarrow{V_{ab}}$)은 어떻게 구하는가? 크기와 위상이 있으므로 그림 16-3과 같이 벡터를 이용하면 위상을 쉽게 구할 수 있으며 cosine 제2법칙 또는 도형작도를 이용하면 그 크기를 구할 수 있다.

$$\overrightarrow{V_{ab}} = \overrightarrow{V_a} - \overrightarrow{V_b} = (\sqrt{3}\,\overrightarrow{V_a}) \angle +30^\circ = \sqrt{3}\,V_p \angle +30^\circ \qquad (16-11)$$
$$\overrightarrow{V_{bc}} = \overrightarrow{V_b} - \overrightarrow{V_c} = \sqrt{3}\,V_p \angle -90^\circ$$
$$\overrightarrow{V_{ca}} = \overrightarrow{V_c} - \overrightarrow{V_a} = \sqrt{3}\,V_p \angle +150^\circ$$

선(간)전압은 상전압보다 크기가 $\sqrt{3}$ 배이며 위상이 30° 앞선다.

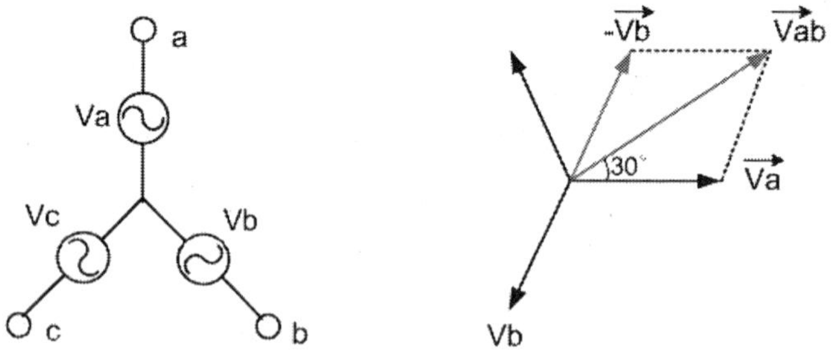

[그림 16-3] Y 결선의 선전압과 상전압 관계

2) △ 결선

△결선에서 선(간)전류($\overrightarrow{I_a}$)는 어떻게 구하는가? 크기와 위상이 있으므로 벡터를 이용하면 쉽게 구할 수 있다.

$$\overrightarrow{I_a} = \overrightarrow{I_{ab}} - \overrightarrow{I_{ca}} = (\sqrt{3}\,\overrightarrow{I_{ab}}) \angle -30^\circ = \sqrt{3}\,I_p \angle -30^\circ \qquad (16-12)$$
$$\overrightarrow{I_b} = \overrightarrow{I_{bc}} - \overrightarrow{I_{ab}} = \sqrt{3}\,I_p \angle -150^\circ$$
$$\overrightarrow{I_c} = \overrightarrow{I_{ca}} - \overrightarrow{I_{bc}} = \sqrt{3}\,I_p \angle +90^\circ$$

위 결과로부터 상전류는 선(간)전류보다 크기가 $\sqrt{3}$ 배이며 위상이 30° 뒤진다.

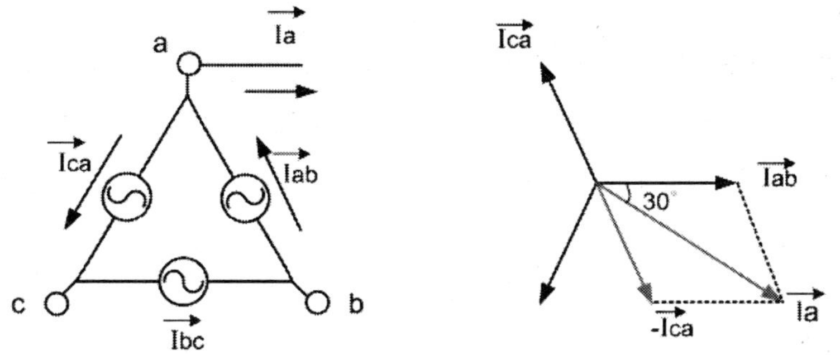

[그림 16-4] △ 결선의 선전류와 상전류 관계

3. 회로해석

1〉 평형 Y-Y 결선

전원부와 부하부가 같은 평형 Y결선인 경우를 고려하자. 전원부와 부하부의 두 중성점을 각각 그림과 같이 n과 n'이라 하고 두 중성점사이의 전압을 구한다.

세 루프에 대해 KVL과 Ohm법칙을 적용하면 다음과 같다.

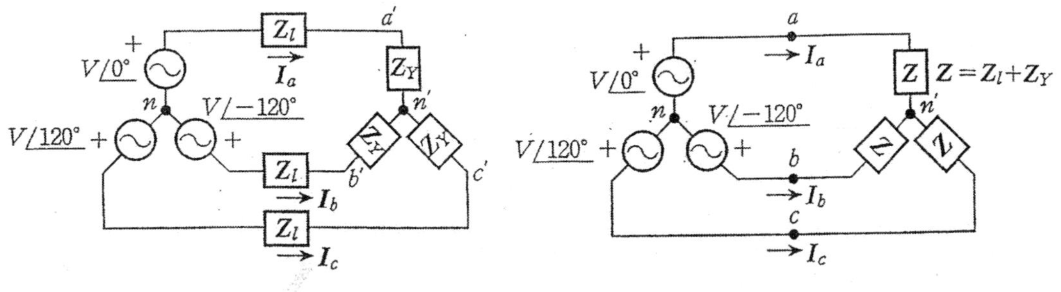

[그림 16-5] 평형 Y-Y 결선의 전압 및 전류해석

$$\overrightarrow{V_{nn'}} = \overrightarrow{V_a} - \overrightarrow{Z}\overrightarrow{I_a}, \qquad \overrightarrow{V_{nn'}} = \overrightarrow{V_b} - \overrightarrow{Z}\overrightarrow{I_b}, \qquad \overrightarrow{V_{nn'}} = \overrightarrow{V_c} - \overrightarrow{Z}\overrightarrow{I_c} \qquad (16-13)$$

각각 합하면 $3\overrightarrow{V_{nn'}} = (\overrightarrow{V_a} + \overrightarrow{V_b} + \overrightarrow{V_c}) - \overrightarrow{Z}(\overrightarrow{I_a} + \overrightarrow{I_b} + \overrightarrow{I_c})$가 된다.

여기서 3상전원의 평형조건으로부터 $\overrightarrow{V_a} + \overrightarrow{V_b} + \overrightarrow{V_c} = 0$이 되고 또한 KCL에 의해 $\overrightarrow{I_a} + \overrightarrow{I_b} + \overrightarrow{I_c} = 0$ 이므로 중성단자들 간의 전압은 다음과 같이 표현된다.

$$\overrightarrow{V_{nn'}} = 0$$

3상 평형회로에서는 전원의 중성점과 부하의 중성점간의 전압은 항상 0이다. 따라서 이 두 점사이에 어떤 부하를 연결해도 전류가 흐르지 않는다. 3상 3선식 또는 3상 4선식을 만들어도 회로상의 다른 부분에 영향을 끼치지 않는다. 즉 평형 3상회로는 다음과 같은 등가회로로 만들 수 있고, 이로부터 계산이 간단해진다.

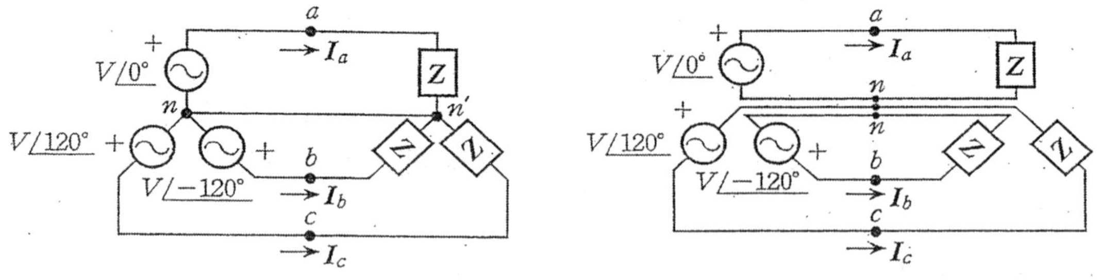

[그림 16-6] 평형 Y-Y 결선의 해석을 위한 단상회로 등가

그림 16-6과 같이 세 부분으로 분리해도 이상이 없다. 따라서 평형 3상회로를 3개의 독립적인 단상회로로 대치하여 생각할 수 있다. 즉 a상의 경우만 계산하면 나머지는 120° 위상차만 고려하여 간략히 계산할 수 있다.

선(간)전류는 Ohm법칙으로부터 $\overrightarrow{I_a} = \dfrac{\overrightarrow{V_a}}{R_a}$ 이다.

따라서 $\overrightarrow{I_b} = \dfrac{\overrightarrow{V_b}}{R_b}$ 또는 $\overrightarrow{I_b} = \overrightarrow{I_a} \angle -120°$ 이 되며 $\overrightarrow{I_c} = \dfrac{\overrightarrow{V_c}}{R_c}$ 또는 $\overrightarrow{I_c} = \overrightarrow{I_a} \angle +120°$ 이 된다.

이와 같이 평형 3상회로 해석은 등가 단상회로에 의해 간단히 취급가능하지만 불평형 회로에 대해서는 적용할 수 없다.

회로해석에서 선간전압은 $\overrightarrow{V_{ab}} = \sqrt{3}\,\overrightarrow{V_a} \angle +30°$ 라는 사실은 이미 배웠다. 이로부터 상전압은 쉽게 구할 수 있다.

2) 평형 △-Y 결선

전원부는 △결선이고 부하부가 Y결선인 평형회로를 고려하자. 학습자가 취향에 맞는 편리한 부분을 변환하면 된다. 여기서는 계산에 편리하도록 전압을 생성하는 발전기부의 △결선을 Y결선으로 우선 변환하여 선전압을 상전압으로 바꾸면 된다.

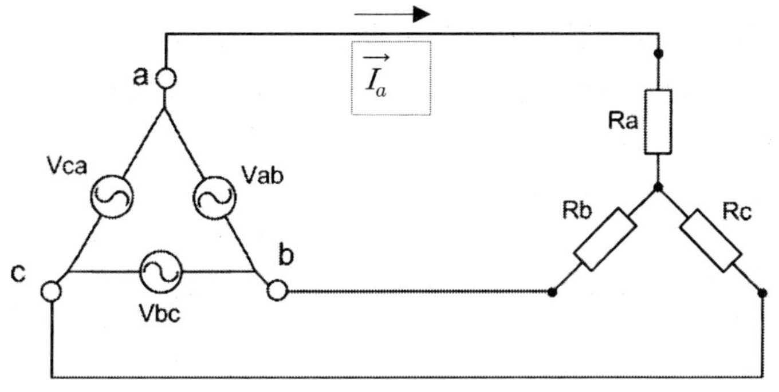

[그림 16-7] 평형 △-Y 결선의 전압 및 전류해석

전원부에서 상전압은 $\overrightarrow{V_a}=\frac{\overrightarrow{V_{ab}}}{\sqrt{3}}\angle -30^{\circ}$ 이고 상전류는 $\overrightarrow{I_a}=\frac{\overrightarrow{V_a}}{R_a}$ 이다. 나머지 상전압은 $\overrightarrow{I_b}$, $\overrightarrow{I_c}$는 120°씩 방향만 변환시키면 된다. 이 후 계산은 각 상전압 단위로 생각하여 단상 회로해석과 동일하다.

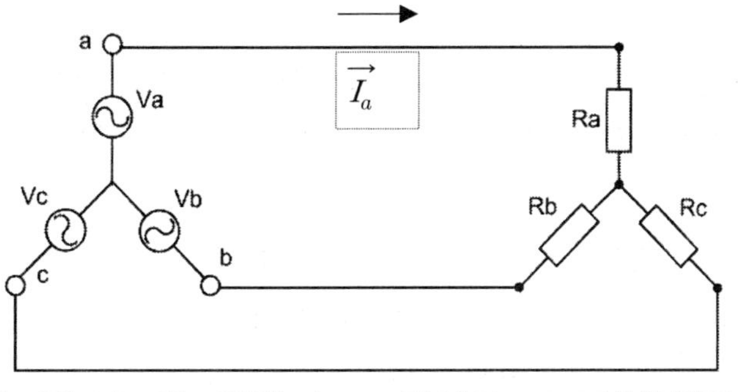

[그림 16-8] 평형 △-Y 결선의 Y-Y변환회로

4. 전력측정 및 2전력계 사용법

다음은 전력관계를 익혀 보자. 각 상에서 전압 및 전류는 다음과 같이 표현된다.

$$v_a(t)=(\sqrt{2}\,V)\sin\omega t,\qquad i_a(t)=(\sqrt{2}\,I)\sin(\omega t-\theta)$$

$$v_b(t)=(\sqrt{2}\,V)\sin(\omega t-120^{\circ})\qquad i_b(t)=(\sqrt{2}\,I)\sin(\omega t-\theta-120^{\circ})$$

$$v_c(t)=(\sqrt{2}\,V)\sin(\omega t+120^{\circ})\qquad i_c(t)=(\sqrt{2}\,I)\sin(\omega t-\theta+120^{\circ})$$

여기서 I 및 V는 실효치이며 θ는 부하의 위상각을 고려한 것이다.

3상 전력은 $p = v_a i_a + v_b i_b + v_c i_c$ 이므로 이 평균을 구하기 위해 삼각함수를 계산하면 다음과 같다.

$$p = 3V_P I_P \cos\theta \tag{16-14}$$

시간과 관계없는 일정한 값이 되고 1상의 소비전력의 3배가 되는 평균전력, 즉 유효전력 P_t가 된다.

1〉 3상에서 선전압 및 선전류로 나타낸 전력

우리에게 편리한 선간전압(V_l)과 선전류(I_l)로 표시하면

Y결선: $V_l = \sqrt{3}\,V_P$	$I_l = I_P$
△결선: $V_l = V_P$	$I_l = \sqrt{3}\,I_P$

이를 유효전력(P_t), 무효전력(P_r) 및 피상전력(P_a)으로 나누어 정리하면 다음과 같다. 따라서 3상회로가 Y결선이든 △결선이든 문제가 되질 않는다.

$$P_t = 3V_P I_P \cos\theta = 3I_P^2 R = \sqrt{3}\,V_l I_l \cos\theta\,[W] \tag{16-15}$$

$$P_r = 3V_P I_P \sin\theta = 3I_P^2 X = \sqrt{3}\,V_l I_l \sin\theta\,[W] \tag{16-16}$$

$$P_a = 3V_P I_P = \sqrt{3}\,V_l I_l\,[W] \tag{16-17}$$

2〉 전력계(wattmeter)를 활용

전력계는 각 상에서 개별부하에 접속해야 한다. 전력계는 3개를 이용할 수도 있으나 통상 2-전력계법을 이용하는 것이 편리하고 더욱 경제적이다. 그림 16-9와 같이 단자 b가 공통으로 연결되어 있다면 이 회로의 전류 및 전압의 페이저도(phasor diagram)를 그려서 이를 이용하여 쉽게 이해할 수 있다.

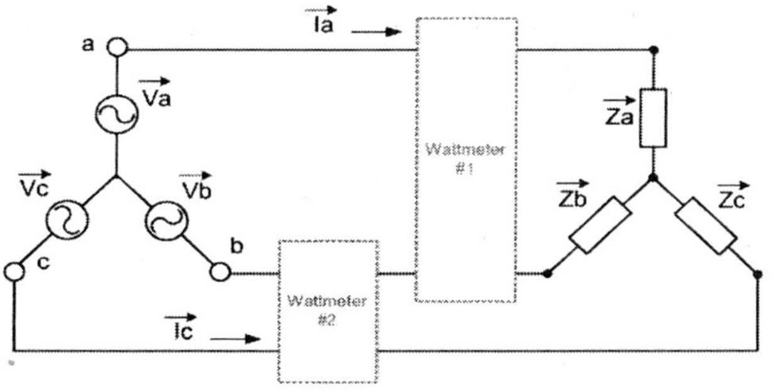

[그림 16-9] 3상 전력을 측정하기 위한 전력계 배치

전력계 #1에서의 전력을 구하기 위해 페이저에서 전류($\overrightarrow{I_a}$)와 전압($\overrightarrow{V_{ab}}$)은

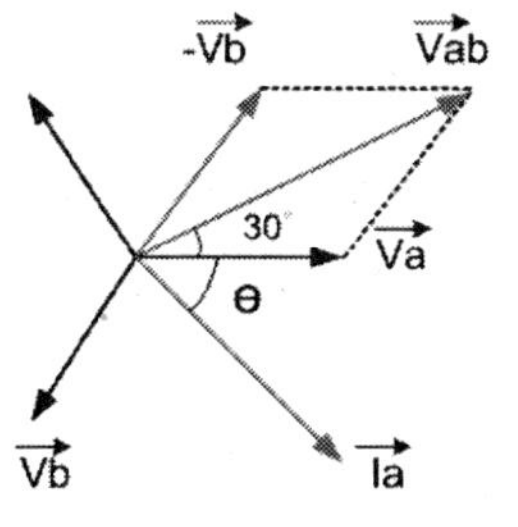

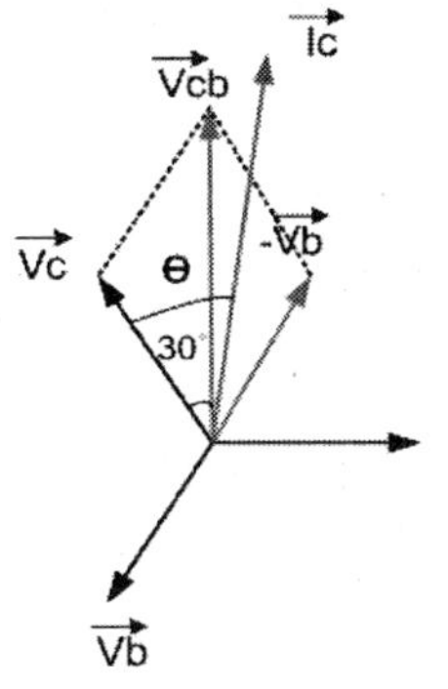

[그림 16-10] 전력계 #1의 전력측정 [그림 16-11] 전력계 #2의 전력측정

$$P_1 = \overrightarrow{V_{ab}} \cdot \overrightarrow{I_a} = V_{ab} I_a \cos(\theta + 30°) \tag{16-18}$$

전력계 #2에서의 전력을 구하기 위해 전류($\overrightarrow{I_c}$)와 전압($\overrightarrow{V_{cb}}$)은

$$P_2 = \overrightarrow{V_{cb}} \cdot \overrightarrow{I_c} = V_{cb} I_c \cos(\theta - 30°) \tag{16-19}$$

로 나타낼 수 있다. 이제 이러한 전력들로부터 우리가 원하는 3상 전력을 어떻게 연결지울 것인가를 고민해 보자. 우선 두 전력계의 값을 더하거나 빼면 어떤 관계가 성립되는지 검토하자.

$$\begin{aligned} P_1 + P_2 &= V_l I_l (\cos(\theta + 30°) + \cos(\theta - 30°)) \\ &= \sqrt{3}\, V_l I_l \cos\theta \end{aligned} \tag{16-20}$$

$$P_1 - P_2 = V_l I_l (\cos(\theta + 30°) - \cos(\theta - 30°)) \quad (16-21)$$
$$= V_l I_l \sin\theta$$

위의 두 식을 식 16-12, 16-13 및 16-14와 비교하면 다음과 같은 관계를 가진다는 것을 발견할 수 있다. 두 값을 더하면 유효전력이 되고 두 값을 빼면 무효전력/ $\sqrt{3}$ 이다.

$$P_t = P_1 + P_2 \quad [W]$$
$$P_r = \sqrt{3}(P_1 - P_2) \quad [VAR] \quad (16-22)$$

다른 방식으로 표현하면 다음과 같다.

$$\tan\theta = \sqrt{3}\frac{(P_1 - P_2)}{(P_1 + P_2)} = \frac{P_r}{P_t} \quad (16-23)$$

전력계의 바늘은 눈금이 0에서 양의 눈금방향으로 회전하도록 되어 있다. 만약 전력계의 값이 음이면 반대방향으로 움직이려고 한다. 이는 부하의 역률이 낮든지 혹은 불평형이 심하면 P_1과 P_2중에 어느 한 값이 음으로 될 경우가 있다. 이 경우에 전압코일 단자를 반대로 접속하고 측정하면 된다.

만약 P_1이 음(-100)이고 P_2가 양(+250)이면 어떻게 되나? 유효전력은 두 값을 더하면 된다. 측정시에 P_1은 방향만 반대인 것을 유의하면 된다. $P_t = P_1 + P_2$ =150 [W]이다.

또한 역률은 PF=cosθ이므로 전력계의 값과 식 16-23을 활용하여 구할 수 있다.

[실험장비 및 부품]

사용장비	품 목	정 격	소요량
Oscilloscope 3-phase generator Wattmeter Breadboard Multimeter	Resistor Inductor	임의의 정격	각 3개

[예비보고서]

1. 3상 회로(Y결선 혹은 △결선)에서 각 상전압 혹은 선(간)전압의 합은 얼마인가? 계산 및 그림으로 구하시오.

1〉 $\overrightarrow{V_a}+\overrightarrow{V_b}+\overrightarrow{V_c}=?$

2〉 $\overrightarrow{V_{ab}}+\overrightarrow{V_{bc}}+\overrightarrow{V_{ca}}=?$

2. 다음 그림과 같은 평형 △-Y결선에 대해 물음에 답하시오.

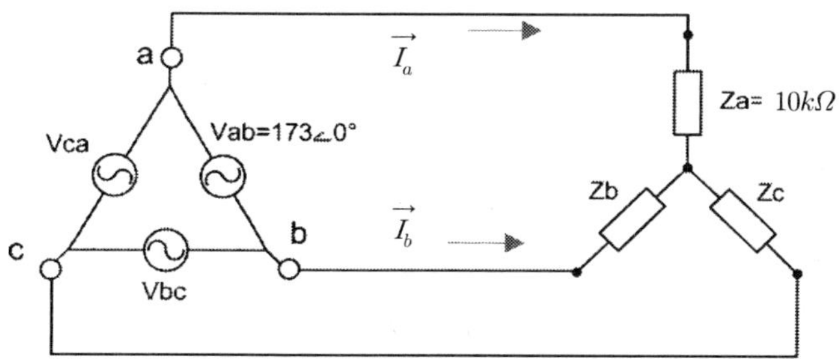

1〉 전원부의 △결선을 등가 Y결선으로 바꾸시오.

2〉 각 부하로 흐르는 전류 $\overrightarrow{I_a}$, $\overrightarrow{I_b}$를 구하시오.

3〉 위 3상 회로에서 유효전력, 무효전력을 구하시오.

3. 다음 그림과 같은 평형 Y-△결선에 대해 물음에 답하시오.

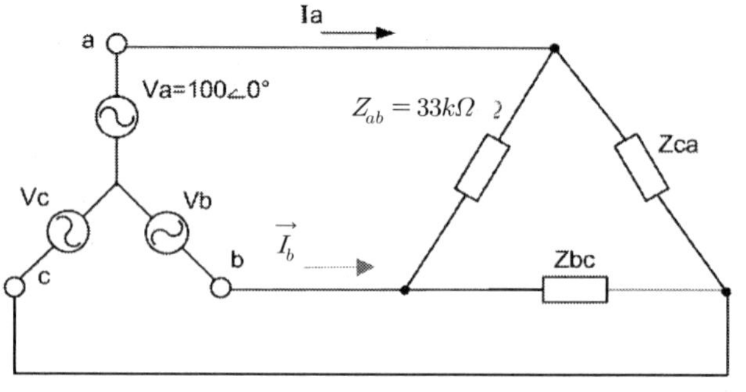

1〉 위 부하부를 Y형으로 변환하시오.

2〉 그림과 같이 선전류 $\vec{I_a}$, $\vec{I_b}$를 구하시오.

3〉 위 3상회로의 유효전력과 무효전력을 구하시오.

[결과보고서]

실험제목					
실험일자	월 일 (요일)		담당교수	㉧	
실 험 조		학 번		성 명	

1. 다음 평형회로는 3상 전압이 인가되고 있는 △결선 부하이다. 물음에 답하시오.

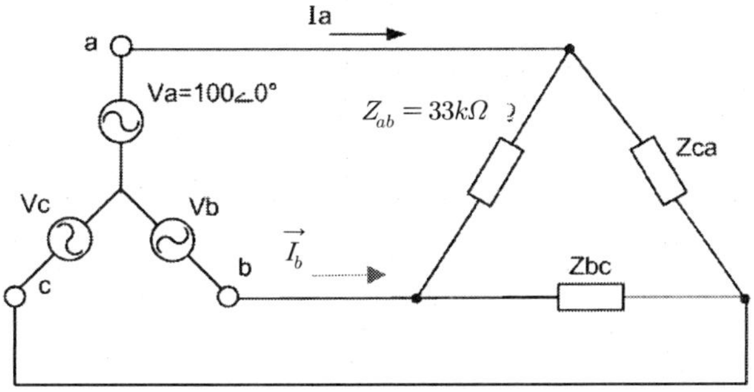

1) 각 상(phase)의 전압파형을 색상을 달리하여 그리시오.

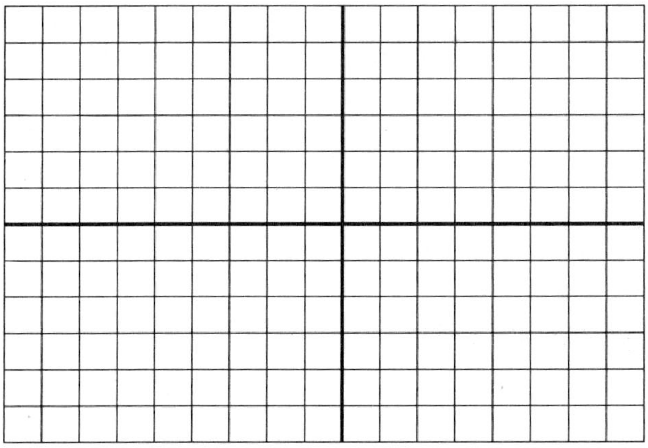

$\overrightarrow{V_a} = V_a \angle \theta_a$

=

$\overrightarrow{V_b} = V_b \angle \theta_b$

=

$\overrightarrow{V_{ab}} = V_{ab} \angle \theta_{ab}$

=

2〉 각 전류를 저항 100Ω 양단전압을 구하여 Ohm법칙으로 구하시오.

	이론치	측정치	오 차
I_a			
I_b			
I_c			

3〉 위의 자료를 바탕으로 페이저 도($\overrightarrow{V_{ab}}$, $\overrightarrow{I_a}$)를 그리시오.

$\overrightarrow{V_{ab}} = V_{ab} \angle \theta_{ab}$

$=$

$\overrightarrow{I_a} = I_a \angle \theta_a$

4〉 2-전력계법을 이용하여 3상회로의 유효전력과 무효전력을 측정하고자 한다. 반드시 전력계 사용법을 충분히 익힌 후, 접속하는 절차에 따라 측정하시오. 총 유효전력, 무효전력 및 역률을 구하시오.

	이론치	측정치	오 차
유효전력[W]			
무효전력[VAR]			
역 률			

5〉 부하를 Y형으로 변환하여 회로를 다시 그리시오.

2. 다음 그림과 같은 평형 △-Y 결선에 대해 물음에 답하시오.

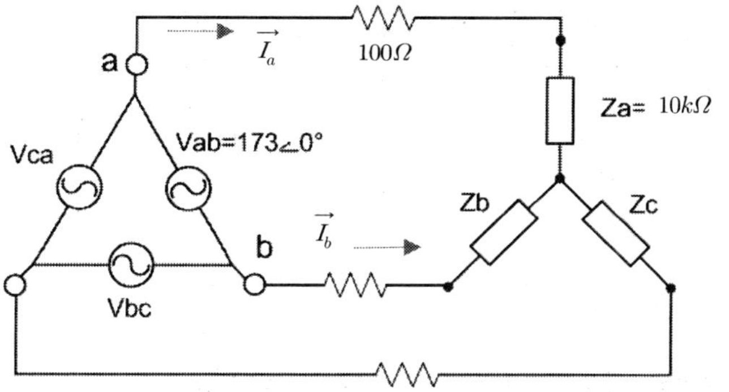

1〉 위 회로의 부하에 걸리는 각 상의 전원파형을 서로 다른 색상으로 그리시오.

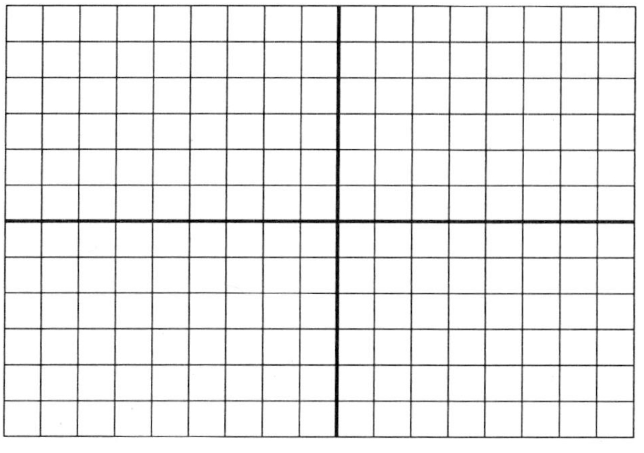

$\overrightarrow{V_a} = V_a \angle \theta_a$

=

$\overrightarrow{V_b} = V_b \angle \theta_b$

=

$\overrightarrow{V_{ab}} = V_{ab} \angle \theta_{ab}$

=

2〉 전압 $\overrightarrow{V_a}$와 $\overrightarrow{V_{ab}}$의 위상차 및 크기의 비를 구하시오.

3〉 각 전류를 저항 100Ω 양단전압을 구하여 Ohm법칙으로 구하시오.

	이론치	측정치	오 차
I_a			
I_b			
I_c			

4〉 두 개의 전력계를 사용하여 위 회로의 유효전력과 무효전력을 구하시오.

	이론치	측정치	오 차
유효전력[W]			
무효전력[VAR]			
역 률			

5〉 전원부를 Y형으로 변환하여 회로를 다시 그리시오.

토의사항

1. 전원에서 Y결선과 △결선의 선전압과 상전압, 선전류와 상전류의 상호관계는?

1) Y결선

2) △결선

2. 2-전력계법으로 전력을 측정할 때, 어떻게 측정하고 값을 읽는가?

3. 2-전력계법에서 유효전력과 무효전력의 관계는?

실험 17 Diode 특성

실험목적

다이오드(diode)가 순방향이면 전류가 흐르고 역방향이면 전류가 흐르지 않는 기본 특성을 확인하고, 이 소자의 시험법, 순방향 및 역방향특성 측정법을 익힌다. 이를 바탕으로 간단한 다이오드회로를 해석하는 기법을 학습한다.

기초이론

1. 실험을 위한 예비지식

다이오드의 기본적인 구조는 P형 반도체 그리고 N형 반도체의 접합으로 이루어져 PN접합과 같은 구조를 갖는다. 이와 같이 다이오드는 1개 접합면을 가진다. P형 혹은 N형 하나만으로 이루어진 일반적인 저항과는 확실히 다른 특성을 나타낸다. 좀 더 확장하여 2개 접합들을 구성하면 트랜지스터가 되고 3개 접합들을 만들면 SCR이 된다.

그림 17-1은 다이오드의 구조 및 기호를 나타낸다. 다이오드를 나타내는 기호에서 화살표는 한쪽 방향으로만 전류가 잘 흐른다는 것을 나타내고 이와 반대방향으로는 차단 장벽이 있어 전류가 흐르지 않는다는 것을 표시한다. 이는 앞으로 사용될 교류(ac)를 직류(dc)로 전환하는 정류회로 등 여러 분야에서 아주 중요한 부품이다.

제작회사에 출시되는 다이오드는 양극(A: anode)과 음극(K: cathode)로 불리는 두 단자들로 되어 있고, 한쪽 부분에 띠를 표시하여 쉽게 구분하도록 하였다. 즉 이 띠가 표시된 부분이 음극(cathode)를 나타낸다.

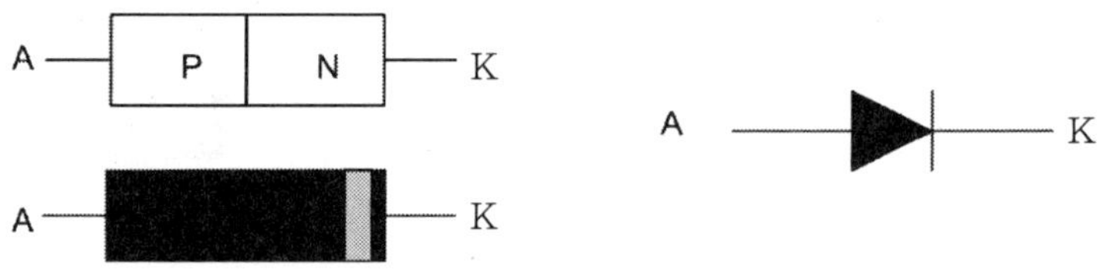

(a) 구조 및 외관 (b) 기호

[그림 17-1] 다이오드 구조 및 기호

2. 전류-전압(I-V)특성곡선

다이오드는 기호에 나타낸 것처럼 한쪽 방향으로만 전류를 흘리는 특성을 가진다. 이것을 두 영역으로 나누면 순방향 바이어스와 역방향 바이어스이란 단어를 사용한다. 순방향(forward)이란 전류가 잘 흐르는 방향이고 역방향(reverse)은 전류가 흐르지 않는 방향이다. 이것은 다이오드 기호에 잘 나타나 있다.

1) 순방향 및 역방향 바이어스란?

그림 17-2는 순방향 바이어스된 다이오드 회로이다. 쉽게 스위치 ON으로 근사시키면 Ohm법칙을 사용하여 쉽게 전류를 구할 수 있다.

$$I = \frac{V_S - V_D}{R} = \frac{V_S - 0}{R}$$

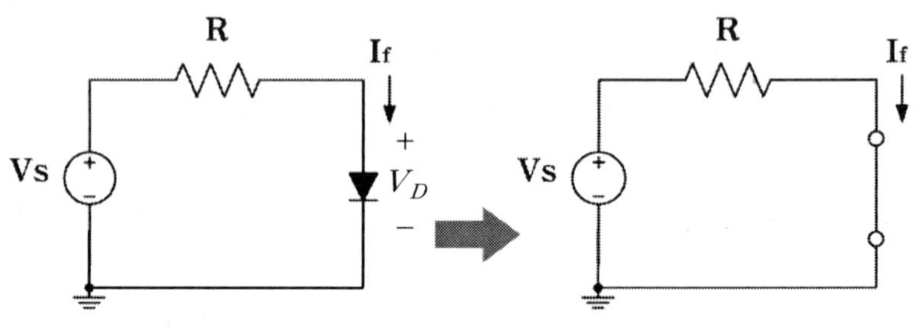

[그림 17-2] 순방향 바이어스 회로

그림 17-3은 역방향 바이어스된 다이오드회로이다. 등가적으로 스위치가 OFF된 것으로 바꾸면 이 회로에는 전류가 흐르지 못하게 된다.

$I = 0$

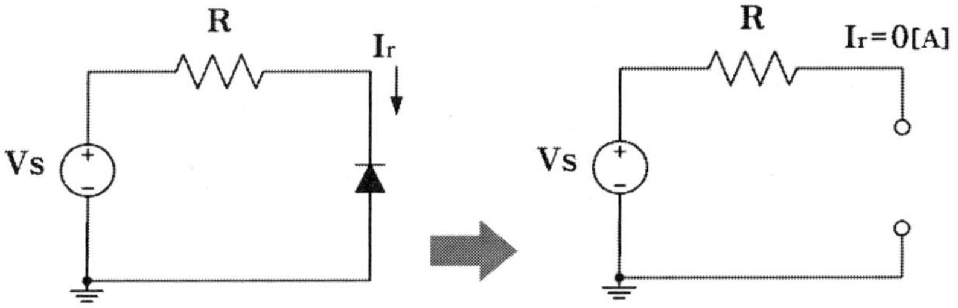

[그림 17-3] 역방향 바이어스 회로

다음 그림은 위의 순방향과 역방향의 두 영역별로 구분하여 다이오드의 전류와 전압을 측정한 전류(I)-전압(V)특성곡선이다. 역방향에서는 -100[V]까지 전류가 거의 0[A]임을 알 수 있고, 순방향에서는 0.7[V]까지는 전류가 조금 증가하다가 이후 급격히 증가함을 알 수 있다. 이 전압을 무릎전압(V_{knee}: knee voltage)이라 부른다. 우리는 제1상한을 순방향영역, 제3상한을 역방향 영역이라 부른다.

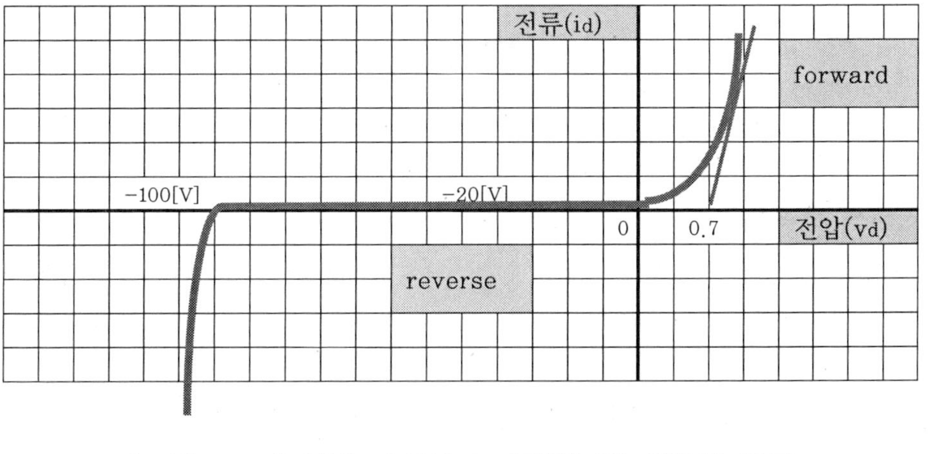

[그림 17-4] 일반 다이오드 순방향 및 역방향 특성

2) 회로해석

다이오드회로에 대한 해석은 주로 두 가지로 구분한다. 하나는 ON/OFF 스위치로 생각하는 이상적 해석(제1근사해석)과 또한 실제 다이오드 특성에 근사시킬 수

있는 제2근사 해석법이 사용된다. 여기서는 이상적인 다이오드로 생각하여 제 1 근사해석을 이용하자.

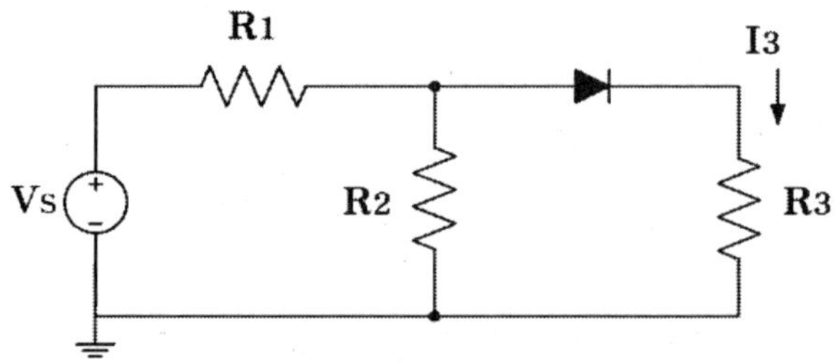

[그림 17-5] 다이오드 회로해석

앞에서 설명한 것처럼 먼저 다이오드의 연결여부로 순방향과 역방향을 구분하는 것이 필요하다. 그림에서는 다이오드가 순방향이므로 스위치 ON상태로 처리할 수 있으므로 회로가 간단해진다.

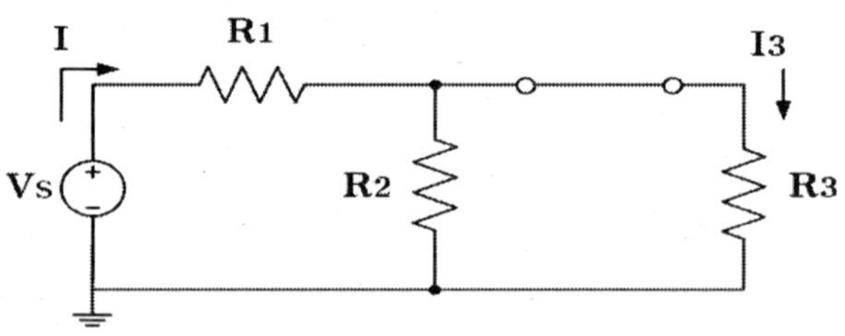

〈1〉 고전적 해석법

다이오드 양단전압이 0[V]이므로, 먼저 저항을 합성한 총 저항은 다음과 같다.

$$R_T = R_1 + (R_2 // R_3)$$

따라서 전원을 흐르는 전류는 Ohm법칙을 사용하면 다음과 같다.

$$I = \frac{V_s}{R_T}$$

마지막으로 전류분배법칙을 사용하면 저항R_3를 흐르는 전류는 다음과 같다.

$$I_3 = I \times \frac{R_2}{R_2 + R_3}$$

〈2〉 Thevenin 해석법

[등가전압]

Thevenin 등가전압(V_{TH})은 부하(다이오드 및 저항R_3)를 개방한 후 전압계로 측정한 전압이므로 그림과 같이 측정하면 된다.

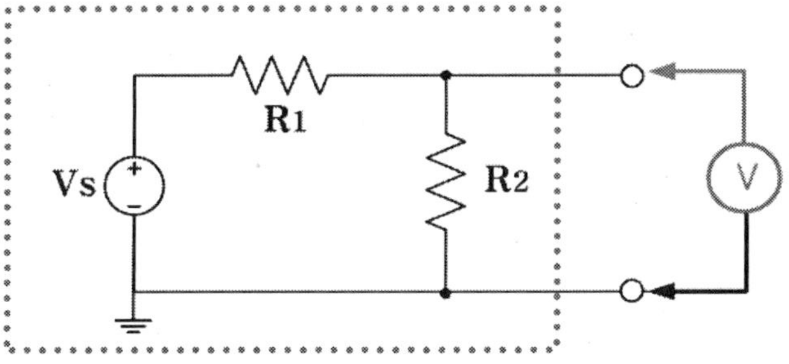

$$V_{TH} = V_S \times \frac{R_2}{R_1 + R_2}$$

[등가저항]

Thevenin 등가저항(R_{TH})은 부하가 제거된 상태에서 전원(전압원 및 전류원)을 모두 죽이고 측정한 저항이므로 저항계로 측정하면 된다.

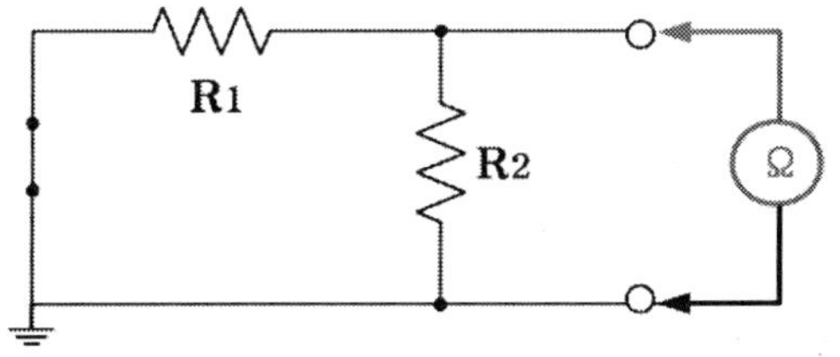

$$R_{TH} = R_1 // R_2 = \frac{R_1 R_2}{R_1 + R_2}$$

위의 두 값을 바탕으로 하여 초기에 제거했던 다이오드와 저항을 연결하여 Ohm법칙을 사용하면 간단히 부하로 흐르는 전류를 구할 수 있다. 이에 대한 해석은 **예비 리포트**에 문제로 제시되어 있다.

〈3〉 제2근사 해석법

앞의 해석에서는 다이오드가 순방향과 역방향을 구분하여 단순한 스위치로 보았다. 그러나 실제 다이오드는 조금 다르다. 순방향일 경우 그림 17-4와 같이 다이오드 양단에 약 0.7V 전압강하를 가진다. 이것을 고려한 해석이 제2근사해석이다.

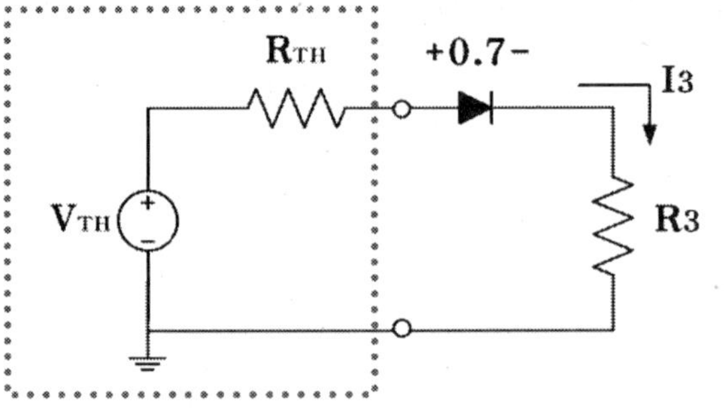

위 회로에서 KVL과 Ohm법칙을 사용하면 부하 R_3를 흐르는 전류는 다음과 같다.
다이오드 양단전압이 무릎전압 $V_{knee} = 0.7\,V$이므로

$$-V_{TH} + I_3 R_{TH} + 0.7 + I_3 R_3 = 0$$

$$I_3 = \frac{V_{TH} - 0.7}{R_{TH} + R_3}$$

또한 역방향의 경우 다이오드를 흐르는 전류는 거의 0이다.

3. 다이오드 극성 및 정상여부 판정

다이오드의 Anode(+) 및 Cathode(−)를 구분하기 위하여 일반적으로 DMM(디지털 멀티미터)을 사용하는데, 여기서는 DMM을 이용한 방법을 소개하면 다음과 같다.

■ **정상상태 :**

애노드 쪽에 적색 리드선과 캐소드 쪽에 흑색 리드선을 각각 연결한 후, 계기판에 해당 다이오드의 양단 저항이 작으면 순방향이며, 리드선을 서로 바꾸었을 경우 다이오드의 높은 역방향저항으로 인해 높은 저항값(OL: overflow) 즉, ∞이 나타난다.

■ **결합상태 :**

다이오드가 결함으로 개방(open)된 상태이면 리드선의 연결 상태에 관계없이 개방회로 저항값이 나타나고, 단락(short)된 상태이면 리드선의 연결 상태에 관계없이 아주 작은 값으로 측정된다.

[실험장비 및 부품]

사용장비	품 목	정 격	소요량
Oscilloscope Power Supply Breadboard Digital Multimeter	Resistor Diode	$1k\Omega$, $2.7k\Omega$ $3.3k\Omega$ 1N4001	각 1개

[예비보고서]

다음 회로에서 부하저항 R_L에 흐르는 전류를 구하고자 한다. 단, 다이오드는 이상적(제 1근사)이라고 생각한다.

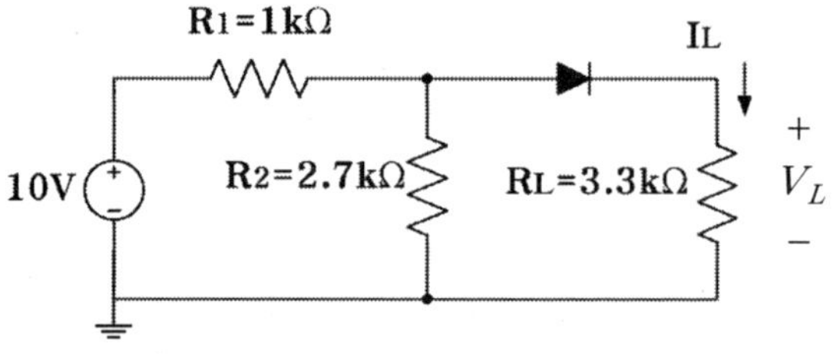

1. 다이오드는 순방향인가 역방향인가?

1〉 이를 바탕으로 위의 회로를 다시 그리시오.

2〉 저항합성, Ohm법칙 및 전류분배를 이용하여 부하전압(V_L)과 부하전류(I_L)을 구하시오.

2. 다이오드 좌측부분을 개방한 회로에 대해 Thevenin 등가회로를 구하고자 한다.

1〉 테브난 등가전압(V_{TH}) 및 저항(R_{TH})을 구하시오.

▶ V_{TH}

▶ R_{TH}

2〉 위의 결과로부터 등가회로를 그리시오.

3〉 2〉의 회로를 이용하여, 개방시킨 부하($R_3 = 3.3k\Omega$)를 연결하고 부하전압(V_L)과 부하전류(I_L)을 구하시오.

4〉 문제 1의 부하전압과 부하전류를 서로 비교하시오.

[결과보고서]

실험제목					
실험일자	월 일 (요일)		담당교수	㊞	
실 험 조		학 번		성 명	

1. 다이오드(diode) 시험법

1〉 다이오드의 단자구분 및 결함여부를 판별하고자 한다. 저항과 비교하기위해 DMM으로 측정하여 다음을 완성하시오.

Anode	Cathode	[$k\Omega$]	정상/결함
+	−		
−	+		

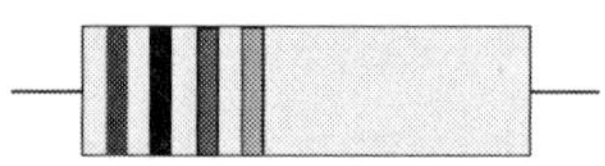

Brown / Black / Red / Gold

		[$k\Omega$]	정상/결함
+	−		
−	+		

2〉 위의 결과로부터 저항과 다이오드의 차이점은 무엇인가?

2. 다이오드의 전류 및 전압 ($I_D - V_D$) 특성 그리기

1〉 순방향특성

다음 회로를 구성하고 두 지점의 전압을 측정할 때, 오실로스코프 또는 DMM을 이용하여 직류전원전압(V_S)을 조절하여 다이오드전압(V_D)은 맞추고 측정한다.

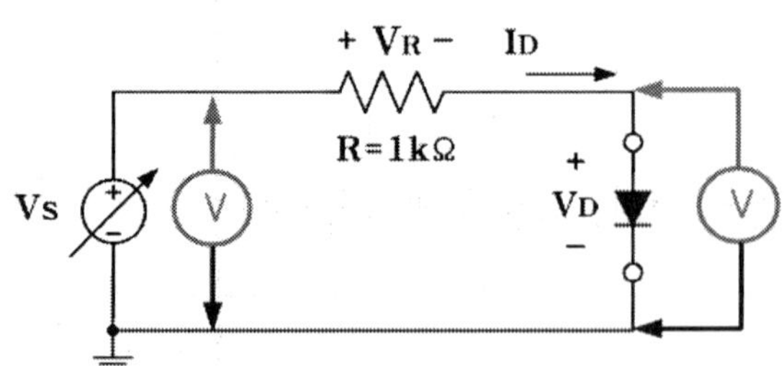

[참고] 디지털 오실로스코프를 사용시, 직류값을 측정할 때, MEASURE 버튼을 눌러 평균값(직류값)을 읽으면 편리하다. 다음 값을 측정하여 표를 완성하시오.

V_D[V]	0.2	0.3	0.4	0.5	0.6	0.7	0.71
V_S[V]							
V_R[V]							
I_D[mA]							

위 회로에서 다이오드 전류(I_D)는 저항을 흐르는 전류(I_R)와 같으므로

Ohm 법칙을 적용하면 $I_D = I_R = \frac{V_R}{R} = \frac{V_S - V_D}{R}$ 이다.

2〉 역방향특성

회로에서 전원전압의 극성을 반대로(역방향으로) 한 후, 다음 표를 완성하시오.

V_D[V]	−1	−3	−5	−7	−9	−10	−15
V_S[V]							
V_R[V]							
I_D[mA]							

3〉 위의 순방향 및 역방향 자료를 바탕으로 그래프를 그리시오.

또한 이 그래프로부터 무릎전압(V_{knee})을 표시하시오.

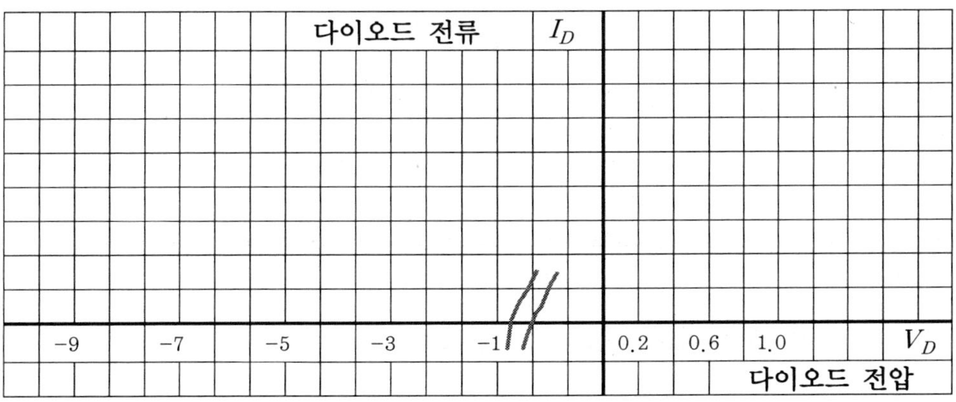

3. 다음 회로를 구성하고 물음에 답하시오.

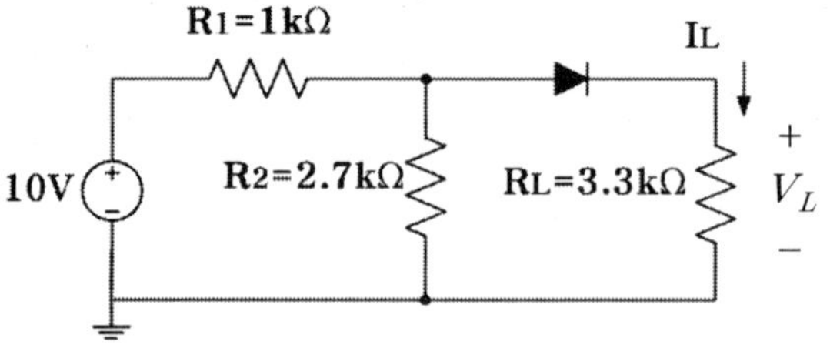

1〉 무릎전압(V_{knee}: 0.7V)을 고려한 제2근사해석으로 회로를 다시 그리고 부하전류(I_L)와 부하전압(V_L)을 구하시오.

2〉 위의 회로로부터 다음 값을 측정하여 구하시오.
단, 오차는 제2근사값과 측정값으로부터 구하여 표기하시오.

	이론치		측정치	오차
	제1근사	제2근사		
V_D[V]	0	0.7		
V_L[V]	5.94			
I_L[mA]	1.8			

3〉 위의 자료를 비교할 때, 실제적인 회로에 부합하는 근사법은 어느 것인가?

4〉 만약 다이오드를 역방향시키면 부하전압(V_L)은 얼마인가? 측정하시오.

토의사항

1. 다이오드(diode)에서 순방향과 역방향이란 무엇인가?

2. 다이오드의 음극과 양극을 외관상 쉽게 구분하는 방법은?

3. 어떤 다이오드회로에서 DMM으로 순방향과 역방향을 구분하는 방법은?

4. 다이오드회로에서 회로해석을 수행할 때 이상적 근사와 제2근사 해석의 차이점을 설명하시오.

실험 18 반파 및 전파정류회로

실험목적

다이오드(diode)는 교류(ac)전압을 직류(dc)전압으로 변환하는 정류회로에 사되는 부품이다. 이 장에서는 반파정류기 및 전파정류기(bridge 정류기) 동작원리에 대해 이해하고 각 정류회로의 특성을 익힌다.

기초이론

1. 실험을 위한 예비지식

1〉 반파정류기(Half-wave Rectifier)

그림 18-1은 반파정류기 회로이다. 교류전원은 정현전압을 발생한다. 이상적인 다이오드라고 가정하고, 전원 전압이 양(+)의 반 사이클일 때 다이오드는 순방향 바이어스가 되어 그 신호가 그대로 부하에 출력된다. 음(-)의 반 사이클에서 다이오드는 역방향 바이어스이다. 따라서 부하저항 양단에는 아무런 전압도 나타나지 않는다.

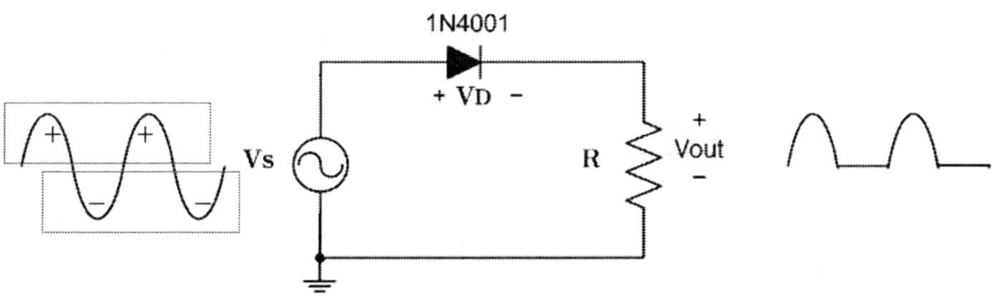

[그림 18-1] 반파정류 회로 및 출력파형

그림 18-2는 입력전압인 교류파형에 따라 동작하는 과정을 그림으로 보인 것이다. 이것은 순시값 V_{in}과 피크값 $V_{p(in)}$을 가진 정현파이다. 반파정류기에서, 다이오드는 양의 반 사이클 동안 도전하고, 음의 반 사이클 동안에는 도전하지 않는다. 이 때문에 그림과 같이, 회로가 음의 반 사이클을 잘라버린다. 이와 같은 파형을 반파신호(half-wave signal)라 한다.

이 반파전압은 단일방향 부하전류(unidirectional load current)를 발생한다. 이것은 전류가 단지 한 방향으로 흐른다는 것을 의미한다. 이 특성이 교류신호를 직류신호를 바꾸는 원리이다.

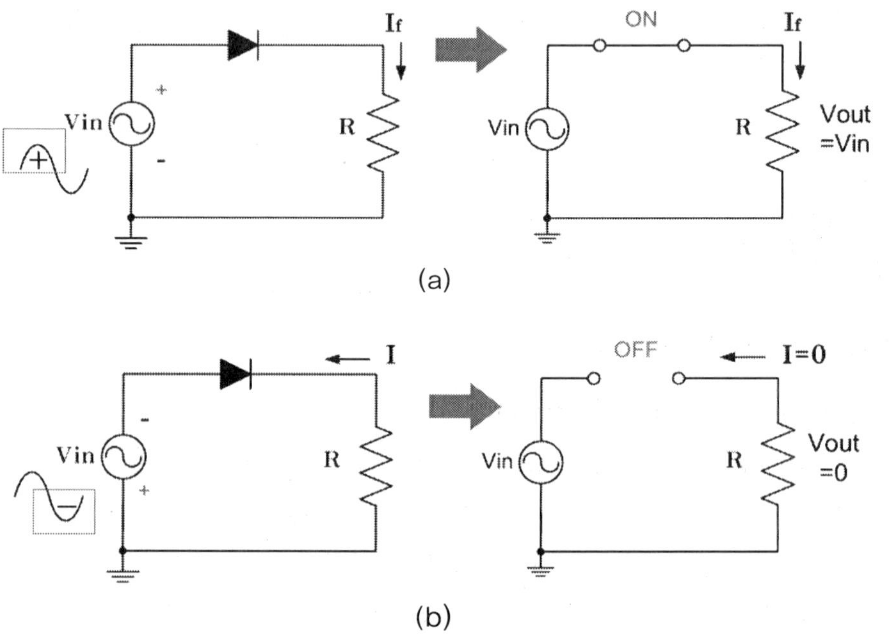

[그림 18-2] (a) 양(+)의 반사이클 (b) 음(-)의 반사이클

고장수리시 반파정류기 해석은 이상적인 다이오드를 사용한다. 따라서 피크 출력전압은 피크 입력전압과 같다.

$$\text{이상적인 파} : V_{p(out)} = V_{p(in)} \qquad (18\text{-}1)$$

반파신호의 직류값

순수한 정현파는 순시전압이 반 사이클마다 크기가 같고 반대극성이므로 한 사이클의 평균값은 0이다. 만일 이 교류전압을 직류전압계로 측정하면 직류전압계의 지시는 평균값이므로 지시치는 0이 될 것이다. 그러나 반파정류된 전압의 평균값은 0이 아니다.

어떤 신호의 직류값(dc value of a signal)은 평균값과 같음을 우리는 알고 있다. 만일 신호를 **직류전압계**로 측정하면 지시치는 평균값과 같다. 반파신호의 직류값을 수학적으로 유도하면 수식은 다음과 같다.

$$\text{평균값 : } V_{dc} = \frac{\text{면적}}{\text{주기}} = \frac{1}{T}\int_0^{\frac{T}{2}} V_p \sin\omega t dt = \frac{V_p}{\pi} = 0.318 V_p \qquad (18-2)$$

직류 혹은 평균값이 피크값의 31.8%임을 알 수 있다.

출력파형의 실효값

출력된 반파신호를 **교류전압계**로 측정하면 지시치는 실효값이다. 반파신호의 실효값을 수학적으로 유도하면 수식은 다음과 같다.

$$\text{실효값 : } V_{rms} = \sqrt{\frac{1}{T}\int_0^{T} (V_p \sin\omega t)^2 dt} = \frac{V_p}{2} \qquad (18-3)$$

출력주파수

이는 그림1의 파형을 비교해 보면 쉽게 알 수 있다. 입력전압 한 사이클마다 출력전압이 한 사이클씩 생긴다. 출력주파수는 입력주파수와 같다.

$$\text{반파 : } f_{out} = f_{in} \qquad (18-4)$$

제2근사해석

부하저항의 양단 전압은 실제로 측정하면 완전한 반파가 아니다. 다이오드는 전위장벽 때문에 교류 전원전압이 대략 0.7V가 될 때까지 동작하지 않는다. 피크 전원전압이 0.7V 이상으로 훨씬 크게 되면 부하전압은 반파신호와 비슷해진다. 예를 들어, 만일 피크 전원 전압이 30V이면 부하전압은 완전한 반파전압에 가까운 파형이 된다. 그러나 피크 전원전압이 3V이면, 부하전압은 2.3V의 피크를 갖는다. 보다 나은 해답을 요구할 때는 다음 유도를 이용한다.

$$\text{제2근사해석 반파 : } V_{p(out)} = V_{p(in)} - 0.7V \qquad (18-5)$$

2〉 전파정류기(Full-wave Rectifier)

그림 18-3은 브릿지정류기 회로(bridge rectifier circuit)이다. 다이오드 D_3와과 D_2는 양의 반 사이클에서 동작하고 다이오드 D_4와 D_1은 음의 반 사이클에서 동작하여 결과적으로 정류된 부하전류가 두 번의 반 사이클 동안 흐른다.

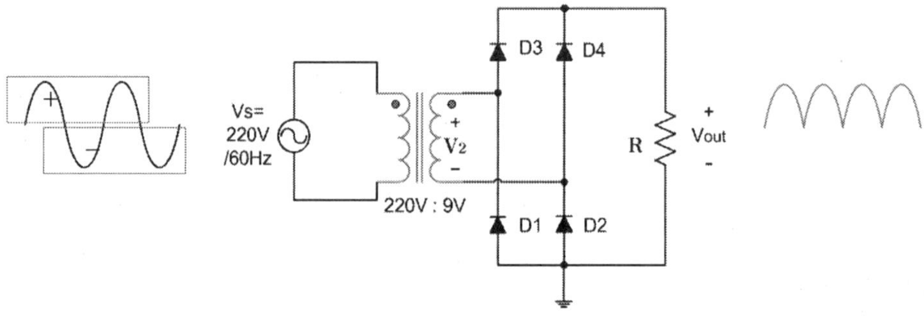

[그림 18-3] 브릿지 정류기 및 출력파형

그림 18-4(a)는 양의 반 사이클인 경우의 등가회로이다. D_3와과 D_2는 순방향 바이어스이다. 이 때문에 부하저항 양단에 +와 −극성으로 표시된 것과 같은 양의 부하전압이 발생한다. 그림 18-4(b)의 경우, 음의 반 사이클에 대해서 D_4와 D_1은 순방향 바이어스이므로 역시 양의 부하전압을 발생한다. 두개의 반 사이클 동안 부하전류는 같은 방향으로 흐르며 부하전압은 동일 극성을 가진다.

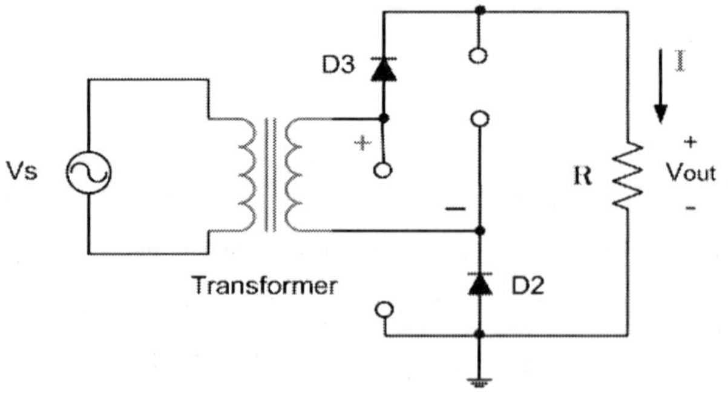

(a) 양(+)의 반 사이클에 대한 등가회로

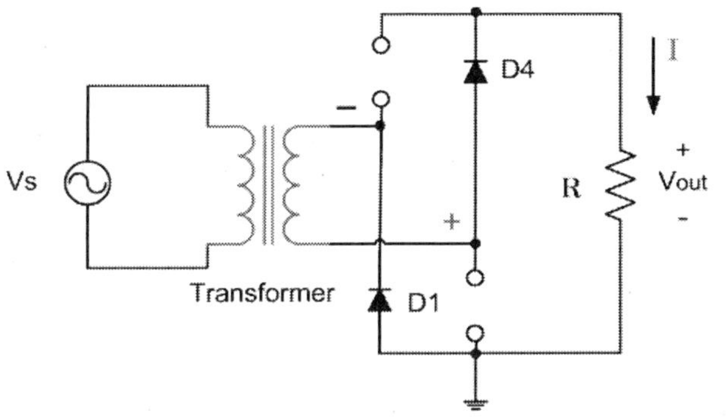

(b) 음(-)의 반 사이클에 대한 등가회로

[그림 18-4] 전파정류회로 해석

브릿지 정류기의 한 가지 장점은 모든 2차 전압을 정류기의 입력으로 사용할 수 있어서, 교류(ac)를 직류(dc)로 바꾸는 정류회로에 대부분 사용된다.

평균값

브릿지 정류기는 전파정류이다. 평균값은 2차 교류전압의 반주기의 평균값과 같다. 즉 반파정류의 2배이다. 이의 측정값은 직류(dc) 전압계를 사용하면 쉽게 구할 수 있다.

$$V_{dc} = \frac{\text{면적}}{\text{주기}} = \frac{2V_p}{\pi} = 0.636\,V_p \qquad (18-6)$$

실효값

브릿지 정류기는 전파출력을 발생하므로 실효값은 교류전압계를 사용하면 쉽게 구할 수 있다. 이는 변압기의 2차 교류전압의 실효값과 동일하다.

$$V_{rms} = \sqrt{\frac{1}{T}\int_0^T (V_p \sin\omega t)^2\, dt} = \frac{V_p}{\sqrt{2}} \qquad (18-7)$$

이는 우리가 배운 정현파전압의 실효값과 동일하다. 이유를 생각해 보길 바란다.

출력주파수

출력주파수는 입력파형과 출력파형(그림 18-3)을 비교해 보면 쉽게 알 수 있다. 입력전압 한 사이클마다 출력전압이 두 사이클씩 생긴다. 그러므로

$$f_{(out)} = 2f_{(in)} \qquad (18-8)$$

제2근사해석

부하저항의 양단 전압은 실제로 측정하면 완전한 전파가 아니다. 브릿지 정류기에는 도전(ON)경로에 항상 2개의 다이오드가 작용하고 있으므로 피크전압(V_p)은 다음과 같다. 보다 정확한 해답을 요구할 때는 다음 관계를 이용한다.

$$\text{제2근사해석(전파)} : V_{p(out)} = V_{p(in)} - 1.4V \qquad (18-9)$$

여기서 전압값 1.4V는 0.7+0.7[V]이기 때문이다.

3. 커패시터 입력필터(Capacitor Input Filter)

그림 18-3의 전파정류 출력단에 병렬로 커패시터를 연결한 경우이다. 이런 효과는 출력전압을 더욱 직류에 가깝도록 평탄하게 만들 수 있다는 것이다.

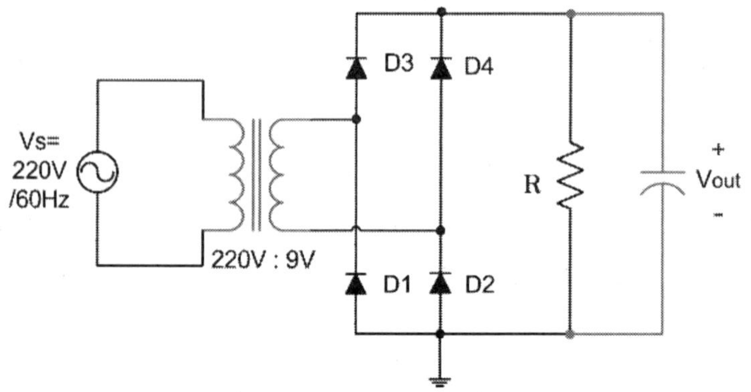

[그림 18-5] 커패시터 입력필터

시정수(τ: Time costant)

커패시터(C)가 저항(R)을 통해 충전과 방전을 할 때, 완전히 충전되거나 완전히 방전될 때에는 어느 정도의 시간이 필요하다.

Ohm법칙에 의하면 $R=\frac{V}{I}$

C의 전류 및 전압관계는 $i_c = C\frac{\Delta V}{\Delta I}$ 에서 $C=\frac{I \cdot t}{V}$

커패시터의 충방전에 걸리는 시간은 $R \cdot C$ 곱으로 결정된다.

$$RC=t$$

시간의 차원을 가지므로 이것을 우리는 시정수(time constant)라 부른다.

커패시터를 저항과 같이 연결하면 그림과 같이 충전과 방전을 반복한다. 피크값에서 방전하여 어느 값까지 감소하다가 전파신호가 오면 다시 충전된다. 이 두 전압값의 차이를 물결전압(ripple voltage)이라고 부르는데 이 값이 작으면 작을수록 양호한 직류전압이 된다.

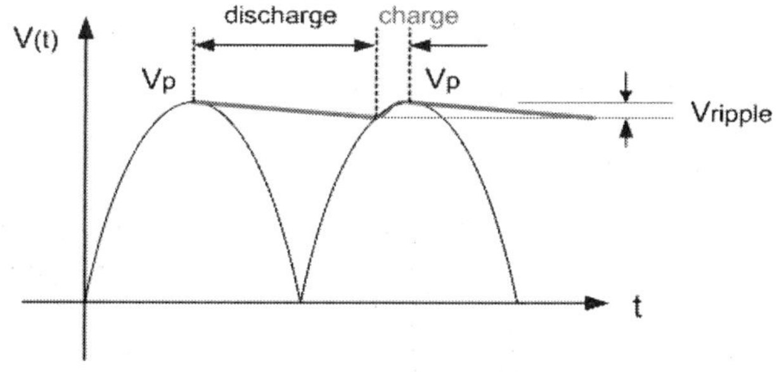

[그림 18-6] 부하에서 측정된 물결전압

물결전압 및 부하의 평균전압

의미를 알아보기 위해 위의 그림으로부터 식을 처리해보자. 시정수가 아주 크면 파형은 거의 직선이 된다. 이 경우 그래프의 식은 최대값이 V_p이고 직선식은 $V_{\min} = V_p(1-\frac{t}{RC})$이 되어. $t=RC$ 에서 최소값이 된다. 이 두 최대값과 최소값의 의 차이가 물결전압이 된다. 완벽한 직류값은 아니지만 전파정류된 파형의 입장에서 보면 전압파형에 기복이 있다. 이를 해결하여 가능하면 평탄하게 하기 위해 C를 삽입하여 전압변화폭을 줄인다.

$$V_{ripple} = V_p - V_p(1-\frac{t}{RC}) = V_p\frac{t}{RC} \qquad (18\text{-}10)$$

그림 설명을 위해 확대(zoon-in)해 놓았지만 사실 방전(discharge)시간이 아주 길다. 따라서 시간 $t \simeq T$ 이다. 이로부터 물결전압은 다음과 같다.

$$V_{ripple} = \frac{V_p t}{RC} = \frac{V_p T}{RC} = \frac{V_p}{fRC} \qquad (18-11)$$

최종적으로 직류전압 즉 평균전압은 다음과 같이 된다.

$$V_{dc} = V_p - \frac{V_{ripple}}{2} \qquad (18-12)$$

4. 변압기는 왜 사용하는가?

두 코일이 서로 가까이 놓여 있을 때, 한쪽 코일에 흐르는 전류에 의해 발생된 전자계의 변화는 상호인덕턴스(mutual inductance)에 의해 2차 코일에 유도전압을 발생시킨다. 변화하는 자속선들이 2차 코일에 영향을 미치도록 2차 코일이 1차 코일에 가까이 놓이면 자기적으로 결합되어(coupled) 전압이 유도된다. 만약 1차 코일의 전류가 정현파라면 2차 코일에 유도된 전압도 정현파이다.

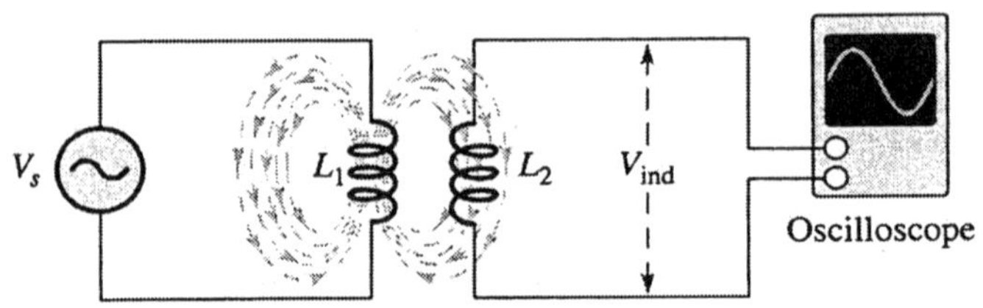

[그림 18-7] 변압기의 원리

권선비(turn ratio)에 따른 전압, 전류 및 전력관계

변압기에서 전압은 감은 수에 비례하므로 다음과 같이 표현 가능하다. 즉 전압을 승압(step-up)할 수도 있고 감압(step-down)할 수도 있다. 보통 선전압이 220 V_{rms}로서 너무 크므로 감압하여 사용한다.

$$v_2 = \frac{N_2}{N_1} v_1 \qquad (18-13)$$

2차 권선에 부하가 연결된다면 2차 코일에 유도되는 전압으로 인해 2차 회로를 통하여 부하가 연결되므로 부하전류가 흐른다.

$$i_2 = \frac{N_1}{N_2} i_1 \tag{18-14}$$

위의 두 식을 합성하면 변압기에서 다음과 같은 식이 성립한다.

$$\frac{v_2}{v_1} = \frac{N_2}{N_1} = \frac{i_1}{i_2} \tag{18-15}$$

즉 변압기에서 1차 전력($p_1 = v_1 i_1$)과 2차 전력($p_2 = v_2 i_2$)은 동일하다.

위상표시점(phase dots)

변압기의 또 하나의 중요한 변수는 코어주위의 권선이 어떠한 방향으로 감겨져 있는가이다. 권선의 상단에 있는 위상표시 점의 의미를 생각해보자. 점이 찍힌 부분에서 순간적으로 동일 위상을 갖는다. 다른 말로 표현하면, 양의 반 사이클($T/2$)이 1차에 나타나면 2차에도 양의 반 사이클이 나타난다.

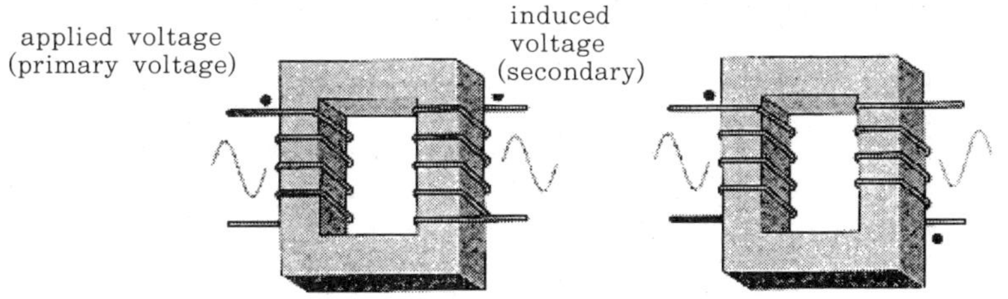

[그림 18-8] 변압기의 극성을 나타내는 위상 표시점

[실험장비 및 부품]

사용장비	품 목	정 격	소요량
Oscilloscope Multimeter Breadboard	Resistor	1kΩ	1개
	Transformer	220V / 9V	1개
	Diode	1N4001	4개
	전해 Capacitor	100㎌/25V	1개

[예비보고서]

1. 다음 반파정류회로에 대해 답하시오. 단, 다이오드는 이상적으로 간주한다.

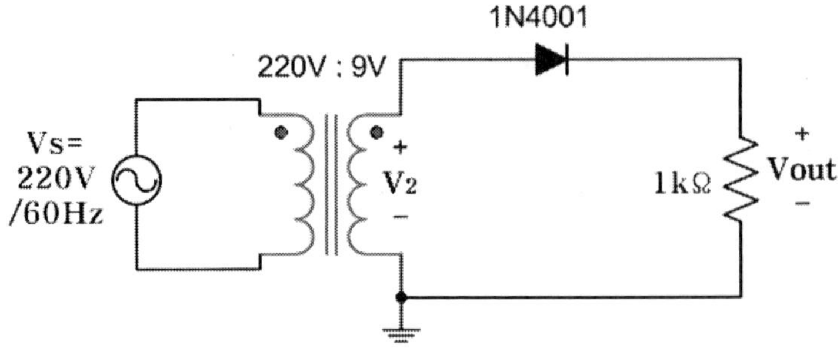

1〉 위의 회로에서 변압기의 감은 권선비(turn ratio=N_1/N_2)는 얼마인가?

2〉 변압기의 2차 전압(v_2)과 이에 따른 부하양단(R=$1k\Omega$)의 출력전압을 서로 다른 색상으로 나타내고, 각 파형의 주기(T) 및 피크전압(V_P)을 표기하시오.

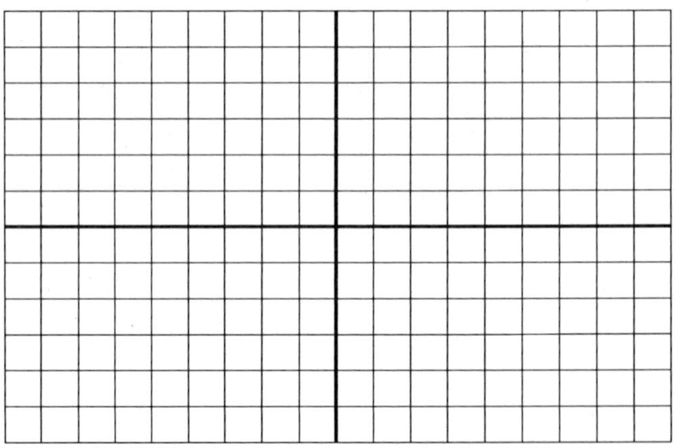

3〉 출력주파수(f_{out})는 얼마인가?

4〉 출력전압의 평균값을 구하시오.

2. 브릿지 전파정류회로에 대해 답하시오. 단, 다이오드는 이상적으로 간주한다.

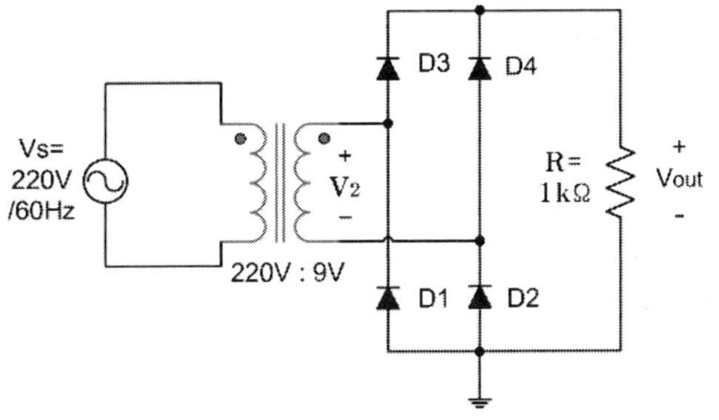

1〉 위의 회로에서 변압기의 감은 권선비(turn ratio=N_1/N_2)는 얼마인가?

2〉 변압기의 2차 전압(v_2)과 이에 따른 부하양단(R=$1k\Omega$)의 출력전압을 서로 다른 색상으로 나타내고, 각 파형의 주기(T) 및 피크전압(V_P)을 표기하시오.

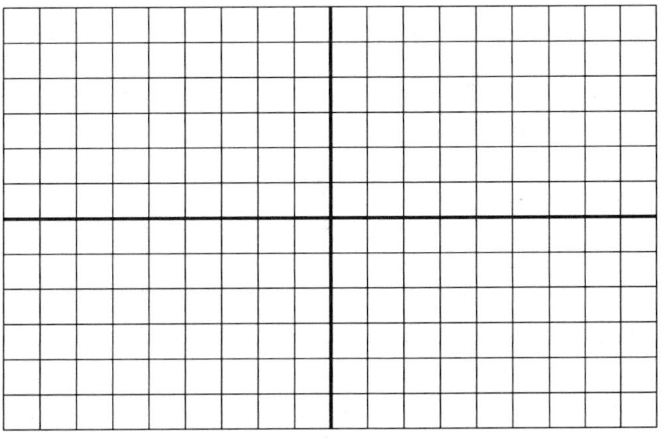

3〉 출력주파수(f_{out})는 얼마인가?

4〉 출력전압의 평균값을 구하시오.

[결과보고서]

실험제목					
실험일자	월 일 (요일)			담당교수	㊞
실 험 조		학 번		성 명	

1. 다음과 같이 변압기와 연결된 반파 정류회로를 구성한 후, 물음에 답하시오.

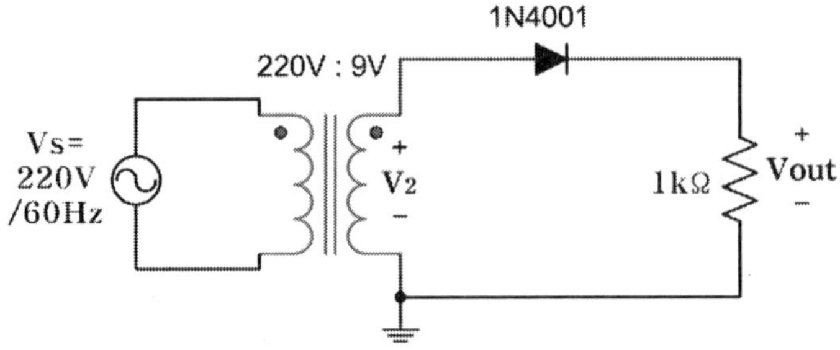

1〉 반파정류작용이 발생함을 확인하시오. 변압기 2차측의 전압($V_{p(2)}$) 및 $1k\Omega$ 양단의 출력전압(V_{out})을 측정하여 서로 다른 색상으로 그리시오. [두 주기(=2T)]

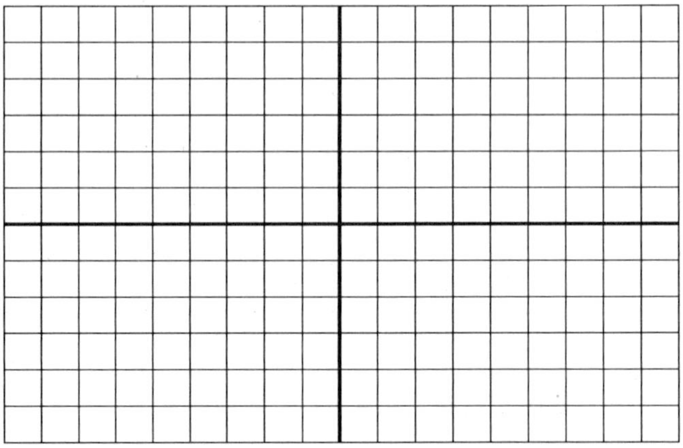

2〉 오실로스코프 또는 디지털멀티미터(DMM)를 이용하여 변압기 2차 전압 및 부하 $1k\Omega$ 양단의 각각의 값을 측정하여 기록한다. 단, 제 2근사해석을 이용한다.

	변압기 2차 전압			부하 출력전압		
	$V_{pp(2)}$	$V_{p(2)}$	f_{in}	$V_{p(out)}$	V_{dc}	f_{out}
이론치						
측정치						

2. 부하저항 $R_L = 1k\Omega$과 전해 커패시터($C = 100\mu F$)가 병렬로 함께 연결된 경우, “커패시터 입력 필터”라고 한다. 위의 오실로스코프를 zoom-in하여 그래프를 보면 물결(ripple)현상이 생긴다. 이 출렁이는 전압을 물결전압(V_{ripple})이라 부른다.

1〉 오실로스코프의 눈금(시간, 전압)을 조정하여 물결전압파형을 그리시오.

▶ 청색 팬: 부하로서 저항R과 커패시터C를 병렬로 사용할 경우

▶ 적색 팬: 부하로서 저항R만을 사용할 경우

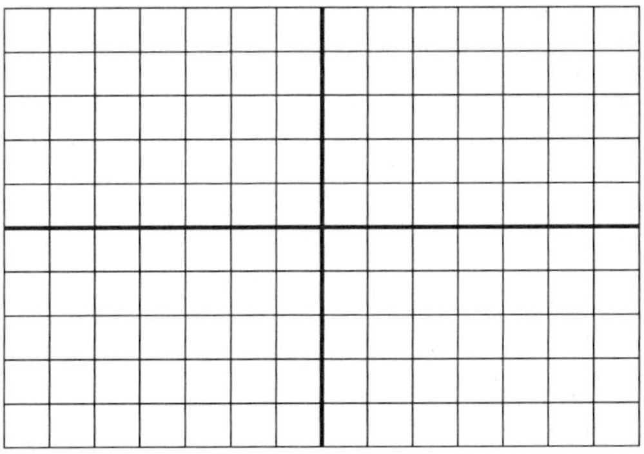

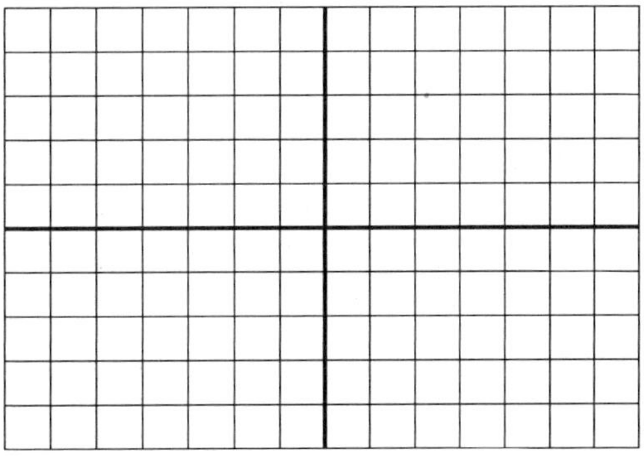

2〉 부하저항을 $R_L = 10k\Omega$으로 바꾸었을 때, 출력파형을 위 그래프에 그리시오.

3〉 이 zoom-in한 그래프에서 물결전압(ripple voltage) 및 평균전압을 구하시오. 이 값을 계산값과 비교하시오. 다이오드는 제 2근사해석으로 하시오.

– $R_L = 1k\Omega$, $C = 100\mu F$의 경우

	이론치	측정치
$V_{ripple(p-p)}$		
V_{avg}		

– $R_L = 10k\Omega$, $C = 100\mu F$의 경우

	이론치	측정치
$V_{ripple(p-p)}$		
V_{avg}		

4〉 부하저항(R_L)의 증가에 따라 물결전압은 ( )하며 파형은 ( )해진다.

5〉 위의 그래프에 나타난 결과로부터 커패시터의 역할은 무엇인가?

3. 다음과 같이 브릿지 전파정류기를 결선하여 정상동작을 확인한 후,

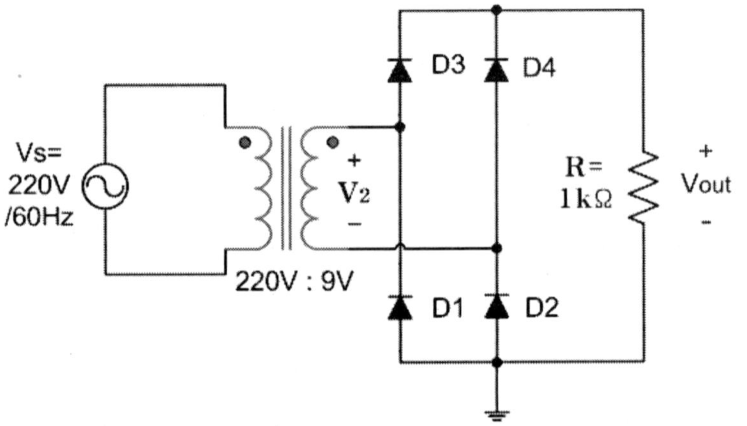

1〉 오실로스코프를 이용하여 변압기 2차 전압 및 $1k\Omega$ 양단의 부하전압(V_{out})을 측정하여 기록한다. 각 파형은 색상을 달리하여 그리시오.

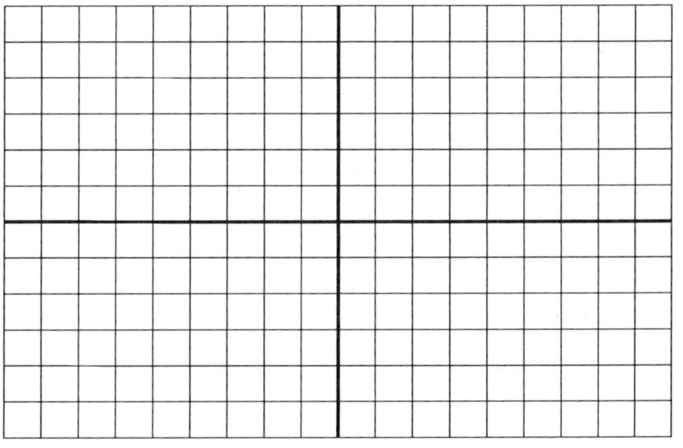

2〉 오실로스코프 혹은 디지털 멀티미터(DMM)를 이용하여 변압기 2차 전압 및 부하 $1k\Omega$ 양단의 출력전압을 측정하여 기록한다. 단, 제 2근사해석을 이용하시오.

	변압기 2차 전압			부하 출력전압		
	$V_{pp(2)}$	$V_{p(2)}$	f_{in}	$V_{p(out)}$	V_{dc}	f_{out}
이론치						
측정치						

4. 부하저항 R_L과 전해 커패시터 C가 병렬로 연결된 경우, "커패시터 입력 필터"라고 한다. 위의 오실로스코프를 zoom-in하여 그래프를 보면 물결(ripple)현상이 생긴다. 이 출렁이는 전압을 물결전압(V_{ripple})이라 부른다.

1〉 오실로스코프의 눈금(시간, 전압)을 조정하여 물결전압파형을 그리시오.

▶ 청색 팬: 부하로서 $R_L = 1k\Omega$, $C = 100\mu F$을 병렬로 사용할 경우

▶ 적색 팬: 부하로서 $R_L = 10k\Omega$, $C = 100\mu F$을 병렬로 사용할 경우

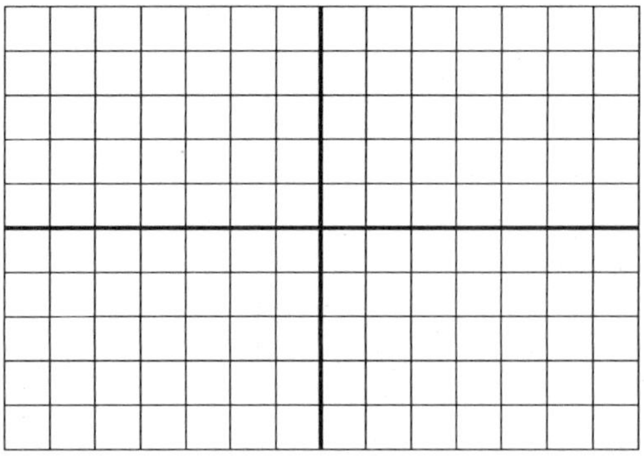

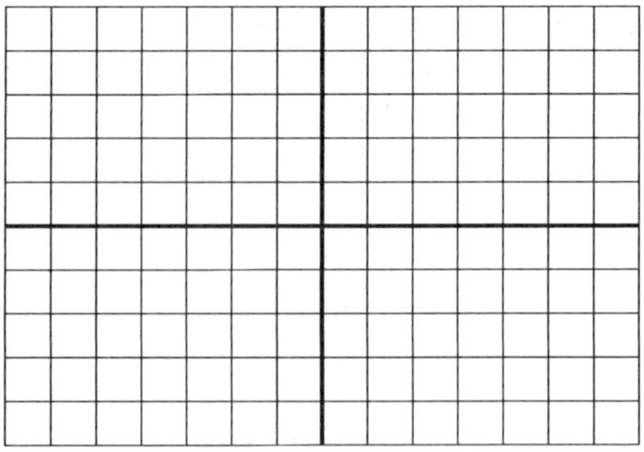

2〉 이 zoom-in한 그래프에서 물결전압(ripple voltage) 및 평균전압을 구하시오.
이 값을 계산값과 비교하시오. 다이오드는 제2근사로 하시오.

- $R_L = 1k\Omega$, $C = 100\mu F$의 경우

	이론치	측정치
$V_{ripple(p-p)}$		
V_{avg}		

- $R_L = 10k\Omega$, $C = 100\mu F$의 경우

	이론치	측정치
$V_{ripple(p-p)}$		
V_{avg}		

3〉 부하저항(R_L)의 증가에 따라 물결전압은 (   )하며 파형은 (   )해진다.

4〉 위의 그래프에 나타난 결과로부터 커패시터의 역할은 무엇인가?

토의사항

1. 정류회로에서 변압기는 왜 사용하는가? 또한 감압변압기란 무엇인가?

2. 브릿지 전파정류회로의 입력과 출력특성을 그리시오.

3. 브릿지 정류회로에서 평균값을 구하고자 한다. 오실로스코프와 DMM을 어떻게 하여 측정해야 올바른 값을 구할 수 있는가? 그 측정방법을 쓰시오.

[Oscilloscope]

[DMM]

4. 브릿지 전파정류회로의 출력전압을 직류와 같이 평평하게 하는 방법은?

실험 19 Zener Diode 및 정전압회로

실험목적

제너 다이오드(Zener diode)는 사용자가 원하는 직류전원을 얻을 수 있도록 하기 위한 전압안정기로 쓰인다. 이 다이오드와 기본 특성과 전압안정기로서의 동작원리를 이해한다.

기초이론

1. 실험을 위한 예비지식

제너 다이오드는 선전압과 부하저항이 크게 변하더라도 부하전압을 거의 일정하게 해주는 회로, 즉 전압조정기에서 중추적인 역할을 한다. 이 경우 제너다이오드는 역방향에서 동작한다.

1〉 Zener 다이오드

소신호 다이오드나 정류 다이오드는 너무 큰 역방향전압($\simeq 100\,V$)을 가하면 항복영역(제 3상한)에서 손상을 받기 때문에 고의적으로 이 영역에서 동작시켜서는 결코 안된다. 그러나 제너 다이오드(Zener diode)는 다르다. 제너 다이오드는 역방향 항복영역에서 잘 동작하도록 만들어진 실리콘 다이오드이다.

그림 19-1은 제너 다이오드의 도식적 기호이다. 기호에서 영어 알파벳 z를 닮은 선은 'Zener'를 상징한다. 제너 다이오드는 순방향 및 항복영역 중 어느 영역에서도 동작이 가능하다. 그러나 주된 사용방법은 역방향으로 사용하는 것이다.

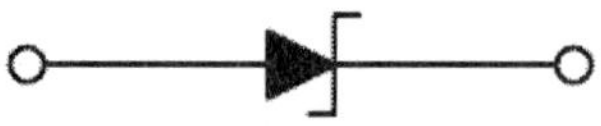

[그림 19-1] Zener 다이오드 기호

2) 제너 다이오드의 I-V 그래프

그림 19-2는 제너 다이오드의 I-V그래프이다. 순방향 영역에서는 보통 실리콘 다이오드 처럼 0.7V 근처에서 전류가 흐르기 시작하므로 같다. 그러나 역방향특성에서 일반 다이오드처럼 $-100\,V$에서 급격히 증가하지 않고, 이 보다 훨씬 작은 역방향전압에서 항복이 일어난다. 제 3상한에서 전압은 거의 일정하게 유지하며, 대략 V_Z와 같다. 제품에 따라 제너전압은 여러 가지가 있다. 우리가 이 장에서 실험하는 제너 다이오드는 1N4735로서 약 6.2V의 제너전압을 가진다.

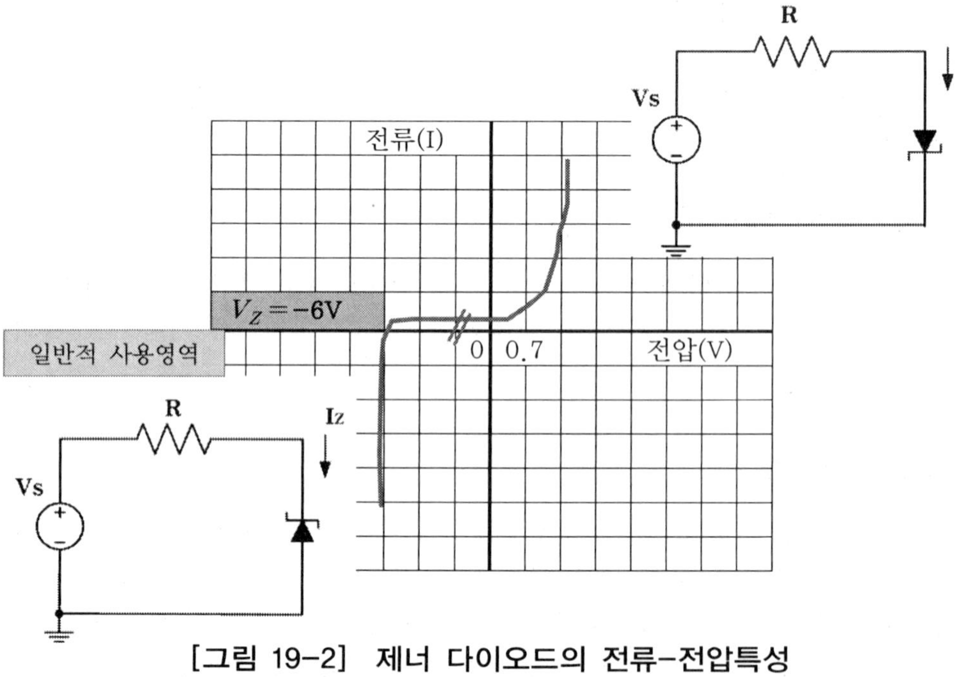

[그림 19-2] 제너 다이오드의 전류-전압특성

제너 다이오드를 흐르는 전류가 변하더라도 출력전압은 일정하기 때문에 제너 다이오드를 가끔 전압조정기 다이오드(voltage-regulator diode)라 한다. 정상 동작시키려면 그림 19-2와 같이 제너 다이오드를 역방향으로 바이어스 시켜야 한다. 더욱이 항복동작이 되려면 전원전압 V_S가 제너 항복전압 V_Z보다 커야 된다.

직렬저항 R는 제너전류(I_Z)를 최대전류정격 이하로 제한하기 위해 사용한다. 그렇지 않으면 과다한 전력손실 때문에 다른 소자와 마찬가지로 타버린다.

2. 회로해석

실제로 사용하려면 그림 19-3과 같이 부하(R_L)를 연결해야 한다. 이 경우에 제너 다이오드가 항복영역에서 동작하는지, 안 하는지를 어떻게 설명할 수 있는가? 반드시 제너전압보다 더 큰 역방향전압이 가해져야만 된다. 이 경우 비록 전원전압이 변동하거나 혹은 부하저항이 변하다고 해도 부하전압은 고정되고, 제너전압(V_Z)과 같다.

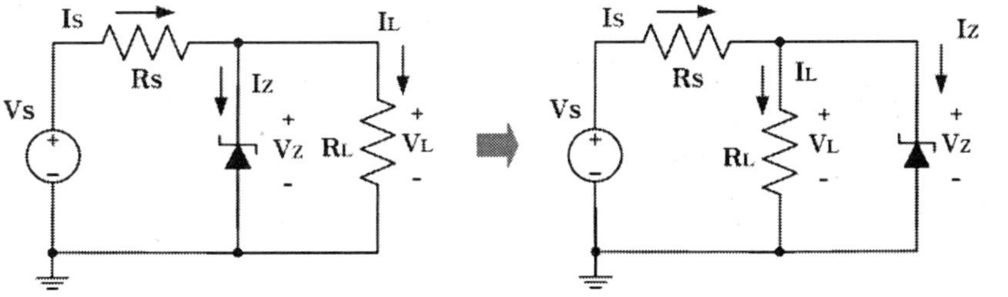

[그림 19-3] 부하를 가진 제너조정기

두 회로들을 잘 살펴보면 같은 회로이며, 제너 다이오드에 대해 Thevenin 전압(V_{TH}) 및 Thevenin 저항(R_{TH})을 쉽게 구할 수 있다.

$$V_{TH} = \frac{R_L}{R_S + R_L} V_S \ , \qquad R_{TH} = R_s // R_L = \frac{R_s R_L}{R_s + R_L} \qquad (19-1)$$

이 Thevenin 전압은 제너전압(V_Z)보다 커야 된다. 그렇지 않으면 역방향되지 않아 항복현상이 일어날 수 없다.

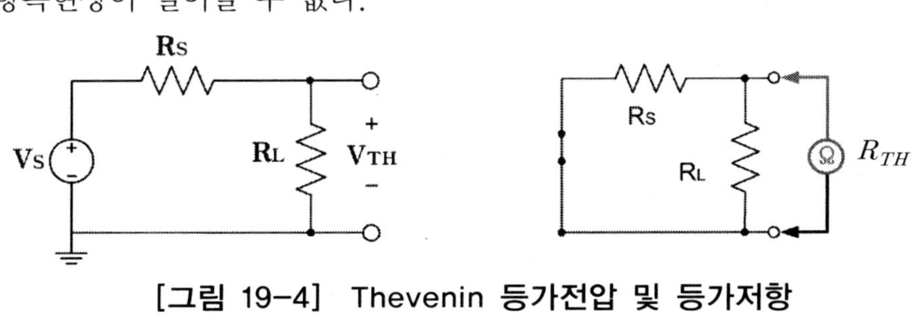

[그림 19-4] Thevenin 등가전압 및 등가저항

항복동작

그림 19-4를 바탕으로 그림 19-5과 같은 등가회로를 구할 수 있다. 이 회로에서 $V_{TH} > V_Z$이면 제너다이오드는 정상동작을 한다고 할 수 있다. 이 조건이 충족되어야 제너다이오드가 역방향과 항복영역에서 정상적으로 동작하기 때문이다.

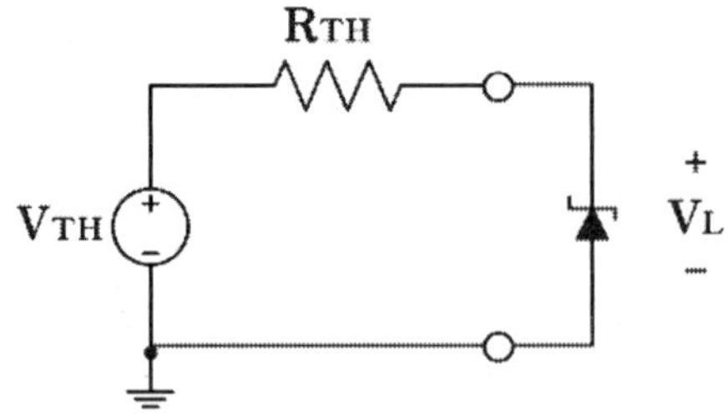

[그림 19-5] 제너다이오드가 달린 Thevenin 등가회로

직렬전류(I_s)

특별한 지적이 없는 한 지금부터 제너 다이오드는 항복영역에서 동작한다고 가정한다. 그림 19-3의 원래 회로로 돌아가 직렬저항을 흐르는 전류를 구해 보자.

$$I_S = \frac{V_S - V_Z}{R_S} \qquad (19-2)$$

이것은 전류제한 저항(R_s)에 적용된 Ohm의 법칙이다. 부하저항(R_L)이 있거나 없거나 I_s전류는 마찬가지다. 다시 말하면, 만약 부하저항을 분리해도 직렬저항을 흐르는 전류는 저항양단의 전압을 저항(R_s)으로 나눈 것과 같다.

부하전압 및 전류

이상적인 경우, 부하저항은 제너 다이오드와 병렬이므로 부하저압은 제너전압과 같다. 수식으로 나타내면 다음과 같다.

$$V_L = V_Z \qquad (19-3)$$

부하전류를 계산하기 위해 Ohm의 법칙을 적용하면

$$I_L = \frac{V_L}{R_L} \qquad (19-4)$$

제너전류(I_Z)

회로에서 막바로 제너전류를 구하는 것은 쉽지 않다. 왜냐하면 그림 19-2에 나타낸 것처럼 전류가 너무 변화가 크기 때문이다. 따라서 Kirchhoff의 전류법칙(KCL)으로부터 구한다. 즉, 제너다이오드와 부하저항은 병렬이므로 두 전류의 합은 전체전류와 같고, 전체전류는 직렬저항(R_s)을 흐르는 전류와 같다. 따라서 제너전류(I_Z)는 다음과 같다.

$$I_Z = I_S - I_L \tag{19-5}$$

R_L이 없는 무부하 제너조정기는 제너전류와 직렬전류와 같지만, 제너전류는 부하저항(R_L) 때문에 직렬 전류에서 부하전류를 뺀 것과 같다.

3. 정류회로에서 리플전압의 제거

우리는 실험 19장에서 정류회로에 대해 익혔다. 문제는 그림 19-6과 같이 정류기로부터 신호는 리플전압(V_{ripple})이 존재한다. 이 전압을 깨끗한 리플이 없는 직류전압으로 구현할 필요가 있다. 이 때 사용하는 것이 전압조절기(voltage regulator)이다.

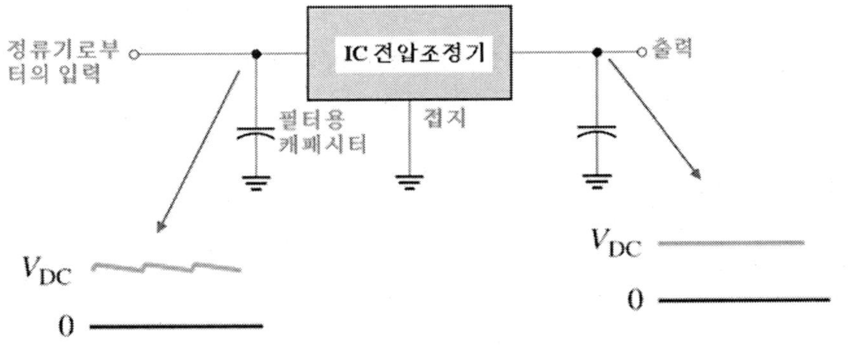

[그림 19-6] IC로 된 전압조절기의 역할

어떻게 하면 깨끗한 파형을 얻을 수 있는지 여부가 우리의 목표이다. 역방향으로 연결되어 제너전압을 만드는 회로를 구현코자 한다면 제너다이오드를 사용하는 것이 한 방법이다.

실험 18장의 전파정류기에서 커패시터를 저항과 병렬로 연결한 커패시터 필터회로에 대해 그림 19-7에 나타낸 것처럼 리플전압을 가진다. 이제 제너다이오드를 역방향으로 저항과 직렬로 연결하여 제너다이오드 양단전압을 측정하면 그림과 같이 평평하고 깨끗한 직류전압을 얻을 수 있다.

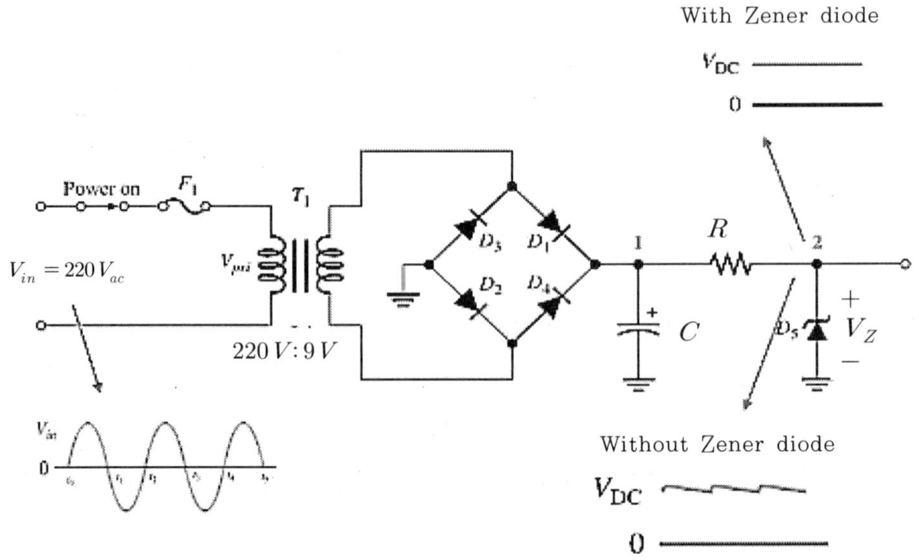

[그림 19-7] 전파 정류회로에서의 전압조절기

[실험장비 및 부품]

사용장비	품 목	정 격	소요량
	Resistor	270Ω, 1kΩ	각 1개
Oscilloscope	Zener diode	1N4735(6.2V)	1개
Multimeter	Diode	1N4001~7	1개
Breadboard	Capacitor	100μF/25V	1개
	Transformer	220V/9V	1개

[예비보고서]

1. 다음 회로에 대해 각 전류 및 전압값을 구하시오.

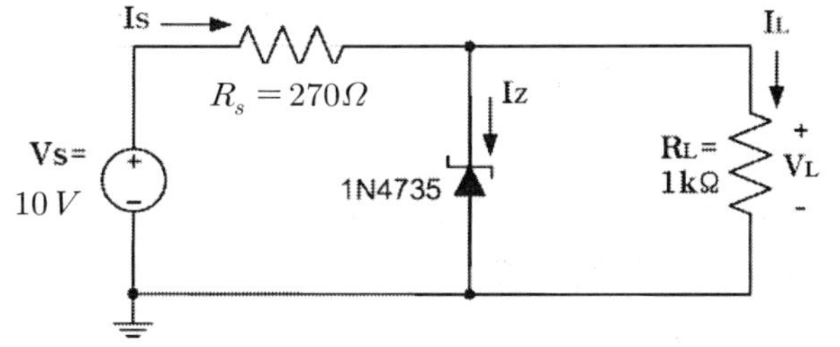

1〉 제너 다이오드의 1N4735의 제너전압(V_Z)은 얼마인가?(Databook 상에서)

2〉 다이오드가 항복영역에서 동작하는가를 조사하기 위해 회로를 그려 가면서 테브난 등가전압을 구하시오.

3〉 2〉결과에서 제너다이오드가 정상적으로 동작이 되면, 원래 회로에서 전원전류(I_S), 제너전류(I_Z), 부하전류(I_L) 및 출력전압(V_L)을 를 구하시오.

[결과보고서]

실험제목					
실험일자	월 일 (요일)		담당교수	㊞	
실 험 조		학 번		성 명	

1. 제너 다이오드와 일반적인 정류 다이오드의 역방향 특성 비교 그림 a)와 같이 일반 정류다이오드 회로를 구성하시오.

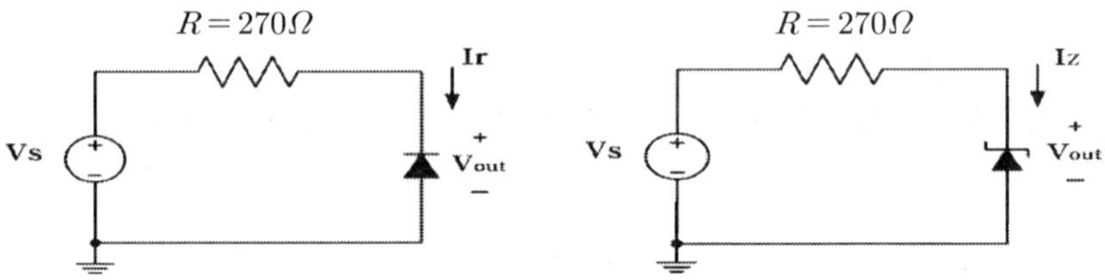

(a) (b)

1⟩ 그림 (a)에서 디지털멀티미터(DMM)를 사용하여 V_{out} 및 I_r을 측정하시오.

[표 1]

V_S	2	4	5	6	7	8
V_{out}						
I_r						

2⟩ [표1]에 데이터를 기록하고 다이오드의 특성 그래프를 그린다.

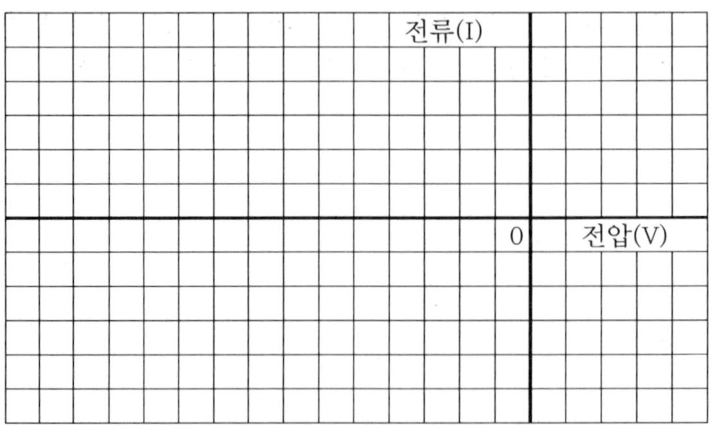

2. 그림 (b)와 같이 제너 다이오드(1N4735)로 바꾸고

1〉 제너 다이오드전압($V_Z = V_{out}$) 및 전류(I_Z)을 측정한 후, [표2]에 기록한다.

[표 2]

V_S	2	4	6	6.1	6.2	6.3	6.5	7	8
V_{out}									
I_Z									

2〉 위의 자료를 바탕으로 역방향특성 그래프를 그린다. 특히 제너 다이오드의 변곡점 전압 근처에서 서서히 증가시키며 조사한다.

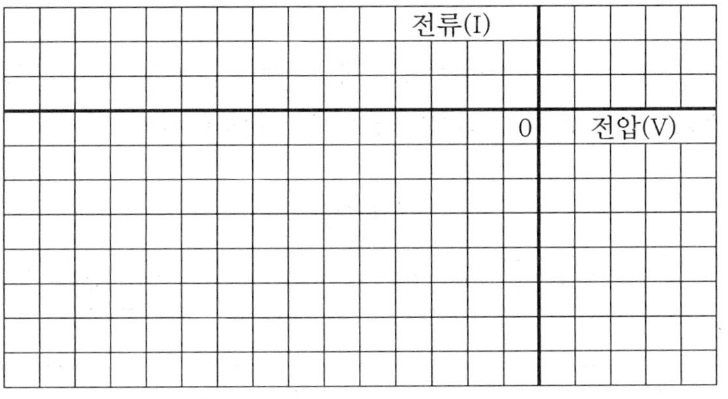

3〉 실험으로부터 제너다이오드 1N4735의 V_Z 값은?

4〉 위의 두 그래프들에 대해 역방향특성의 차이점은 무엇인가?

3. 전압 조절기 조건

위의 제너 회로실험에서 무부하일 경우에 그래프를 그려보았다. 그러나 이 회로에서 실제로 응용하여 사용하려면 실제로 그림과 같이 부하(R_L)를 연결해야 한다.

다음 그림과 같이 부하저항이 연결된 회로를 구성하시오.

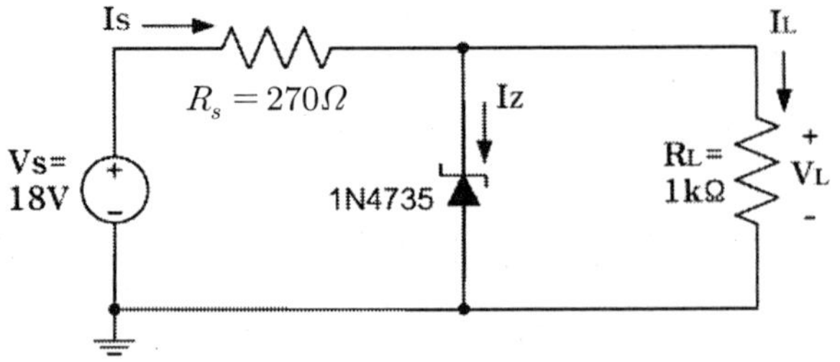

1〉 예비보고서를 바탕으로 전원전류(I_S), 제너전류(I_Z), 부하전류(I_L) 및 출력전압 (V_L)을 측정하여 이론치와 실험치를 비교 · 검토하시오.

[표 3]

	V_Z[V]	V_L[V]	I_S[mA]	I_L[mA]	I_Z[mA]
이론치					
측정치					
오 차					

2〉 Kirchhoff 전류법칙 및 전압법칙이 성립하는가? 수치로 증명하시오.

- $I_s = I_Z + I_L$

- $-V_s + V_{Rs} + V_L = 0$

- $V_Z = V_L$

3〉 위의 회로에서 부하저항(R_L)을 100Ω으로 한다면 제너다이오드(1N4735)는 전압 안정기로 여전히 동작하는가? $V_Z = 6.2\,V$가 되지 않으면 그 이유는 무엇인가를 등가회로를 구한 후 답하시오.

	이론치	측정치	오 차
V_{TH}[V]			
V_L[V]			

4. 전압 조절기

다음 회로를 구성(실험 19장의 전파정류회로 참조)하고 물음에 답하시오.

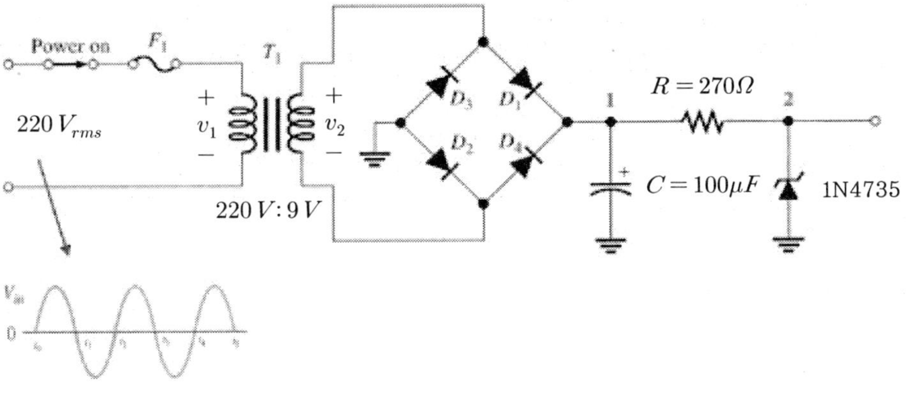

1〉 오실로스코프의 눈금(시간, 전압)을 조정하여 순서대로 파형을 그리시오.

▶ 청색 팬: 변압기 2차 전압(v_2)

▶ 적색 팬: 커패시터 C 양단전압(V_C)

▶ 흑색 팬: 제너다이오드 양단전압(V_Z)

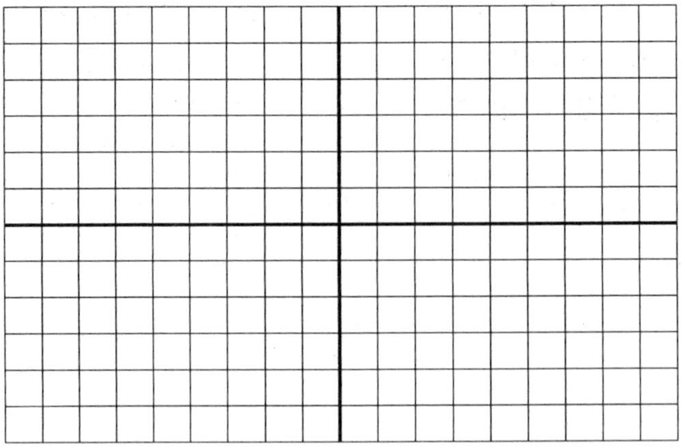

2〉 오실로스코프를 이용하여 위의 그래프로부터 다음 값을 구하시오.

	변압기 2차 전압			전압	
	$V_{pp(2)}$	$V_{p(2)}$	f_{in}	V_C의 평균값	V_Z
이론치					
측정치					

토의사항

1. Zener 다이오드의 전류-전압특성 그래프를 그리시오.

2. 제너다이오드의 기호는?

3. 제너다이오드에서 부하를 연결할 때, 무조건 제너전압이 출력되는 것이 아니다. 정상적으로 동작하려면 어떤 조건이 만족되어야 하는가?

4. 제너(Zener) 다이오드는 주로 어디에 활용되는가?

실험 20 LED 및 그 응용회로

실험목적

인간에게 시각적인 효과를 제공하는 광학적인 색상을 발생시키는 다이오드의 사용방법, 제한사항 및 기본적인 동작회로 등의 다양한 응용회로를 설계하는 기법을 익혀 이의 동작원리를 이해한다.

기초이론

1. 실험을 위한 예비지식

발광 다이오드(LED: Light-Emitting Diode)는 자신의 단자에 전류나 전압이 인가 될 때 빛을 발생시키는 반도체 소자로, 광전자 소자로 구분하기도 한다. 그 이유는 발광 다이오드가 광학과 전자공학의 결합체이기 때문이다. LED는 백열전구에 비해서 긴 수명과 낮은 소비전력을 갖기 때문에 전자장비에서 가장 널리 사용되는 광원이다.

1〉 LED 기호 및 단자구분

그림 20-1(a)는 가장 널리 사용되는 LED의 회로기호를 표시하고 있다. 두 개의 화살표는 LED가 발광하고 있음을 표시한다. 일반적인 LED 패키지의 외형이 그림 20-1(b)에 표시되어 있다. 이 패키지에는 애노드(Anode)와 캐소드(Cathode)라는 두 단자가 포함되어 있으며 쉽게 판별할 수 있다.

(a) 회로 기호 (b) 단자 구분법

[그림 20-1] 발광 다이오드 기호 및 단자구분

LED의 애노드와 캐소드 단자를 구분하려면 윗 그림에서 캐소드 단자는 애노드 단자에 비해서 짧은 단자를 가지거나, 단자가 편평하고 케이스의 편평한 면에 가까이 있게 돼서 애노드 단자와 구분된다.

LED는 다른 반도체 다이오드와 유사하게 기본적으로는 PN접합형 다이오드와 같이 순방향으로 바이어스되거나 역방향으로 바이어스된다. 순방향으로 바이어스되면 순방향 전류에 대한 응답으로 빛을 발광한다. 에너지의 이와 같은 발산은 열에너지, 광 에너지일 수도 있다.

2〉 광학 전자기 스펙트럼

다음 표는 광학 전자기 스펙트럼을 나타낸다. LED를 구성하기 위해서 사용되는 물질의 종류는 발광되는 주파수와 색깔을 결정한다. 예를 들면 LED를 제조할 때 사용되는 서로 다른 화합물은 LED가 순방향으로 바이어스될 때, 빨강색, 노랑색, 녹색, 파랑색, 흰색, 오렌지색 혹은 눈에 보이지 않는 적외선(infrared)을 발광시킨다. 특히 적외선센서는 자동문, 침입방지 시스템에 많이 활용된다.

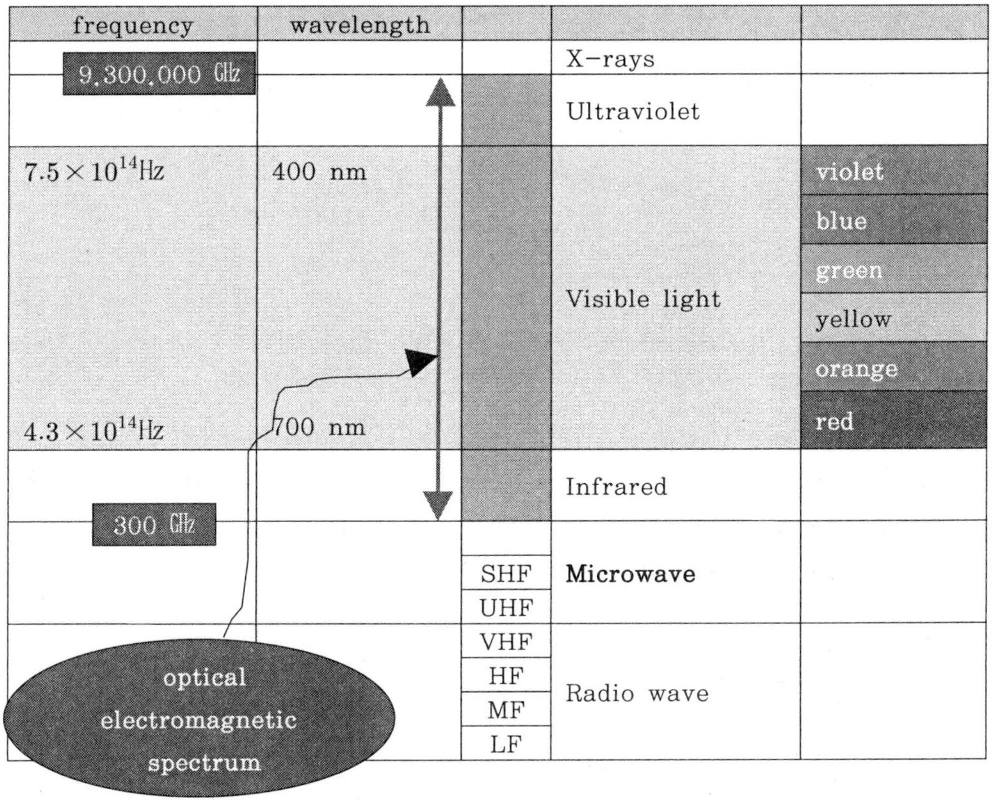

[그림 20-2] 광학 스펙트럼

3) LED 특성

LED 특성곡선은 높은 순방향 전압정격(V_F: 보통 +1V에서 +3V 사이)과 낮은 순방향 전류정격(I_F:보통 20mA에서 50mA 사이)을 가진다. 대부분의 응용회로에서 LED는 2V의 순방향 전압강하와 20mA의 순방향전류를 갖는다.

LED는 순방향전류가 data book상의 LED의 최대 순방향전류 I_{FM}이나 I_{FMAX}를 초과하지 않도록 한다. 이 문제는 과도한 전류로부터 다이오드가 손상받지 않도록 직렬로 연결된 제한용 저항으로 해결할 수 있다.

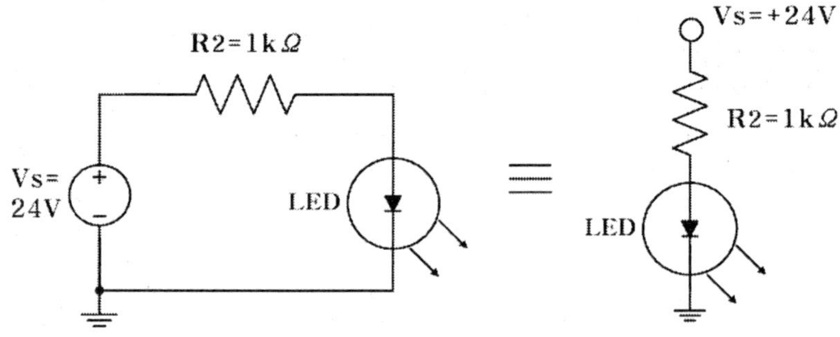

[그림 20-3] LED의 전압-전류 해석

이 회로에서 전류를 계산하기 위해서는 전원전압으로부터 직렬 저항양단에 공급되는 전압강하를 구해야 하므로 LED 양단에 걸리는 2V의 전압강하를 빼줘야 한다. 그리고 Ohm 법칙을 이용해서 저항양단에 나타나는 전압강하를 저항값으로 나누면 된다. 그림 20-3로 부터 계산된 값은 다음과 같다.

$$I = \frac{V_S - V_{LED}}{R_S}$$

$$I \simeq \frac{24V - 2V}{1k\Omega} = \frac{22V}{1k\Omega} = 22mA$$

역방향 특성으로 LED의 역방향 항복전압은 일반 다이오드의 항복전압에 비해서 대단히 작다(V_{BR}: 보통 -3V에서 -10V). 이것은 LED가 아주 작은 역방향 전압에서도 항복되거나 손상을 받게 된다는 사실을 의미하게 된다.

특히 LED를 이용하여 실험을 수행할 때, 극성을 분명히 확인해야 한다. 멀티미터를 이용하여 간단히 확인할 수 있다.

2. 응용 회로해석

회로에 교류전압이 존재하는지의 여부를 판단하는데 LED는 자주 사용된다. 교류전압이 있을 경우, 이 교류의 양의 반주기에 대해 LED가 동작(on)하여 그 곳으로 전류가 흐른다. 또한 음의 반주기에 대해 LED는 동작하지 않고, 정류 다이오드가 동작(on)하므로 LED에 너무 큰 전압이 걸리지 않도록 하므로 LED를 보호할 수 있다.

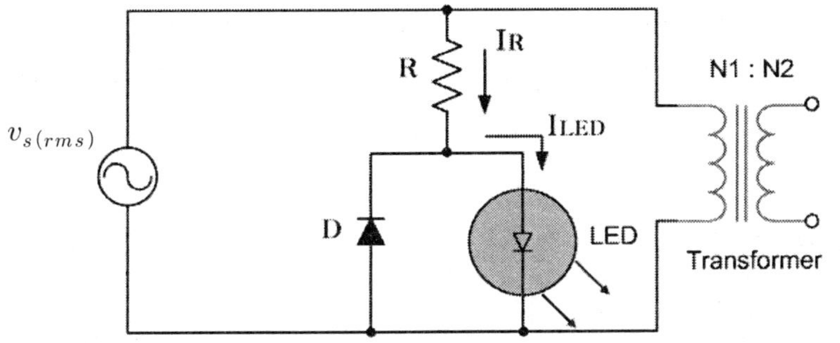

[그림 20-4] LED 응용회로

위의 회로에서 전원전압의 피크값은 $V_{S(peak)} = \sqrt{2}\,V_S[V]$ 이다. LED의 전압강하는 약 2[V]이지만 회로를 간략화하기 위해 이 전압강하를 무시하면 저항양단의 전압은 피크값이 걸린다고 할 수 있다. 따라서 이 저항 R을 흐르는 피크전류는 다음과 같다.

$$I_{R(peak)} \simeq \frac{\sqrt{2}\,V_S}{R}[A] \qquad (20-1)$$

LED가 순방향이면 전류가 흐르므로 빛이 발생한다. 역방향이면 LED를 흐르는 전류가 0이므로 빛은 발생하지 않는다. 따라서 LED를 흐르는 전류파형은 반파신호가 된다. 이로부터 LED를 흐르는 반파전류의 평균값은 다음과 같이 계산된다.

$$I_{LED(dc)} = \frac{\text{피크전류}_{(\text{저항양단의})}}{\pi} = \frac{I_{R(peak)}}{\pi}[A] \qquad (20-2)$$

마지막으로 저항에서 소비되는 전력을 구해보자. 다이오드 전압강하를 무시하면 직렬저항 R의 오른쪽 끝이 접지된다고 생각할 수 있다. 따라서

$$P_R = \frac{\text{실효전압의제곱}_{(\text{저항양단의})}}{\text{저항}} \simeq \frac{V_S^2}{R}[W] \qquad (20-3)$$

만약 위의 회로에서 저항 R대신에 커패시터 C를 사용하면 어떤 이점이 있는가? 커패시터에서 전압과 전류는 90°의 위상차가 있으므로, 커패시터에는 전력손실이 없다. C는 크기가 작고 열이 발생하지 않으므로 회로 설계자들이 많이 애용한다.

[실험장비 및 부품]

사용장비	품 목	정 격	소요량
Multimeter	Resistor	150Ω, $1k\Omega$	각 1개
Breadboard	LED	Green, Red	각 1개
Power Supply	Diode	1N4001	1개

[예비보고서]

1. 다음 회로에 대해 각각의 전류 및 전압값을 구하시오. 전원전압은 실효값이며 LED가 순방향이면 약 2V의 전압강하가 있다고 가정한다.

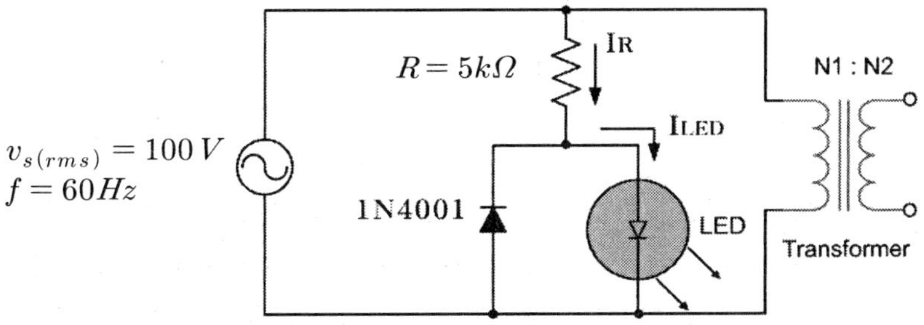

1) LED가 순방향일 때, I_R과 I_{LED}를 구하시오.

2) LED가 역방향일 때, I_R과 I_{LED}를 구하시오.

3) 저항 $R = 1\text{k}\Omega$ 일 때, 이 저항에서 소비되는 전력은?

2. 저항과 같은 임피던스값을 가지는 커패시터(C)로 교체해 다음을 구하고자 한다.

1) 용량성 임피던스(X_C)를 구하시오. 이로부터 적정한 C값을 구하시오.

2) C에서 소비되는 전력을 구하시오.

[결과보고서]

실험제목					
실험일자	월 일 (요일)			담당교수	㊞
실 험 조		학 번		성 명	

1. 다음과 같이 단자의 직류전압극성을 검출하는 LED 응용회로를 구성하시오.
   항공기용 제너패널에서 단일 LED 페키지 내부에 이중 컬러 LED가 있다. 정상적으로 동작하면 녹색으로 발광하고 오동작을 할 경우에는 적색으로 표시되어 사용되도록 하기위해 이중컬러 LED를 사용한다.

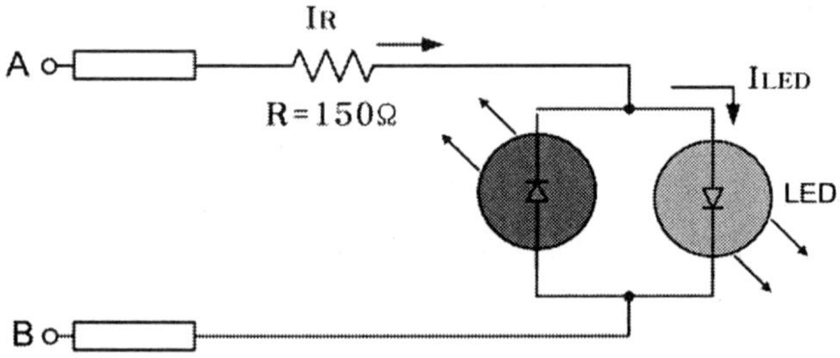

1〉 직류전압의 극성에 따라 LED의 ON/OFF를 표시하시오.

단자 A	단자 B	LED(green)	LED(red)
+5V	0V		
0V	+5V		

2〉 저항을 흐르는 전류(I_R)를 구하시오.

3〉 단자 A, B에 구형파를 입력할 때 주파수에 따른 결과를 설명하시오.

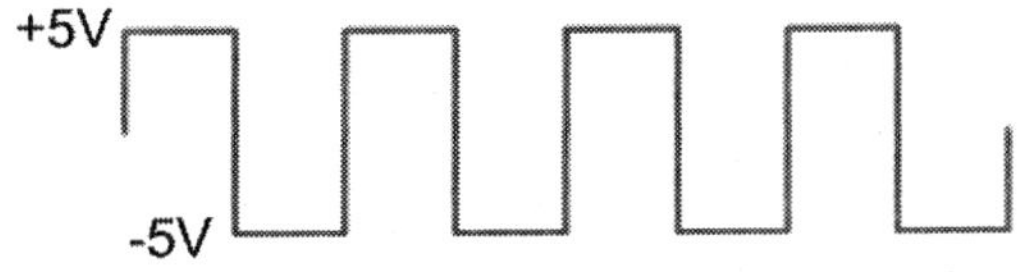

- f= 10Hz:
- f= 1kHz :

2. 다음 회로를 구성하고 물음에 답하시오.

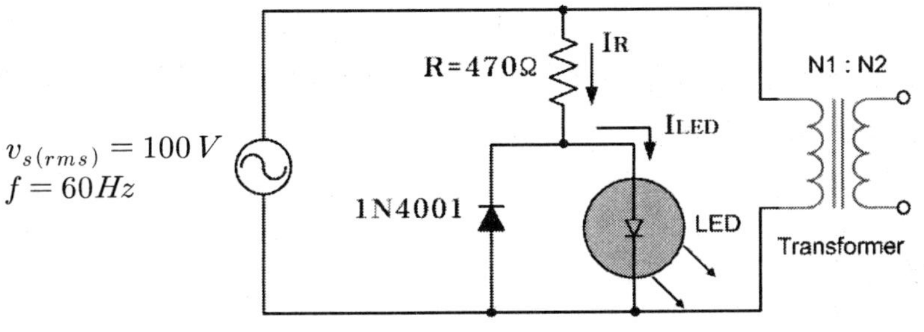

1〉 교류전원전압이 +일 때, 등가회로를 그리시오.

2〉 교류전원전압이 - 일 때, 등가회로를 그리시오.

3> 오실로스코프를 이용하여 I_R과 I_{LED}의 파형 그래프를 그리시오.

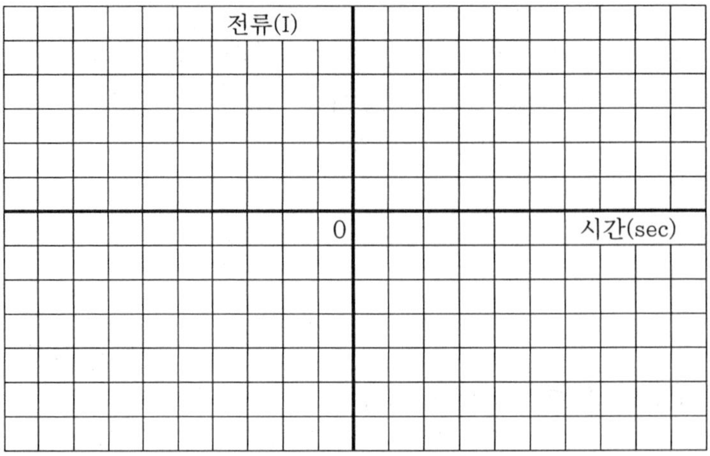

4> 위의 회로에서 다음 값을 측정하여 구하시오. 아래에 나타낸 값이 특별히 언급하지 않으면 모두 실효값(rms)을 나타낸다.

	R	V_R	I_R	$I_{LED(dc)}$	P_R
이론치					
측정치					

5> 위의 회로에서 저항(R)대신에 같은 임피던스를 가지는 커패시터(C)로 교체하여 다음 값을 측정하고자 한다. 특별히 언급하지 않으면 실효값(rms)을 나타낸다.

	C	X_C	I_C	$I_{LED(dc)}$	P_{Xc}
이론치					
측정치					

6> 저항과 커패시터를 사용시에 각각의 차이점은 무엇인가?

토의사항

1. LED는 순방향일 때, 빛을 발생한다. 만약 역방향이 되면 쉽게 손상된다. 이것을 방지하기 위해 어떻게 사용하는가?

2. 커패시터는 전력을 소비하는 소자가 아니므로 저항회로를 대신할 수 있다. 특히 퓨즈의 고장여부를 검사하는 회로에 사용하려면 위 회로를 변경하여 설계해 보시오.

3. LED에서 단자를 어떻게 연결해야 빛이 발생하는가?

실험 21 BJT 특성

실험목적

트랜지스터는 다이오드를 기반으로 하여 두 개의 접합들로 이루어진 3단자 소자(이미터, 베이스 및 컬렉터)로서 증폭작용 또는 스위칭작용이 가능하다. 트랜지스터의 동작조건을 익히기 위해 입력 및 출력특성을 파악한다.

기초이론

트랜지스터는 거의 모든 전자장비에 반드시 있는 소자라고 할 수 있다. 이미 배운 다이오드의 기본적인 사항을 바탕으로 차근히 해석을 한다면 관련 트랜지스터 특성들을 무리없이 이해할 수 있을 것이다.

1. 트랜지스터(transistor) 작용

트랜지스터란 단어 'trans'와 'resistor'의 합성어로서 측정단자에 따라 측정 저항값이 다르다는 것이다. 즉 전류가 흐르면 해당 전류값이 달리 측정된다는 것이다.

1〉 트랜지스터 구조 및 기호

우리는 다이오드 특성에 대해 배웠다. 그림 21-1에서 다이오드와 트랜지스터는 P형 반도체와 N형 반도체의 조합으로 이루어져 있다. 트랜지스터는 3개의 단자들를 가지며 각각 이미터(E: emitter), 베이스(B: base) 및 컬렉터(C: collector)라 부른다. 트랜지스터는 두 개의 접합을 가지며 각각 이미터-베이스 접합과 컬렉터-베이스 접합이라 부른다. 상용 트랜지스터인 2N3904, 2N2222A, C1959 등에서 2N은 두 개의 접합들을 의미한다.

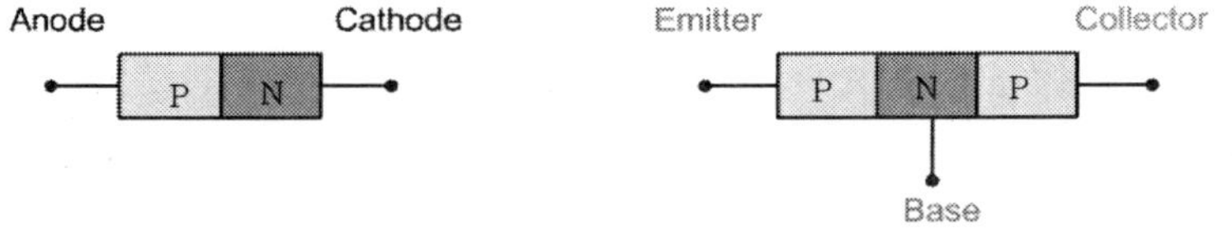

(a) 다이오드(2단자)　　　(b) 트랜지스터(3단자)

[그림 21-1] 다이오드와 트랜지스터 구분

2) 트랜지스터 종류 및 구분법

그림 21-2는 트랜지스터의 두 가지 형태들(types)을 나타낸다. 하나는 NPN형으로서 두 개의 N형 사이에 P형 영역이 사이에 끼여 있는 상태이고 나머지 하나는 PNP형으로서 두 개의 P형 사이에 N형이 끼인 구조이다. 트랜지스터가 NPN형 혹은 PNP형이든지 간에 화살표가 붙은 곳이 이미터(emitter)이다.

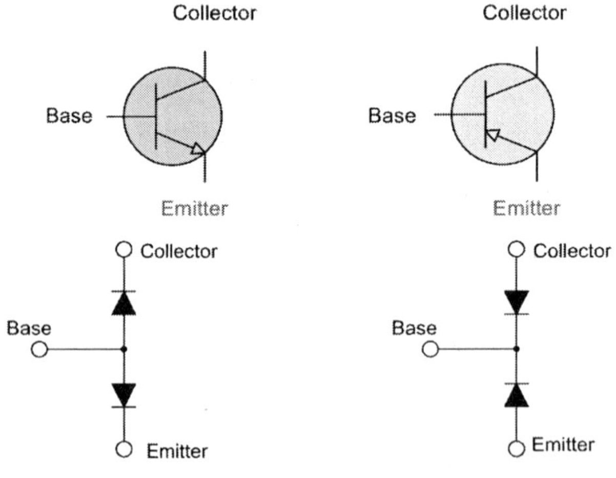

(a) NPN　　　(b) PNP

[그림 21-2] 트랜지스터의 기호 및 다이오드 등가구조

트랜지스터는 두 개의 다이오드를 서로 역으로 직렬연결한 구조로서 이 그림만으로는 단순히 트랜지스터의 신호증폭을 설명하기 어렵다. 신호증폭에 대한 설명은 이후에 언급한다.

그림 21-3은 상용되고 있는 여러 가지 트랜지스터의 종류 및 외관을 나타낸다.

[그림 21-3] 트랜지스터의 종류 및 외관

그림 21-4는 IC로 제작된 다이오드와 트랜지스터의 단면을 나타낸다. 이것들의 제작방법은 다이오드제작에 사용된 비슷한 기술이 활용되고 P형과 N형의 조합으로 이루어져 있다. 집적회로(IC)공정에서 다이오드는 트랜지스터를 이용하여 간단히 구현할 수 있다. 그림 (a)의 다이오드는 그림 (b)의 트랜지스터에서 베이스와 컬렉터를 서로 연결하면 다이오드가 된다.

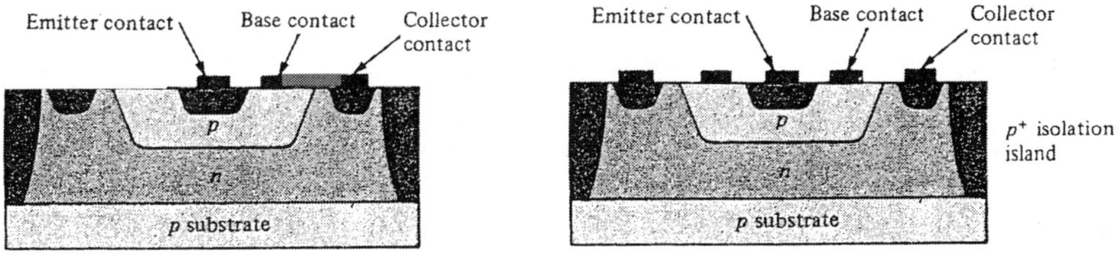

(a) diode (b) transistor

[그림 21-4] 다이오드 및 트랜지스터의 IC 단면도

2〉 트랜지스터에서 전류는 어떻게 제어되는가?

우리는 다이오드에서 배운 화살표에 그 의미를 두면 그 해석이 쉽게 된다. 즉 베이스(B)와 이미터(E)가 순방향 바이어스(forward-baised)되면 컬렉터에서 이미터를 전류가 흐르는 통로가 만들어진다. 또한 베이스(B)와 이미터(E)가 역방향 바이어스(reverse-baised)되면 컬렉터 전류(I_C)는 0이 된다.

그림 21-5는 NPN형에서 베이스전류(I_B)에 따른 컬렉터전류를 나타낸 것이다.

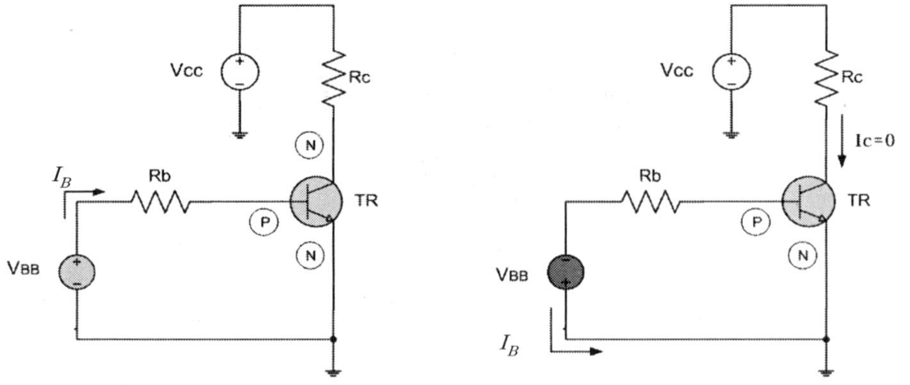

(a) 순방향 바이어스 (b) 역방향 바이어스

[그림 21-5] 간단한 트랜지스터 동작과 차단

그림 21-6는 BJT의 동작원리 및 바이어스에 따른 각 전류의 방향을 표시하고 있다. 쌍극성 접합 트랜지스터(BJT: bipolar junction transistor)란 전류에 영향을 주는 것들이 전자들(electrons)과 정공들(holes)인 두 개이고 P와 N의 접합으로 이루어져 있기 때문이다. 어떻게 하여 전류가 흐르는 살펴보자. 먼저 이미터-베이스 접합이 '**순방향 바이어스**'되어 이미터에서 전자들이 쉽게 베이스로 넘어간다. 이 전자들중에서 적은 수가 베이스에서 정공들과 결합하여 베이스전류를 형성한다. 컬렉터-베이스 접합에 도달한 대부분의 전자들은 큰 역바이어스전압으로 인해 컬렉터쪽으로 끌려간다. 그러나 베이스전류(I_B)가 없다면 트랜지스터는 동작하지 않는다. BJT 트랜지스터는 전류모드로 동작하며 I_B(base 전류)의 크기에 따라 컬렉터에서 이미터로 혹은 이미터에서 컬렉터로 흐르는 전류가 조절된다.

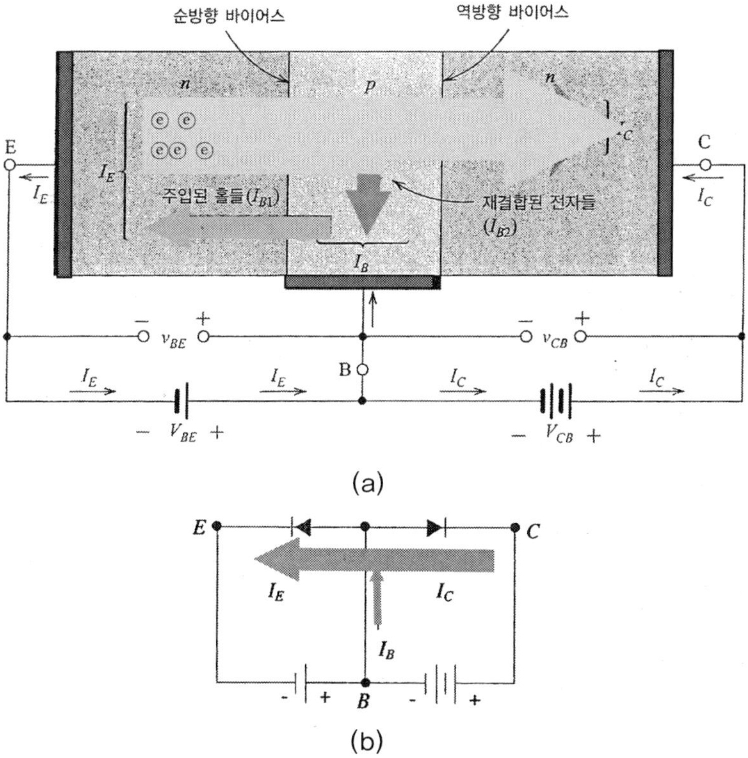

[그림 21-6] NPN 바이폴러 트랜지스터 동작원리 및 바이어스

3> 트랜지스터에서 단자구분

각 단자들을 구분하는 여러 가지 방법으로 측정계기를 이용하든지 데이터북(databook)을 참조한다. 각 단자는 제작회사에 따라 Emitter, Base 및 Collector 단자들의 위치가 서로 다르므로 주의한다.

2. 트랜지스터(transistor) 전류-전압특성

1> 왜 컬렉터전류(I_C)와 이미터전류(I_E)는 거의 같은가?

우리가 자주 사용하는 NPN형 쌍극성 트랜지스터에서 우선 KCL을 적용해 보자. N형 이미터에서 전자들이 P형인 베이스로 흘러 들어간다. 베이스영역은 아주 좁으므로 극히 일부가 정공들과 재결합한다. 그러나 대부분의 전자들이 컬렉터영역으로 넘어가서 컬렉터전류를 형성한다.

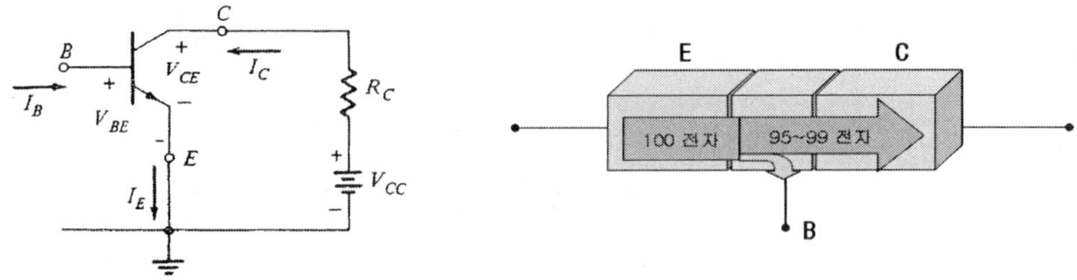

[그림 21-7] BJT에서 각 단자의 바이어스 및 전류분배

NPN 트랜지스터에서 KCL을 적용하고, 베이스전류가 아주 적다고 하면(실제로 아주 작다.) 다음 식이 성립한다.

$$I_E = I_C + I_B, \qquad I_E \simeq I_C$$

좀 더 구체적으로 설명하면 이미터전류(I_E)와 컬렉터전류(I_C)의 비를 이미터 주입효율(emitter injection efficiency)이라고 하며, 대략 0.95~0.99로 거의 1에 가깝다. 즉 그림 21-7에 나타낸 것처럼 거의 모든 전자가 컬렉터로 전달된다는 것이다.

$$\alpha = \frac{I_C}{I_E} \simeq \frac{99}{100} = 0.99$$

또한 베이스전류(I_B)와 컬렉터전류(I_C)의 비를 전류증폭률(h_{fe} or β)이라 부른다. 즉, 베이스 전류변화가 약 100배의 컬렉터 전류변화를 만든다는 것이다.

$$\beta = \frac{I_C}{I_B} = \frac{I_C}{I_E - I_C} = \frac{I_C/I_E}{I_E/I_E - I_C/I_E} = \frac{\alpha}{1-\alpha} \simeq \frac{99}{1} = 99$$

2) 입력 및 출력특성

우리는 앞에서 다이오드 특성을 학습하였다.

그림 21-8은 BJT에서 입력특성은 서로 다른 V_{CE} 값에 따른 I_B 대 V_{BE} 그래프를 나타낸 것이다. 이 곡선으로부터 V_{cut-in}과 $V_{turn-on}$을 구할 수 있다.

컬렉터를 이미터에 단락시키고 이미터를 순방향 바이어스하면 입력특성은 다이오드 특성과 동일하다. 반면 V_{CE}=2V이면 Early 효과에 의해 I_C가 증가한다.

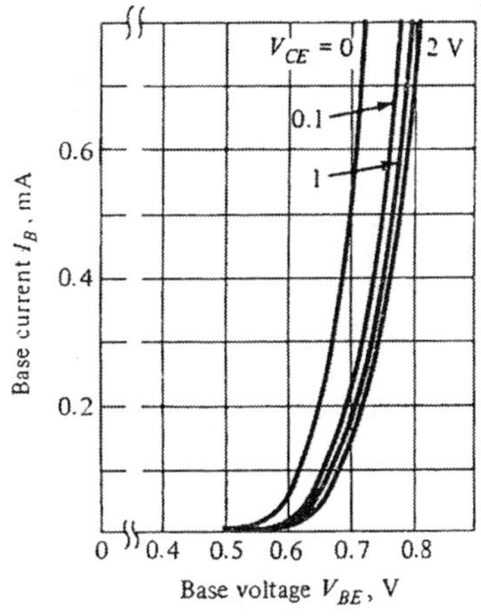

[그림 21-8] 2N2222A 입력특성

그림 21-9는 서로 다른 베이스전류(I_B)에 대해 I_C 대 V_{CE} 그래프를 나타낸 것이다. 입력전류 I_B를 제어함으로써 출력전류 I_C를 결정할 수 있다.

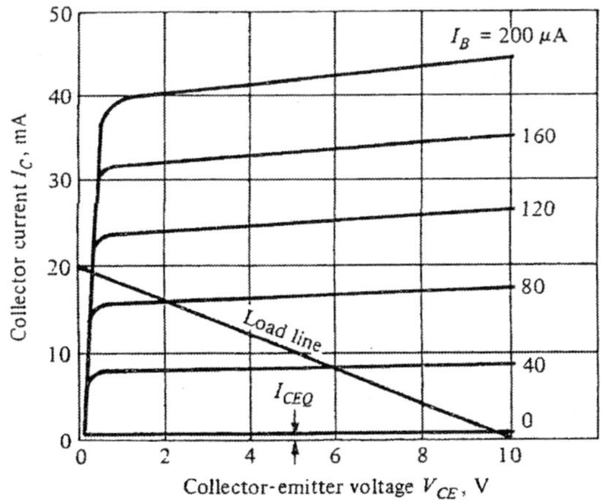

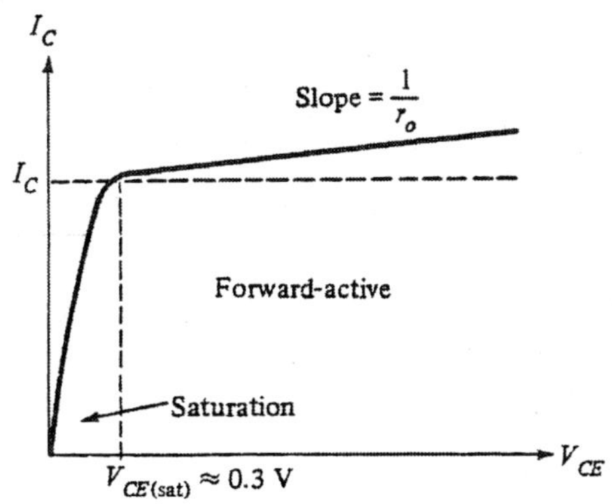

[그림 21-9] 2N2222A 출력특성

일반적으로 바이어스를 조절하여 베이스전류(I_B)를 일정하게 한다. 이 때 V_{CE}를 증가시키면 그림 21-6에서 처럼 컬렉터전류가 약간 증가하는데 이는 유효 베이스폭이 감소하여 전자들이 재결합되는 확률을 감소시켜 컬렉터로 더 많은 전자들이 끌려가기 때문이다. 이 현상을 Early효과라고 부른다. 즉 V_{CE}의 변화로 I_C가 변화하므로 이것의 기울기를 구하면 등가저항값(r_0)을 구할 수 있다. 이는 추후 논의할 등가회로 모형에 활용된다.

3〉 동작영역

트랜지스터를 두 가지 부류로 구분하면 작은 교류신호를 큰 신호로 바꾸는 것(증폭작용)과 ON/OFF 역할을 하는 것(스위칭 작용)으로 구분된다. 두 가지 활용 분야인 증폭작용과 스위칭작용으로 구분하면 활성영역은 증폭작용에 사용되며 포화영역과 차단영역은 스위칭의 on 및 off로 사용된다. 이 사실은 추후 트랜지스터의 동작영역을 다루는 바이어스 문제를 언급할 때 반드시 고려해야 한다.

그림 21-9를 살펴보면 트랜지스터의 동작모드가 모두 나타난다.

– 활성영역(active region)

: 베이스전류(I_B)가 흘러 트랜지스터가 ON되고 컬렉터-이미터간 전압(V_{CE})이 0.3V이상이 되면 트랜지스터는 증폭기로 동작한다. 이 영역에서 유념해야 할 사항은 **E-B는 순방향**이고 **B-C는 역방향**이다.

우리는 이 영역을 전류원 영역이라고 부른다.

– 포화영역(saturation region)

: 베이스전류(I_B)가 너무 많이 흘러 트랜지스터가 ON되어 컬렉터-이미터전압이 너무 작아 닫힌 스위치이다. 이 영역에서는 **E-B는 순방향**이고 **B-C도 순방향**이다.

– 차단영역(cutoff region)

: 베이스전류(I_B)가 너무 작거나 0이면 트랜지스터는 OFF되므로 컬렉터전류(I_C)가 0이다. 이것은 보면 열린 스위치이다. 또한 이 영역에서는 **E-B는 역방향**이라면 컬렉터 전류가 흐르지 못한다.

그림 21-10은 베이스영역에서 전자들의 분포에 따라 동작모드를 이해하는데 도움을 준다. 차단영역은 전자들의 분포가 없으며 포화는 너무 많은 전자들이 있다.

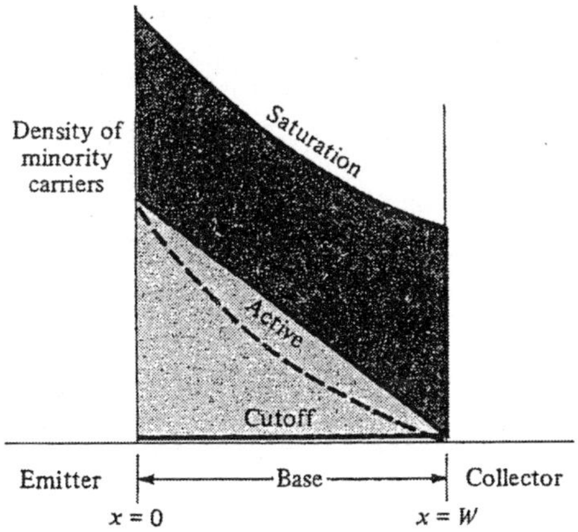

[그림 21-10] 베이스영역에서 전자들의 분포에 따른 동작모드

4) 등가회로 모형

특성곡선을 검토하면 트랜지스터는 전류원(current source)으로 사용된다. 이는 전압의 변화에 관계없이 어떤 부하에 일정한 전류를 공급할 수 있기 때문이다.

우리는 기초 회로이론에서 전류원의 등가모형에서 이상전류원과 병렬로 내부저항이 있다는 것을 배웠다. 이상전류원은 βI_B이며 등가 내부저항은 r_0로 나타낸다. 그림 21-9를 참고하면 활성영역에서 그림 21-11과 같은 등가회로를 그릴 수 있으며 회로해석시 이 등가모형을 자주 이용한다.

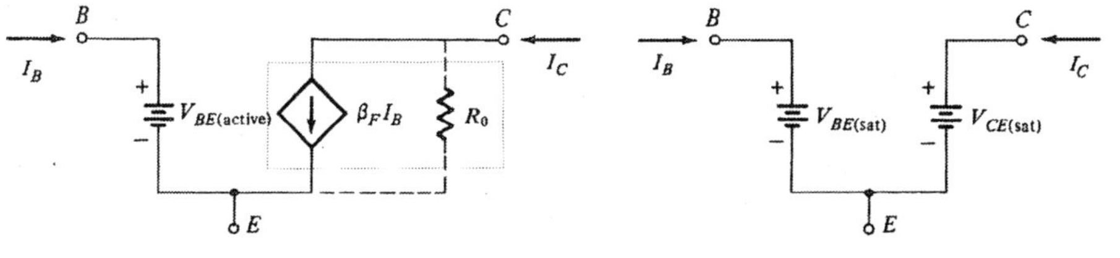

(a) 활성영역(전류원영역) (b) 포화영역

[그림 21-11] 동작영역에 따른 트랜지스터 등가회로

5) 트랜지스터의 전달특성

전달특성이란 입력 대 출력의 관계를 나타낸 것이다. 트랜지스터로 구현되는 그

림 21-12의 인버터(inverter)회로를 살펴보자. 먼저 입력전압(v_{in})이 변하면 베이스전류(I_B)도 변한다. 이에 따라 켈렉터전류(I_C)도 앞에서 설명한 동작모드에 따라 동작하여 이에 대응하는 출력전압(v_o)을 구할 수 있다.

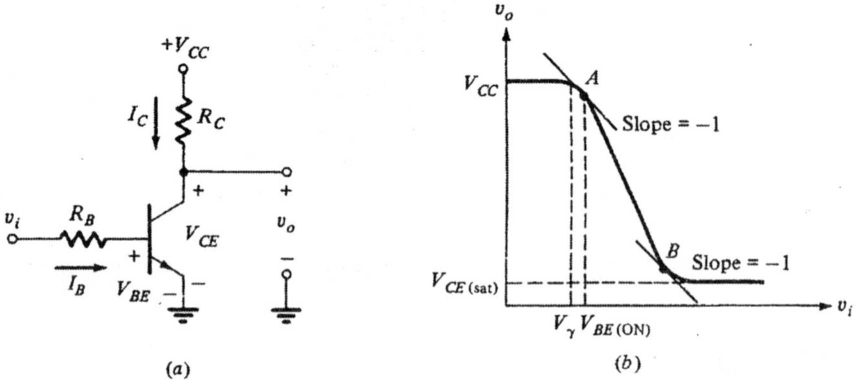

[그림 21-12] 트랜지스터 회로의 전달특성 곡선

- $V_i \leq 0.5$이면 트랜지스터는 차단되어 출력전압은 $V_o = V_{CC}$가 된다.
- V_i를 서서히 증가시키면 트랜지스터는 on되며 컬렉터 전류가 흐르게 된다.
  활성영역에서 $V_{BE} = 0.7\,V$, $I_C = \beta I_B$ 이므로

  베이스 전류는 $I_B = \dfrac{V_i - V_{BE}}{R_B}$

  컬렉터 전압은 $V_C = V_{CC} - I_C R_C = V_{CC} - \beta I_B R_C$

$$= V_{CC} - \beta R_C \left(\frac{V_i - V_{BE}}{R_B}\right)$$

즉 출력전압은 입력전압의 증가에 따라 직선적으로 감소한다. 우리는 이 영역을 활성영역이라 부른다.

- 이 후 V_i를 계속하여 증가시키면 트랜지스터는 포화되기 시작한다.
  출력전압은 $V_o = V_{CE(sat)}$이 된다.

통상 V_{BE}가 순방향되어 트랜지스터가 on되면 **활성영역** 또는 **포화영역**에 동작한다. 이 때 두 영역의 구분은 어떻게 하는가? 먼저 트랜지스터가 활성영역에 있

다고 가정하여 V_{CE}값을 구하면 바이어스전압 V_{CC}와 관계를 논리적으로 비교하면 간단히 해결할 수 있다.

[실험장비 및 부품]

사용장비	품 목	규 격	소요량
DC Power Supply	Transistor	C1959, 2N3904	각 1개
Multimeter	Resistor	100Ω, $100k\Omega$, $1.5k\Omega$	각 1개
Breadboard	potentiometer	10kΩ	2개

[예비보고서]

다음 NPN 트랜지스터 회로에 대해 물음에 답하시오.

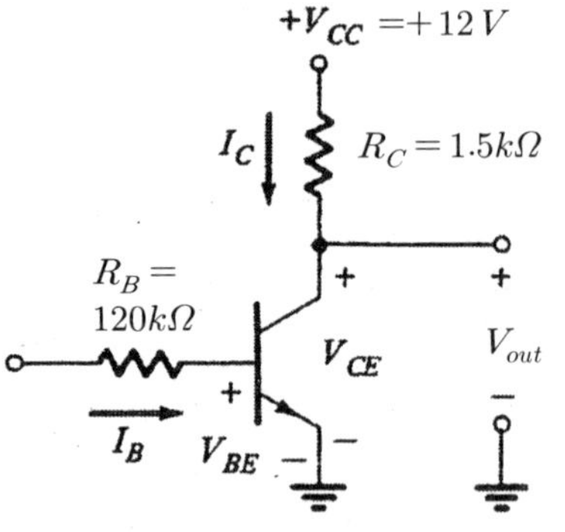

1. $V_{in} = 3\,V$, $V_{BE} = 0.7\,V$**이고** $\beta = 100$**일 때** I_B, I_C **및** V_{CE}**를 구하시오.**

1〉 $I_B =$

3〉 $V_{CE} =$

2〉 $I_C =$

4〉 $V_{CB} =$

5〉 위의 결과들로부터 주어진 회로에서 이미터 접합은 (순, 역) 방향 바이어스이고 컬렉터접합은 (순, 역) 방향 바이어스이다.
따라서 이 트랜지스터는 (활성, 포화, 차단) 영역에서 동작한다.

2. 다음 표를 완성하시오.

	V_{BE}	V_{CB}
활성(active)영역		
포화(saturation)영역		
차단(cutoff)영역		

3. 만약 $R_C = 5k\Omega$이 되면 위 트랜지스터는 어느 영역에서 동작하는가?

4. 만약 $V_{in} = +12V$이 되면 위 트랜지스터는 어느 영역에서 동작하는가?

[결과보고서]

실험제목					
실험일자	월 일 (요일)		담당교수	㉥	
실 험 조		학 번		성 명	

1. 트랜지스터 C1959 트랜지스터의 세 단자(Emitter, Collector 및 Base)를 구분하는 방법을 익힌다.

1〉 아래 그림과 같이 밑면의 3개 단자들에 임의로 번호를 부여한다.

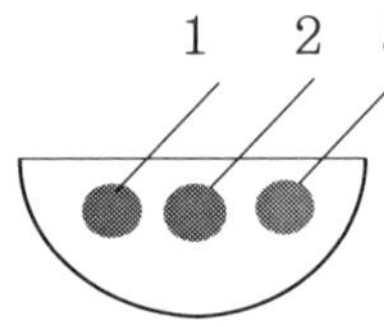

2〉 멀티미터의 선택스위치를 다이오드 스케일에 맞추든지 혹은 가장 큰 범위의 저항으로 맞춘다. 아래 표에 맞게 저항값을 기록한다.

순서	단자번호 극성		저항값	기 타
	+	−		
#1	1	2		
#2	2	1		
#3	1	3		
#4	3	1		
#5	2	3		
#6	3	2		

3〉 위의 표로부터 극성에 관계없이 두 단자가 높은 저항값을 지시하면 이를 단자들을 제외한 나머지 단자가 Base이다. 이를 6〉의 그림에 표기하시오.

4〉 다음은 **PNP 혹은 NPN을 구분**하자. 먼저 음(−)단자를 Base로 하고 양(+)단자를 나머지 한 단자에 접속한다. 이 경우 멀티미터의 저항값이 낮으면 이 트랜지스터는 PNP형이다. 반대로, 즉 양(+)단자를 Base로 하고 음(−)단자를 나머지 두 곳을 접속하여 저항값이 낮으면 이 트랜지스터는 NPN형이다.

5〉 마지막으로 Base를 제외한 나머지 두 단자 Collector와 Emitter를 구분하자.

▪ 트랜지스터를 **NPN형**이라 하자.

양(+)단자를 Base에 연결하고 음(−)단자를 나머지 두 개에 대해 교대로 접속한다. 저항값을 측정하면 상대적으로 더 낮은 저항값을 가지는 쪽이 Collector이다.

▪ 아니면 이 트랜지스터를 **PNP형**이라 하자.

양(−)단자를 Base에 연결하고 양(+)단자를 나머지 두 개에 대해 교대로 접속한다. 저항값을 측정하면 상대적으로 더 낮은 저항값을 가지는 쪽이 Collector이다.

6〉 측정된 세 단자들의 명칭들을 다음에 표시하시오.

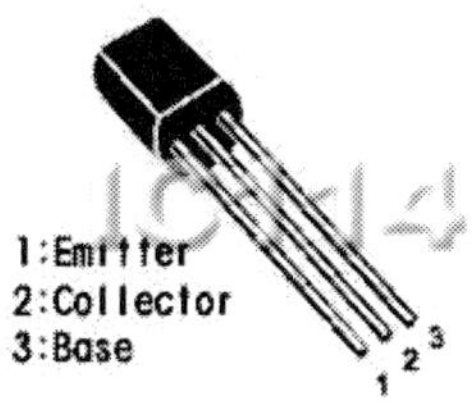

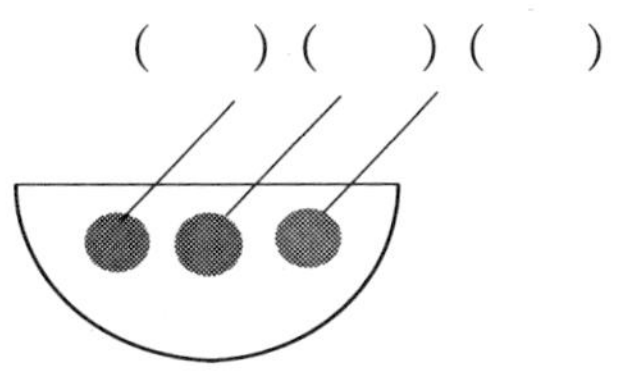

7〉 트랜지스터 2N3904에 대해 위의 과정을 반복하여 각 단자를 알아내시오.

순서	단자번호		저항값	기 타
	+	−		
#1	1	2		
#2	2	1		
#3	1	3		
#4	3	1		
#5	2	3		
#6	3	2		

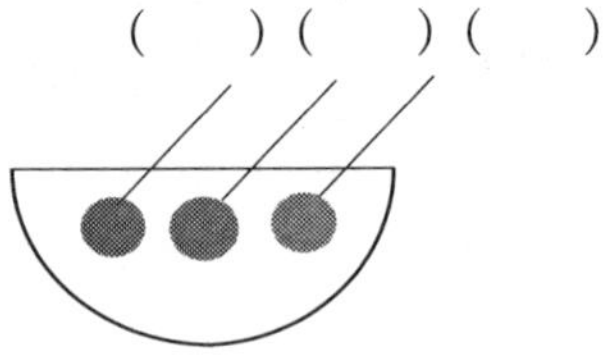

2. 트랜지스터 2N3904에 대해 입력특성을 구하고자 한다.

1〉 회로구성

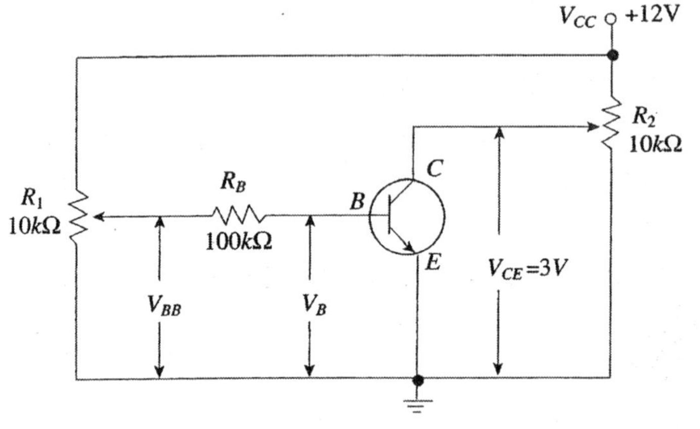

2〉 그림과 같이 가변저항 R_2를 조절하여 V_{CE}=3V로 하고 컬렉터와 베이스간 전압이 역방향이 되게 한다. 이 후 R_1을 조절하여 V_{BB}를 0에서 증가시킨다.

V_{BB}[V]							
V_{BE}[V]	0.3	0.4	0.5	0.55	0.6	0.65	0.7
$I_B[\mu A]$							

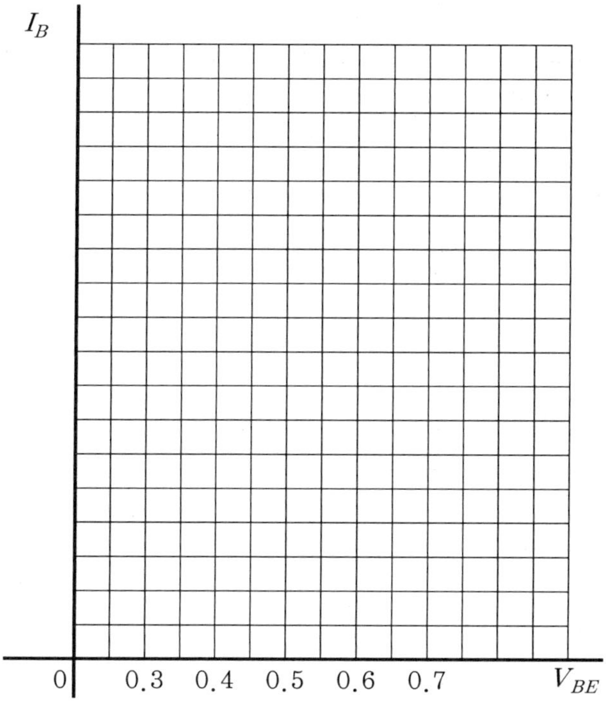

3. 트랜지스터 2N3904에 대해 출력특성을 구하고자 한다.

1〉 회로구성

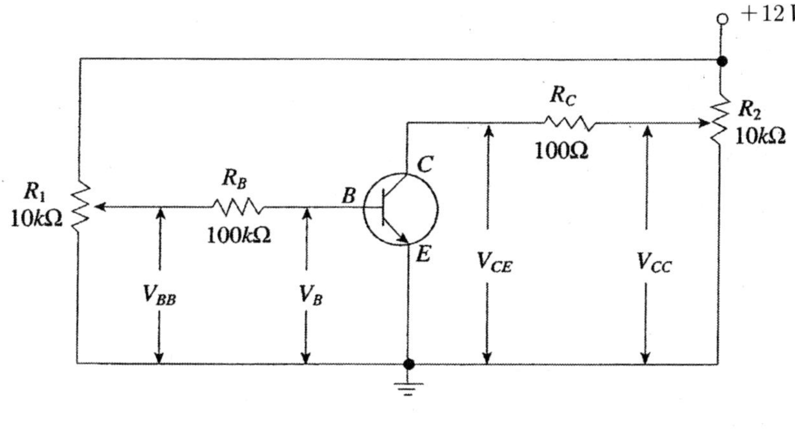

2〉 다음 표에 나타낸 전압 및 전류값을 측정하여 구하고 이를 바탕으로 그래프를 그리시오. 각 전류는 측정된 전압값을 이용하여 Ohm법칙으로 구하시오. 각 경우 그래프는 색상(적색, 청색 또는 흑색)을 달리하시오.

〈1〉 $V_{BB} = 1.7\,V,\ I_B = 10\mu A$

V_{CC}[V]	V_{CE}[V]	$I_C[mA]$	V_{BE}[V]	β	동작영역	비고
	10					
	6					
	3					
	1.5					
	1					
	0.5					
	0					

〈2〉 $V_{BB} = 3.7\,V,\ I_B = 30\mu A$

V_{CC}[V]	V_{CE}[V]	$I_C[mA]$	V_{BE}[V]	β	동작영역	비고
	10					
	6					
	3					
	1.5					
	1					
	0.5					
	0					

〈3〉 $V_{BB} = 5.7\,V,\ I_B = 50\mu A$

V_{CC}[V]	V_{CE}[V]	$I_C[mA]$	V_{BE}[V]	β	동작영역	비고
	10					
	6					
	3					
	1.5					
	1					
	0.5					
	0					

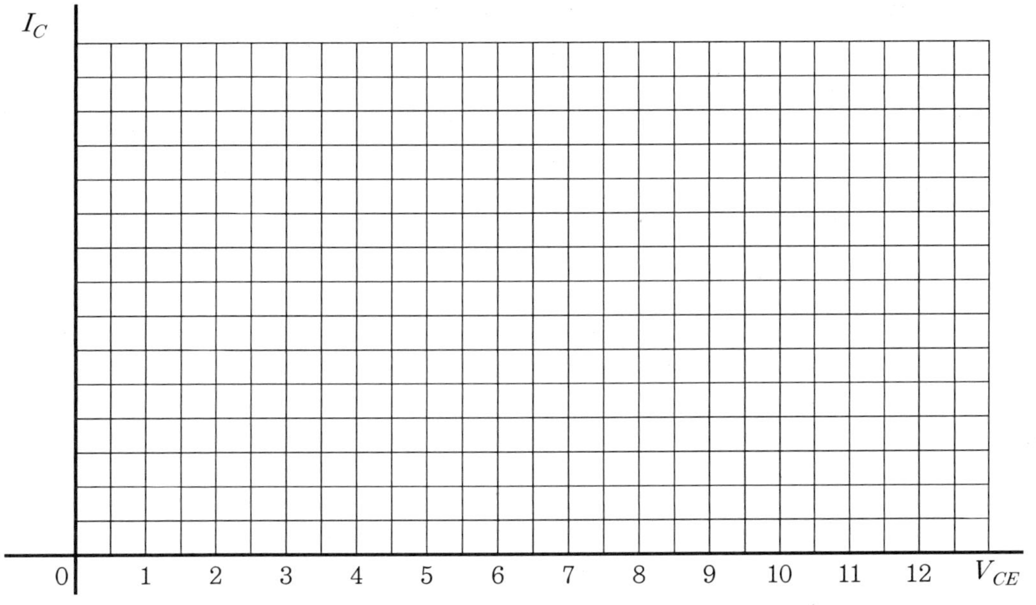

〈4〉 전압 V_{CE}는 어느 전압이상이면 I_C전류 기울기가 거의 완만한 수평이 된다. 그래프로부터 이 수평이 되는 전압값을 구하시오. 트랜지스터가 이 값 이상이면 활성(active)영역이라 하고 이 보다 작으면 포화(saturation)영역이다.

〈5〉 위 그래프의 세 개의 곡선들 중에서 어느 한 개에 대해 기울기 $\triangle V_{CE}/\triangle I_C$를 구하시오.

4. 트랜지스터 2N3904에 대해 V_{in} 대 V_{out}의 전달특성을 구하고자 한다.

1〉 다음 회로를 구성하시오.

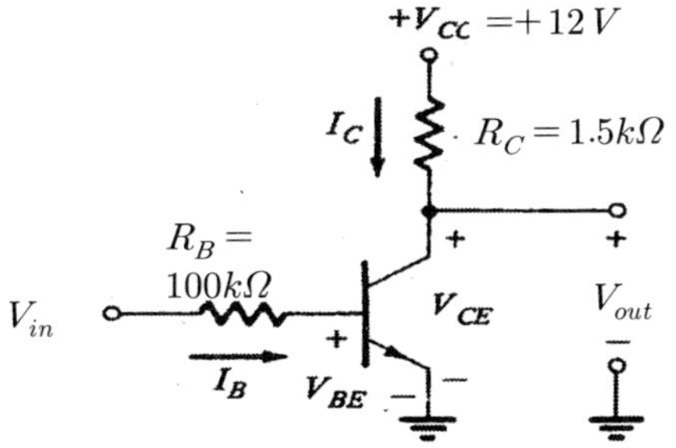

2〉 다음 표를 완성하고 이를 바탕으로 그래프를 그리시오.

V_{in}											
V_{BE}	0.1	0.2	0.3	0.4	0.5	0.55	0.6	0.65	0.7	0.75	0.8
$V_{CE}=V_{out}$											
동작영역											

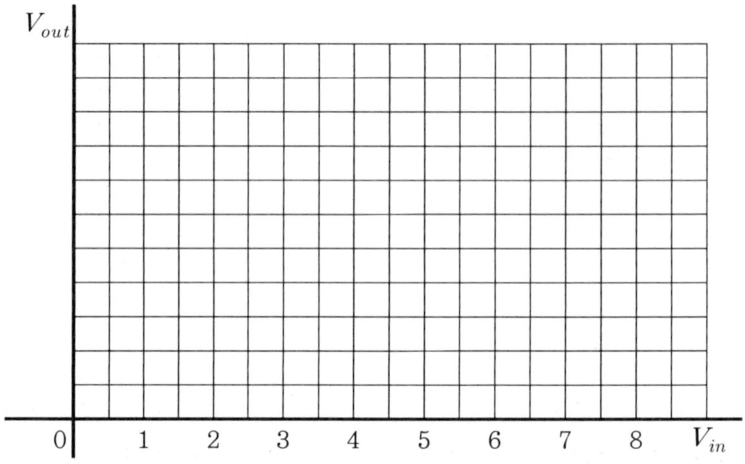

3〉 위의 그래프의 특성들을 바탕으로 다음 표를 완성하시오.

	V_{CE}		V_{BE}			
	edge of saturation	saturation	cut-in	active	saturation	cut-off
[V]						

토의사항

1. 극성에 관계없이 두 단자가 높은 저항값을 지시하면 이 두 단자들을 제외한 나머지 한 단자가 Base이다. 그 이유를 설명하시오.

2. 컬렉터와 이미터를 구분할 때, 왜 저항이 작은 쪽이 컬렉터인가?

3. 트랜지스터들의 이미터, 베이스 및 컬렉터 단자구분과 npn 또는 pnp를 구분하시오.
   1〉 2N3904 2〉 2N3906

4. 트랜지스터의 활성영역, 포화영역 및 차단영역은 어떻게 구분하는가?

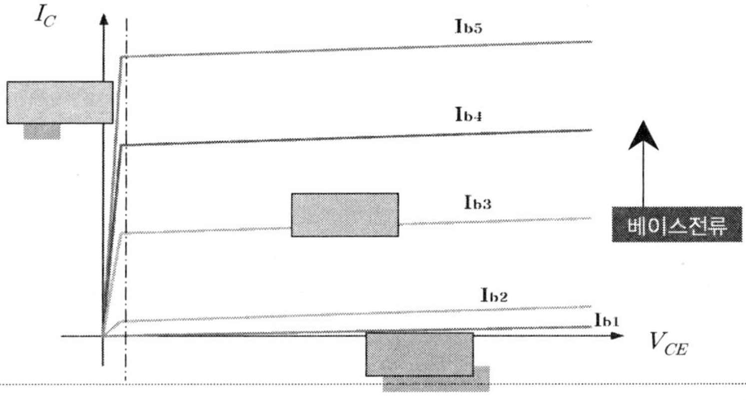

1〉 활성영역과 포화영역은 구분하는 V_{CE} 전압값은? 위 그래프에 나타내시오.

2〉 출력특성곡선에서 I_C가 완전 수평이 아니고 작은 기울기를 가지는 것은 무슨 이유는?

3〉 위의 특성에서 트랜지스터는 전류원의 역할을 한다. 전류원의 등가회로를 그리시오.

실험 22 BJT 바이어스

실험목적

트랜지스터를 목적에 맞게 동작시키려면 반드시 바이어스 기법을 익혀야 한다. 베이스 바이어스, 이미터 바이어스를 기본으로 하고 마지막으로 광범위하게 사용되는 전압분배 바이어스의 동작점(Q점)을 찾는 기법을 익힌다.

기초이론

트랜지스터를 두 가지 부류로 구분하면 작은 교류신호(small ac signal)를 큰 신호로 바꾸는 것(증폭작용)과 ON/OFF 역할을 하는 것(스위칭 작용)으로 구분된다. 현대의 전자장비는 신호전송과 전압조절을 위해 트랜지스터를 이용하고 있다.

트랜지스터에서 신호를 제어하기 위해서는 반드시 동작조건에 부합하는 상태로 준비되어 있어야 한다. 이는 마치 자동차가 주행하기위해 타이어, 기름 등의 운전을 위해 준비되어 있어야 하는 것과 마찬가지이다.

1. 바이어스(bias)란?

바이어스란 전압을 가해주는 것이라고 간략히 이해하면 된다. 우리가 앞에서 배운 4개의 동작모드를 설명할 때와 마찬가지이다.

트랜지스터의 동작점(Q점)을 정해주기 위한 기초적인 두 가지 방법으로 이미터 바이어스 및 베이스 바이어스가 있다. 베이스 바이어스는 베이스전류를 일정하게 유지하며, 반면에 이미터 바이어스는 이미터전류를 일정하게 해준다. 이러한 이유로 베이스 바이어스는 스위칭회로에 사용되고, 이미터 바이어스는 증폭회로에 주로 활용된다. BJT 트랜지스터는 전류모드로 동작하며 I_B(base 전류)에 따라 NPN 트랜지스터에서는 전자들(electrons)이 이미터에서 컬렉터로 이동하므로 전류방향은 컬렉터로부터 이미터로 흐른다. 반면 PNP 트랜지스터의 경우에는 정공들(holes)이 이미터에서 컬렉터로 이동하므로 전류는 이미터에서 컬렉터로 전류가 흐른다.

1〉 베이스 바이어스

베이스 바이어스회로는 일반적으로 포화(saturation)영역과 차단(cutoff)영역에서 동작하도록 설계되므로 디지털회로에서 유리하다. 즉, 이 회로들은 낮은 출력전압(0상태)이나 높은 출력전압(1상태)을 갖기 때문이다. 따라서 전류이득(β)이 변화할 때, 트랜지스터는 포화영역이나 차단영역에 머물게 되므로 동작점의 변화는 별로 문제가 되질 않는다. 만약 신호증폭을 위해 동작점의 안정을 위해서는 이 베이스 바이어스 회로보다는 뒤에 설명할 이미터 바이어스를 선호한다.

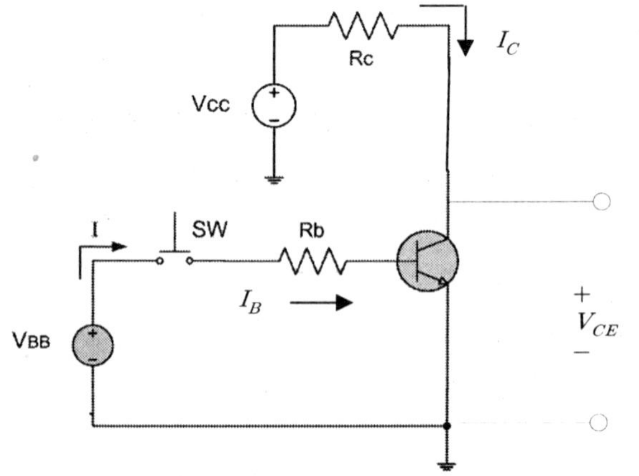

[그림 22-1] 베이스 바이어스회로

회로해석

- 스위치가 off시, 베이스전류($I = I_B$)는 0으로 되고 트랜지스터가 off되므로 컬렉터전류(I_C)는 0으로 된다. 즉 저항 R_C에 전류가 흐르지 않는자($I_C = 0$). 따라서 컬렉터-이미터간의 전압(V_{CE})은 $+V_{CC}$가 된다.

- 스위치가 on되어 전압을 가하면 베이스저항 R_b를 통해 베이스전류가 흐른다. 이것이 트랜지스터는 on되어 트랜지스터는 포화상태로 되고 V_{CE}는 아주 작은 값을 가진다. 이 스위칭작용($off \to on$)으로 컬렉터 전류가 흐른다.
  따라서 V_{CE}를 무시하면($V_{CE}=0.2$) 저항 R_C를 흐르는 전류는 구할 수 있다.

동작점(Q점)

여기서 동작점, 포화점 및 차단점에 대해 익히자. 우리는 직선으로 그려진 부하선(load line)이란 개념을 이용한다. 이 부하선이 유용한 이유는 무엇인가? 그 이유는 회로의 모든 가능한 동작점을 포함하기 때문이다. 달리 표현하면 베이스저항 R_B가 0에서 무한대까지 변할 때, 베이스전류 I_B가 변화하며, 이것은 I_C와 V_{CE}가 전 범위에 걸쳐 변화하도록 한다. 따라서 부하선은 시각적으로 표현된 동작점의 가능한 모든 것을 집약한 것이다.

베이스저항이 매우 작으면 컬렉터전류는 대단히 커지고, 컬렉터-이미터전압은 $V_{CE} \simeq 0[V]$이다. 이 경우 트랜지스터는 포화된다. 이는 컬렉터전류 I_C가 허용가능한 최대값이 된다는 것을 의미한다. 따라서 부하선에서 포화점(saturation point)은 거의 왼쪽 끝에 놓인다.

차단점(cutoff point)은 부하선과 컬렉터곡선의 차단영역이 교차하는 점이다. 차단영역에서 컬렉터전류는 매우 작기 때문에, 차단점은 부하선의 거의 아래쪽 끝에서 만난다.

이 부하선을 1차 함수로 익혀보자. 위 회로로부터

$$V_{CE}=V_{CC}-I_C R_C$$

$$I_C=\frac{V_{CC}-V_{CE}}{R_C}=-\frac{1}{R_C}V_{CE}+\frac{V_{CC}}{R_C} \qquad (22-1)$$

두 변수가 I_C와 V_{CE}이므로 $y=-mx+b$인 선형방정식이다.

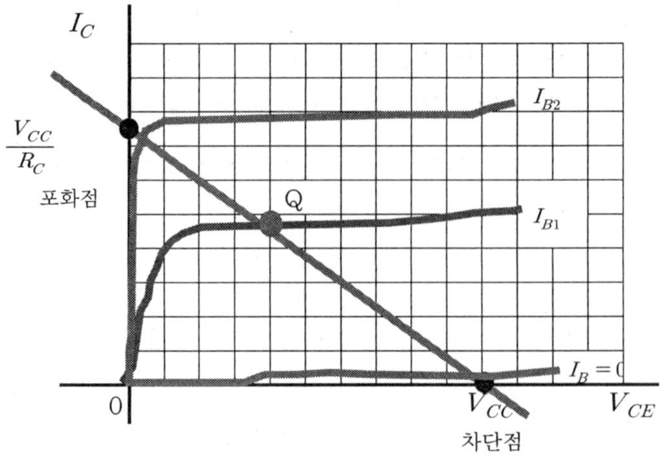

[그림 22-2] 베이스 바이어스회로의 부하선과 동작점

베이스 바이어스 회로에서 스위치가 off되면 베이스전류 $I_B=0$이므로 트랜지스터는 off되어 $V_{CE}=V_{CC}$가 된다. 이것이 그림 22-2에서 차단점(Q_1)이며 차단영역에서 동작한다. 스위치가 on되면 베이스전류 $I_B=\frac{V_{BB}-V_{BE}}{R_B}=\frac{V_{BB}-0.8}{R_B}$이므로 이 전류가 트랜지스터를 포화시킨다고 하자. 이 때 흐르는 컬렉터전류는 Ohm 법칙을 적용하여 $I_C=\frac{V_{CC}}{R_C}$이 된다. 이것이 포화점(Q_2)으로 표시되어 있다. 이 차단점과 포화점을 연결한 선을 우리는 부하선(load line)이라 부른다. 즉 트랜지스터가 실제로 동작하는 동작점이 된다. 또한 트랜지스터가 활성(active)영역에서 동작한다면 증폭기로 사용할 수 있다. 이 경우 동작점(Q)은 부하선과 특성곡선의 교점이 된다.

다음 회로는 2단 베이스 바이어스회로를 나타낸다. 첫 번째 단의 해석은 앞에서 설명되었으며 두 번째 단만 해석하면 된다.

먼저 Q_1이 on되면 Q_2는 off되므로 LED로 전류가 흐르지 않으므로 발광되지 않는다. 반면에 Q_1이 off되면 Q_2의 베이스로 전류가 흘러 Q_2가 on되고 LED를 통해 전류가 흐른다.

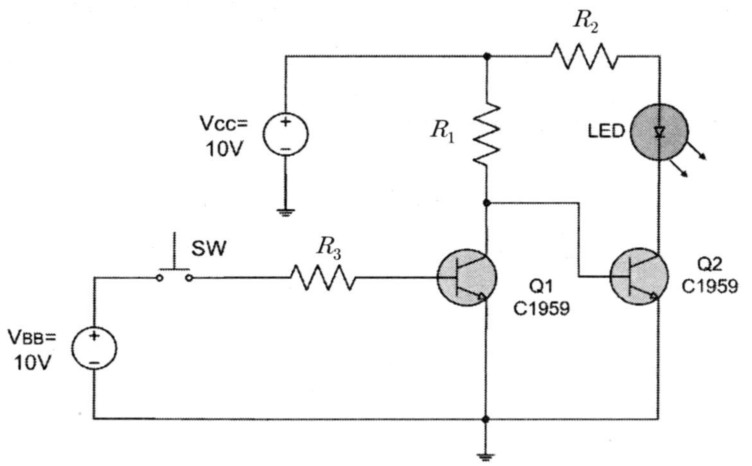

[그림 22-3] 2단 베이스 바이어스회로

위의 두 트랜지스터들은 포화(saturation) 및 차단(cutoff) 두 영역에서 동작하는 스위치로 사용되고 있다. Q_1이 off되면 Q_2의 베이스 전류는 $I_B = \frac{V_{CC} - V_{BE(Q2)}}{R_1} \simeq \frac{V_{CC} - 0.8}{R_1}$이 되며 Q_2의 컬렉터 전류는 $I_C = \frac{V_{CC} - V_{LED}}{R_2}$가 된다. 이 결과들로부터 스위치($SW$)가 on되면 LED가 off되며 스위치(SW)가 off되면 LED가 on된다.

2〉 이미터 바이어스

회로가 증폭기가 되면 동작점(Q점)이 전류이득(β)의 변화에 영향을 받지 않는 회로가 필요하다. 즉, 회로가 안정성을 가져야만 잘 설계되었다고 할 수 있다. 이 이미터 바이어스는 동작점이 안정한 회로이다. 트랜지스터는 포화되지 않으며 컬렉터 전류는 전류이득(β)에 영향을 받지 않는다. 우선 이 회로는 외관상으로 베이스 바이어스회로에서 베이스에 있는 저항을 이미터단자로 이동한 것으로 볼 수 있다.

회로해석

이 새로운 동작점은 고정되어 안정한 상태가 되며 이는 베이스 바이어스회로와는 다르다. 먼저 이미터전압은 $V_E = V_{BB} - 0.7 = 4.3[V]$ 으로서 이미터저항 R_E의 양단전압(V_E)과 같다. 여기서 전압 0.7V는 베이스와 이미터간의 순방향전압이며 이는 트랜지스터가 활성영역에서 동작하기 때문이다. 또한 Ohm법칙으로부터 이미터전류는 $I_E = \frac{V_E}{R_E}$이고 이는 컬렉터전류(I_C)와 같다.

따라서 컬렉터전압은 $V_C = V_{CC} - V_{LED} \simeq 10 - 2 = 8[V]$이고 최종적으로 트랜지스터의 컬렉터-이미터간 전압은 $V_{CE} = V_C - V_E = 3.7[V]$이다.

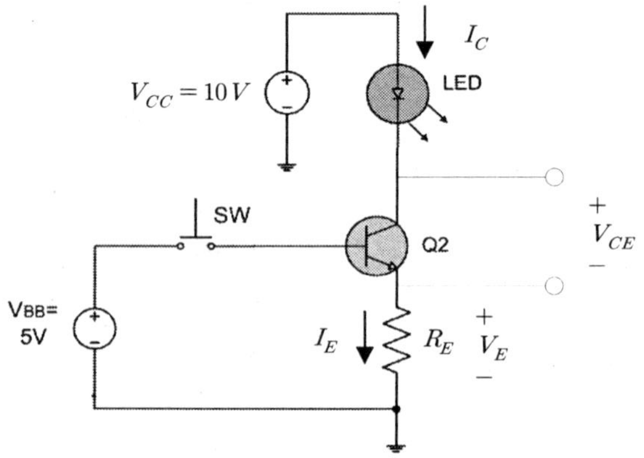

[그림 22-4] 이미터 바이어스회로

동작점(Q점)

먼저 부하선(load line)을 그리기위해 포화점과 차단점을 찾고 두선을 그으면 되며 회로에서 이미터전압은 $V_E = V_{BB} - 0.7 = 4.3[V]$이며 이미터전류 즉 컬렉터전류는 $I_E = \frac{V_E}{R_E} \simeq I_C$이 된다. 활성영역에서 동작하며 특성곡선으로부터 베이스전류를 구할 수 있다.

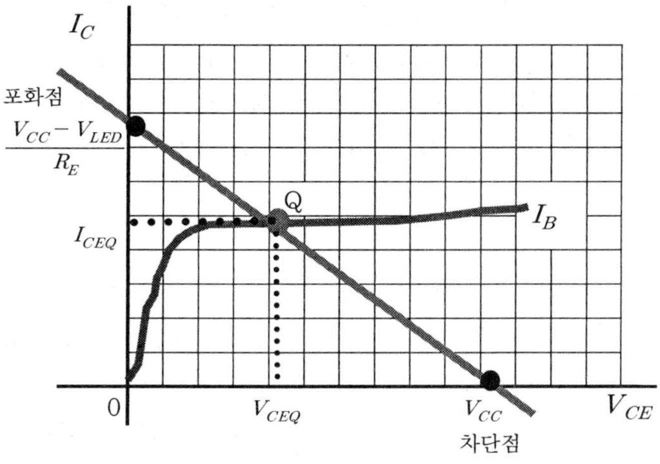

[그림 22-5] 이미터 바이어스회로의 부하선과 동작점

3) 전압분배 바이어스 (VDB: voltage divider bias)

앞의 베이스 바이어스 및 이미터 바이어스 회로는 서로 다른 두 개의 전원을 사용하므로 번거롭다. 이 두 개의 전원대신에 한 개를 사용한 회로를 전압분배 바이어스를 나타낸다. 이름에 나타나듯이 저항 R_1과 R_2를 사용하여 전원공급전압(V_{CC})을 분배하여 베이스전압(V_B)으로 활용한 것이다.

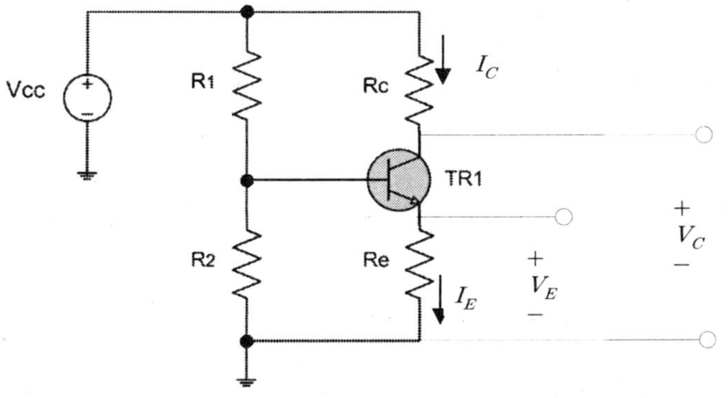

[그림 22-6] 전압분배 바이어스 회로

그러면 트랜지스터를 어떻게 조절해 놓아야 활용이 가능한지를 알아보기 위해 그 기본적인 조건을 살펴보자. 우선 베이스전류(I_B)를 알아야 한다. 트랜지스터의 중요한 특징 중의 하나는 트랜지스터를 통해 흐르는 전류를 제어하는 것이며, NPN 트랜지스터에서는 컬렉터에서 이미터로 흐른다.

회로해석

이미터-베이스 접합에 순방향 바이어스를 시켜야 트랜지스터가 *on*된다. 만약 베이스전류(I_B)가 없다면 트랜지스터는 동작하지 않는다. 이와 같이 베이스전류는 이미터전류(I_E)와 컬렉터전류(I_C)를 결정한다. 우리는 앞장의 실험에서 활성(active)영역에 대해 공부하였다. 즉, 베이스전류가 흘러 트랜지스터가 *on*되고 컬렉터-이미터전압이 0.3V이상이 되면 트랜지스터는 증폭기로 동작한다.

이 영역에서 유념해야 할 사항은 E-B는 순방향이고 B-C는 역방향이다. 그림 22-7의 (a)회로에서 이미터바이어스는 해석을 위해 분리된 두 개의 전원을 갖는다. 우선 베이스전압(V_B)을 구해기 위해 Thevenin 등가회로를 활용한다.

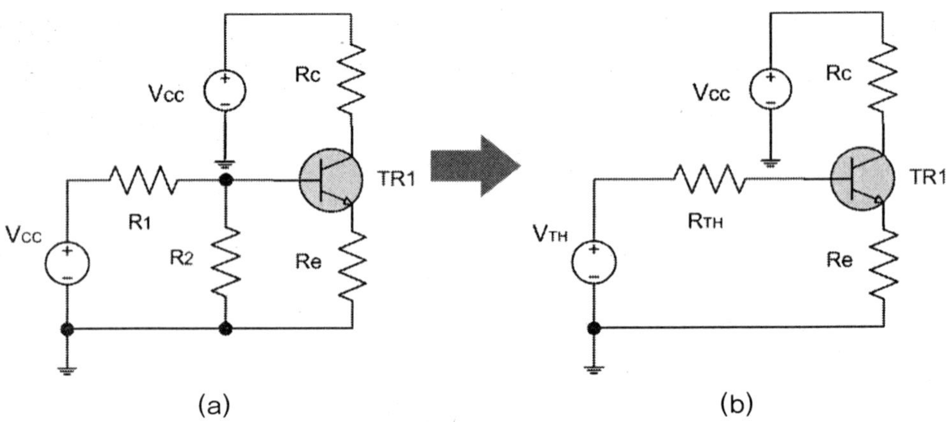

[그림 22-7] 해석을 위해 분리된 전원을 가지는 VDB의 등가회로

그림 22-7의 (a)로부터 트랜지스터의 베이스를 개방시켜 측정하면 다음과 같다.

$$V_{TH} = V_{cc} \times \frac{R_2}{R_1 + R_2} \qquad (22-2)$$

$$R_{TH} = R_1 // R_2 = \frac{R_1 R_2}{R_1 + R_2} \qquad (22-3)$$

여기서 베이스전류(I_B)가 아주 작다고 가정하면 등가저항(R_{TH})에서 걸리는 양단 전압 $I_B \cdot R_{TH}$은 아주 작으므로 무시하고, $V_B \simeq V_{TH}$라고 할 수 있다. 이 전압이 일단 트랜지스터의 베이스(B)와 이미터(E)를 순방향 바이어스시켜야 한다.

동작점(Q점)

Ohm법칙과 KVL을 사용하면 다음과 같이 각각의 값을 구할 수 있다.

$$V_E = V_B - 0.7[V] \tag{22-4}$$

$$I_{EQ} = \frac{V_E}{R_E} \simeq I_{CQ} \tag{22-5}$$

$$V_C = V_{CC} - I_C R_C$$

$$V_{CEQ} = V_C - V_E = (V_{CC} - I_C R_C) - I_C R_E \tag{22-6}$$

$$= V_{CC} - I_C (R_C + R_E)$$

따라서 이 트랜지스터의 동작점(Q점)은 좌표(V_{CEQ}, I_{CQ})가 된다. 이 지점이 반드시 선형영역(active region)에 위치되어야 한다.

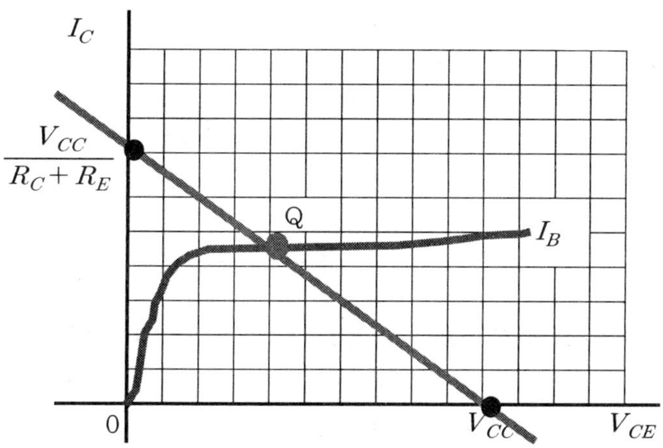

[그림 22-8] 전압분배 바이어스의 동작점

트랜지스터의 동작점(Q점)을 정해주기 위한 기초적인 두 가지 방법으로 각각 이미터 바이어스 및 베이스 바이어스에 대해 적용하였다. 베이스 바이어스는 베이스 전류(I_B)를 일정하게 유지하며, 반면에 이미터바이어스는 이미터전류(I_E)를 일정하게 해준다. 이러한 이유로 베이스 바이어스는 스위칭회로에 사용되고, 이미터 바이어스는 증폭회로에 주로 활용된다. 여기에서 전압분배 바이어스(VDB)는 그림 22-4와 비교하면 일종의 이미터바이어스의 확장으로 볼 수 있으므로 회로가 안정하다.

이미터전류(I_E)가 너무 크면 정격을 초과하여 해당 저항이 타버릴 위험도 있으므로 반드시 설계를 수행할 때, 고려해야 한다. 해당 트랜지스터의 자료집에서 그 소자의 명세서를 점검하여 이 정격기준을 초과하지 않도록 해야 한다.

변형된 VDB 회로해석

그림 22-9는 그림 22-6의 회로를 조금 수정한 것이다. 이 회로에 대해 해석하기위해 외관상으로 베이스의 저항R_2 대신에 제너다이오드를 이용하고, 컬렉터저항을 단락된 상태이다.

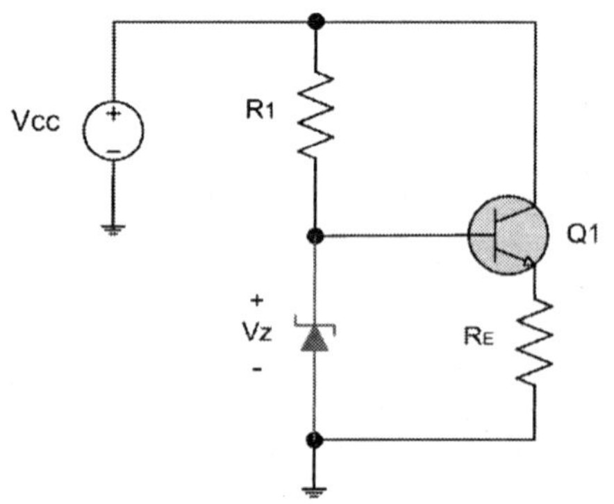

[그림 22-9] 변형된 전압분배 바이어스

위의 회로에서 각 지점의 전압 및 전류를 해석해 보자. 물론 제너다이오드는 역방향 바이어스되어 정상적인 동작을 한다고 가정한다.

$$V_B = V_Z = \text{제너전압} \tag{22-7}$$

$$V_E = V_B - V_E = V_B - 0.7 \tag{22-8}$$

$$I_E = \frac{V_E}{R_E} \simeq I_C \qquad (22-9)$$

$$V_{CE} = V_C - V_E = V_{CC} - I_C I_E \qquad (22-10)$$

식 (22-9)의 1차함수를 그리면 부하선(load line)을 쉽게 그릴 수 있을 것이다. 따라서 포화점에서 포화전류는 $\frac{V_{CC}}{R_E}$이고, 차단점에서 차단전압은 V_{CC}가 된다.

이를 바탕으로 동작점(Q점)을 구해보자. 부하선과 특성곡선이 만나는 교점이 동작점이 되므로 그림에서 이 트랜지스터는 활성영역에서 동작한다고 할 수 있다.

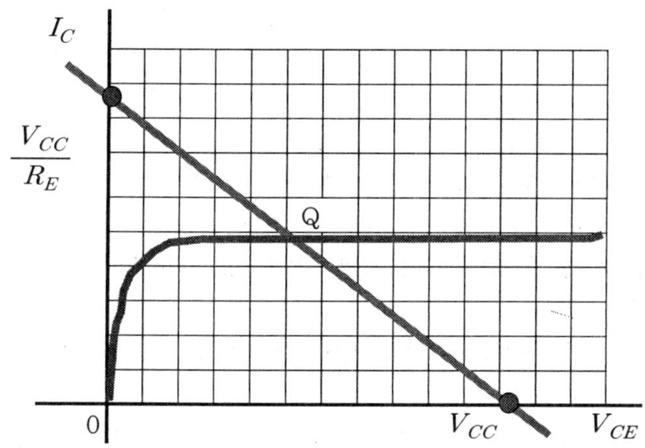

[그림 22-10] 변형된 전압분배 바이어스의 동작점

[실험장비 및 부품]

사용장비	품 목	규 격	소요량
DC Power Supply	Transistor	C1959(npn)	1개
Multimeter	Resistor	$1k\Omega, 10k\Omega$	각 1개
Breadboard		$2.2k\Omega$, $3.6k\Omega$	각 1개
	제너다이오드	1N4735	1개

[예비보고서]

1. 다음 전압분배(voltage divider) 바이어스 회로에 대해 직류해석을 하고자 한다. 각 변수들을 회로에 표기하시오.

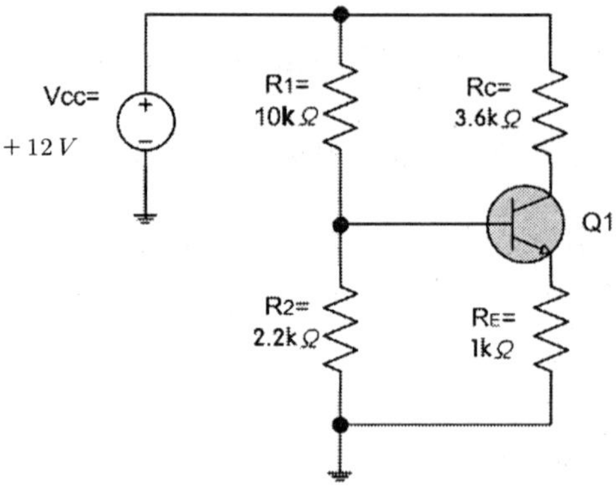

1) 베이스전압(V_B)과 이미터전압(V_E)을 구하시오.

2) 이미터전류(I_E) 및 컬렉터전류(I_C)를 구하시오.

3) 컬렉터전압(V_C) 및 컬렉터-이미터간 전압($V_{CE} = V_C - V_E$)을 각각 구하시오.

4) 부하선(loadline)을 그려 동작점(Q점)을 구하고, 이 트랜지스터가 어느 영역에서 동작하는지를 판별하시오.

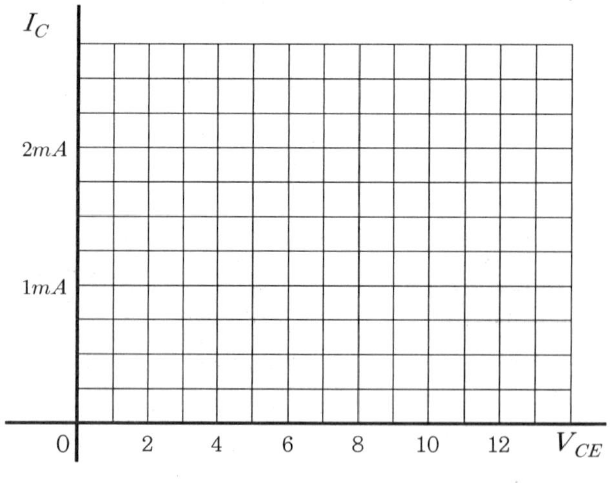

각 지점의 좌표(V_{CE}, I_C)를 구하시오.

- 포화점
- 차단점

∴ 동작점

이상의 결과로부터 트랜지스터는 (　　　)영역에서 동작한다.

2. 다음 회로에 대해 물음에 답하시오.

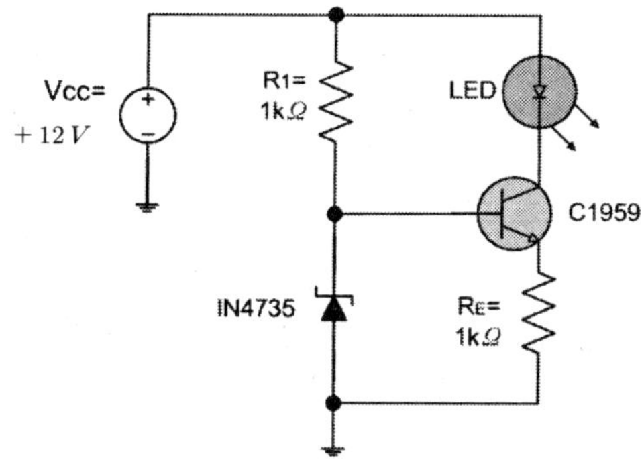

1〉 베이스전압(V_B)과 이미터전압(V_E)을 구하시오.

2〉 이미터전류(I_E) 및 LED에 흐르는 전류를 구하시오.

3〉 컬렉터전압(V_C)과 컬렉터-이미터간 전압($V_{CE} = V_C - V_E$)을 구하시오
단, LED는 on시 약 2V의 전압이 걸린다고 한다.

4〉 위의 회로에 대해 동작점(Q점)을 구하고 어느 영역에서 동작하는지를 구하시오.

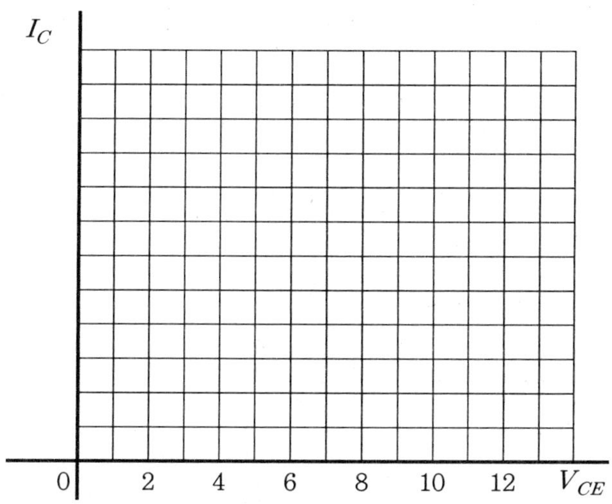

[결과보고서]

실험제목					
실험일자	월 일 (요일)		담당교수		㊞
실 험 조		학 번		성 명	

1. 다음 회로를 구성하고 정상적인 동작여부를 조사하고 물음에 답하시오.

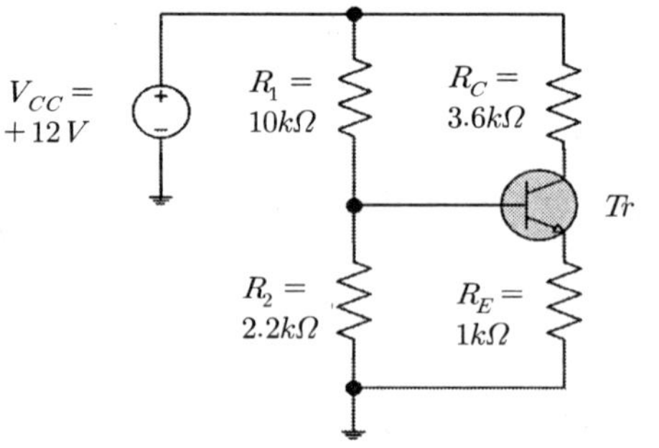

1〉 위의 회로에 대해 답하시오.

	V_B	V_E	I_E	I_C	V_C	V_{CE}	동작영역
이론치							
측정치							

2〉 위의 측정자료를 바탕으로 부하선을 그리고 동작점(Q점)을 구하시오.

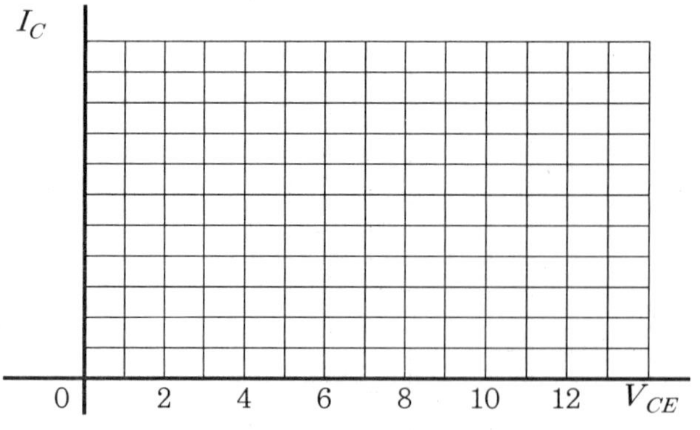

Q점(,)

3〉 만약 이미터저항 $R_E = 2k\Omega$으로 하면 동작점은 어디로 움직이는가?

2. 다음 회로에 대해 답하시오.

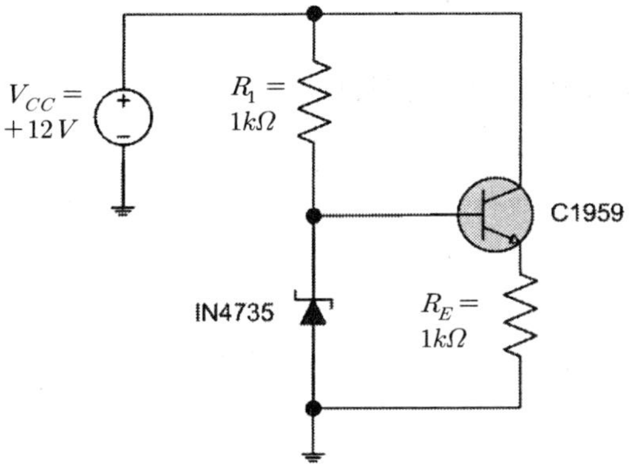

1〉 위의 회로에 대해 답하시오.

	V_B	V_E	I_E	I_C	V_C	V_{CE}	동작영역
이론치							
측정치							

2〉 위의 측정된 자료를 바탕으로 동작점을 그리시오.

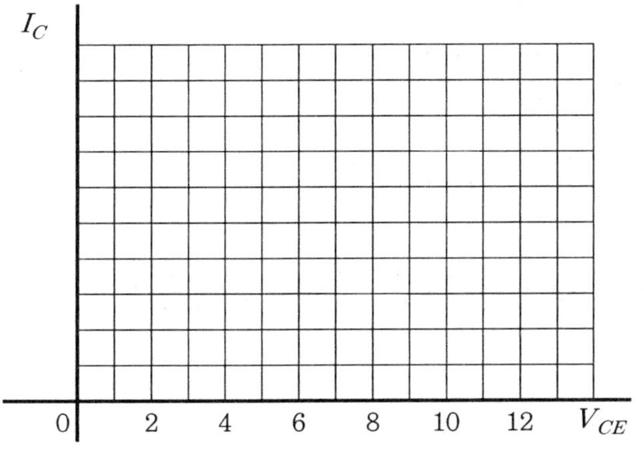

3〉 앞 실험과의 차이점(베이스 전압 및 컬렉터 전류)을 설명하시오.

토의사항

1. 전압분배 바이어스(VDB)는 왜 안정한가?

2. VDB회로의 동작점(Q점)을 구하는 방법을 설명하시오.

1〉 부하선을 그리는 방법은?

2〉 전류이득은 어떻게 구하는가?

3〉 베이스전류는 어떻게 구하는가?

3. 두 번째 실험에서 컬렉터전류(I_C)는 어떻게 구하는가?

실험 23 Smoke Detector 제작

실험목적

기판 및 여러 가지 전기전자소자들을 이용하여 기판상에 연기감지회로(smoke detector)를 설계하여 제작한 후, 이를 바탕으로 각 소자의 동작들을 익힌다.

기초이론

화재가 발생하면 재산상에 치명적인 피해를 가져올 수 있다. 따라서 화재의 징후가 나타나거나 화재가 일어나는 순간에 이를 감지하여 신속한 조치를 취해야 한다. 연소는 가연물과 산소와 열의 3요소가 합쳐져서 일어나는 화학 반응으로서 이를 화재라 한다. 화재가 일어나면 대량의 열과 유독 가스가 발생하고, 이것이 더욱 더 화재를 확대시킨다. 이러한 성질을 기술적으로 이용하여 화재의 원인을 없애고, 발생한 화재의 원인을 신속히 제거해야 한다. 화재감지장치로서 써모커플형, 열스위치형, 광전형 등이 있으며 어떠한 화재에 대비하여 적절한 형태를 선택할 수 있다.

화재탐지 방법에는 다음과 같은 계통이 있으며, 상황에 따라 이 중에서 여러 가지의 탐지기를 동시에 사용하고 있다. 온도 상승률 탐지기, 복사 감지 탐지기, 과열 탐지기, 연기 탐지기, 일산화탄소(CO) 탐지기 및 가연성 혼합 가스 탐지기 등이 있으며 본 실험에서는 CdS를 활용한 연기감지회로를 활용하여 실험을 수행한다.

물질의 종류에 따른 화재의 등급 분류는 다음과 같이 나타내었다.

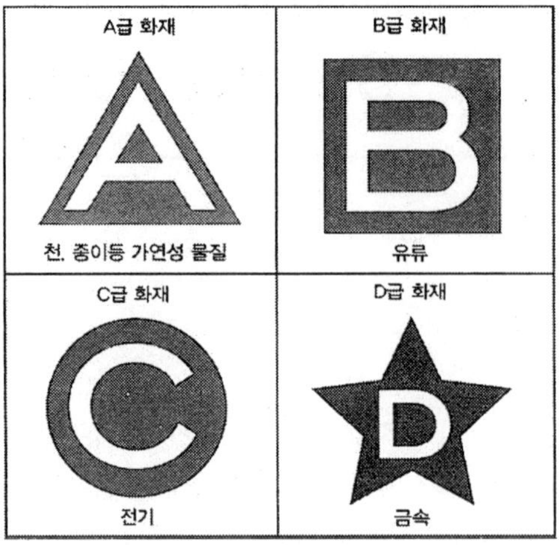

[그림 23-1] 화재등급 분류

1〉 회로도 및 개요

220V 교류전원은 센서제어회로에 사용하기에 너무 크므로 변압기를 통해 9V 교류전압으로 바꾼다. 이 교류전압을 전파(full-wave)정류기와 정전압회로를 거쳐 직류전압으로 전환한다. 이 직류(dc)전압으로 트랜지스터 및 센서구동회로를 동작시킨다. 광센서(CdS)의 작동여부에 따라 LED로 연기감지회로의 동작여부를 안다.

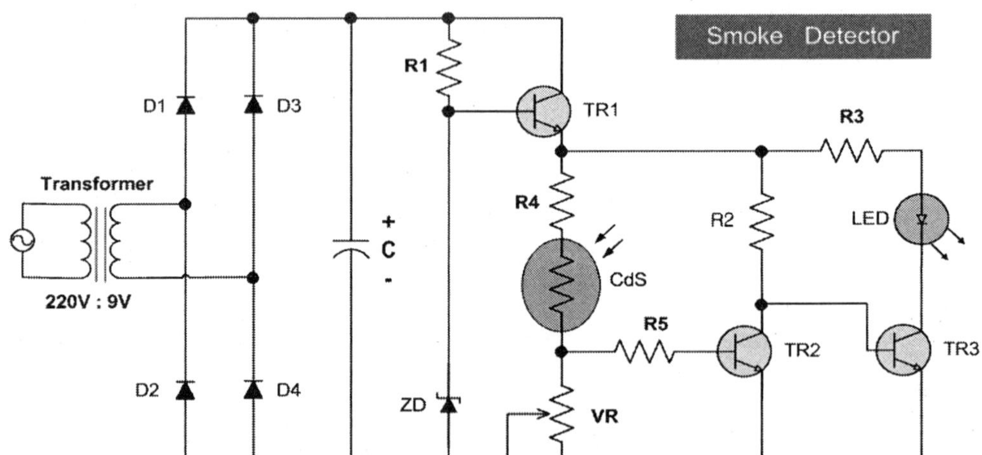

[그림 23-2] Smoke Detector

화재연기로 인해 빛이 차단되면 두 트랜지스터 작용을 거쳐 최종적으로 LED에 전류가 흘러 발광한다.

[그림 23-3] PCB에 제작된 Smoke Detector

2〉 부품동작 이해하기 및 해석

실험 19장 반파 및 전파정류회로에서 변압기의 특성을 익혔으며 실험 20장에서 제너다이오드 밑 정전압회로를 학습하였다. 이들을 연기감지기에 활용해 보자.

〈1〉 변압기 및 전파(full-wave) 정류회로

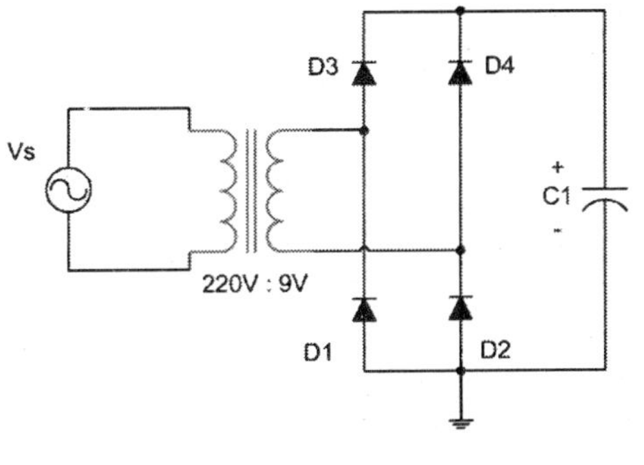

▶ 변압기는 감압(step-down)형으로서 교류 전압을 감소시킨다. 여기서는 220V / 9V로 하여 사용한다.

▶ 전파정류기는 다음과 같이 동작한다.

- +9V가 인가될 경우: D_3와 D_2가 ON
  D_4와 D_1이 OFF
- −9V가 인가될 경우: D_4와 D_1이 ON
  D_3와 D_2가 OFF

▶ 전해 커패시터(C1)는 극성(+,−)이 있다. 따라서 회로연결시 허용된 전압을 초과하면 문제가 발생하므로 주의를 요한다.

〈2〉 정전압(constant voltage)회로

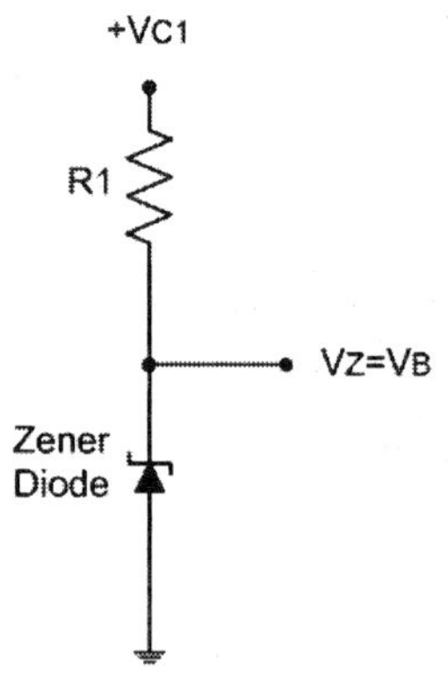

▶ Zener Diode는 항상 역방향으로 동작하여 원하는 일정한 전압을 만들어 낸다. 1N4735는 data book상으로 $V_Z \simeq 6\,V$이다.

▶ 인가되는 전압이 다이오드의 역방향전압보다 크지 않으면 의미가 없다.

▶ 저항 R_1은 직류제한저항으로도 사용되며 동시에 뒷단의 트랜지스터(TR1) 증폭기로 동작하는 베이스와 컬렉터의 바이어스 로도 작용한다.

3〉 트랜지스터 회로해석

트랜지스터를 두 부류로 구분하면 작은 신호를 큰 신호로 만드는 것(**증폭작용**)과 ON/OFF 역할을 하는 것(**스위칭 작용**)으로 구분된다.

〈1〉 전압분배 바이어스 증폭기

트랜지스터1(TR1)의 베이스전압은 역방향 바이어스된 제너다이오드의 전압이다.

$$V_{B1} = V_Z$$

따라서 이미터전압은 $V_{E1} = V_{B1} - 0.7[V]$이다.

이 전압이 트랜지스터 TR2와 TR3를 구동하는 바이어스전압이다.

〈2〉 베이스바이어스 스위칭회로

위 이미터바이어스 증폭기로부터 광도전체인 CdS에 빛(light)의 입사 여부에 따라 저항값이 변하므로 전류가 변하고 베이스바이어스전압이 변한다. 저항 R_5를 통해 흐르는 전류가 트랜지스터2(TR2)의 베이스전류가 되며, 이 베이스전류에 의해 TR2의 ON/OFF 작용을 한다.

- TR2가 ON되면 $V_{CE2} \simeq 0[V]$가 되므로 TR3는 OFF된다.

이로부터 TR3의 컬렉터전류(I_{C3})는 0이므로 LED로 전류가 흐르지 않는다.

– TR2가 OFF되면 저항R_2를 통해 베이스전류(I_{b3})가 TR3로 흐르며 ON된다. 따라서 컬렉터전류(I_{C3})가 흐르므로 LED에는 전류가 흘러 빛을 발생시킨다.

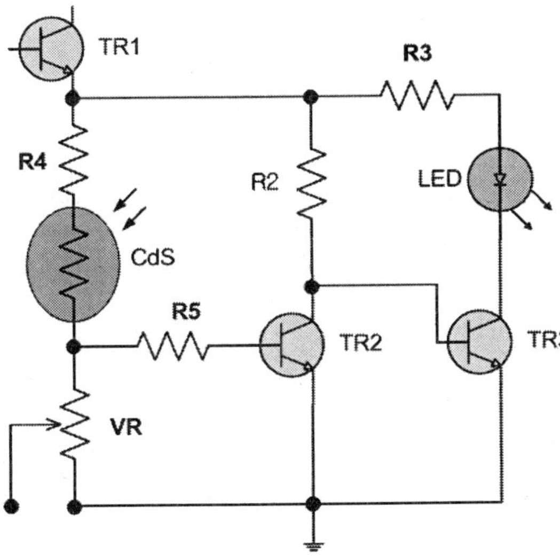

[그림 23-4] LED 제어회로

여기서 가감저항(VR1)은 감지기의 감도(sensitivity)를 조절하는 역할을 한다. I_{LED}는 TR3의 I_{C3}와 같다. 이 LED 전류는 저항R_3를 흐르는 전류이므로 저항양단전압을 측정한 후, Ohm법칙을 사용하면 구할 수 있다.

3) 자동 가변저항기의 2가지 형태

가변저항은 이름처럼 저항값을 수동 혹은 자동으로 변화시킬 수 있는 저항이다. 본 실험에서는 빛에 따라 자동으로 저항값이 변화하는 가변 저항의 형태이다.

〈1〉 광도전 셀(photoconductive cell)

저항값이 온도의 증가에 따라 감소하므로 음의 온도계수를 가진다.

〈2〉 서미스터(thermistor)

온도변화에 민감하게 반응하며 온도변화에 반비례하여 저항이 감소한다.

[실험장비 및 부품]

사용장비	품 목	규 격	소요량
DC Power Supply Multimeter Breadboard	Substrate	200 x 400	1개
	Lead wire		1 m
	Diode	1N4001	4개
	전해 Capacitor	1000μF/28V	1개
	광도전체	CdS	1개
	Transistor	C1959(npn)	3개
	Zener Diode	1N4735	각 1개
	Resistor	5.6kΩ	1개
		1kΩ, 330Ω	각 2개
	가변저항기(VR)	1kΩ	1개

[결과보고서]

<table>
<tr><td>실험제목</td><td colspan="5"></td></tr>
<tr><td>실험일자</td><td colspan="2">월 일 (요일)</td><td>담당교수</td><td colspan="2">㊞</td></tr>
<tr><td>실 험 조</td><td></td><td>학 번</td><td></td><td>성 명</td><td></td></tr>
</table>

1. 광도전 소자인 CdS cell의 특성을 멀티미터를 이용하여 다음 표를 완성하시오.

	저항값	기 타
빛 입사		
빛 차단		

2. 연기탐지회로가 정상동작이 될 때 해당지점의 전압 및 전류값을 구하고자 한다.

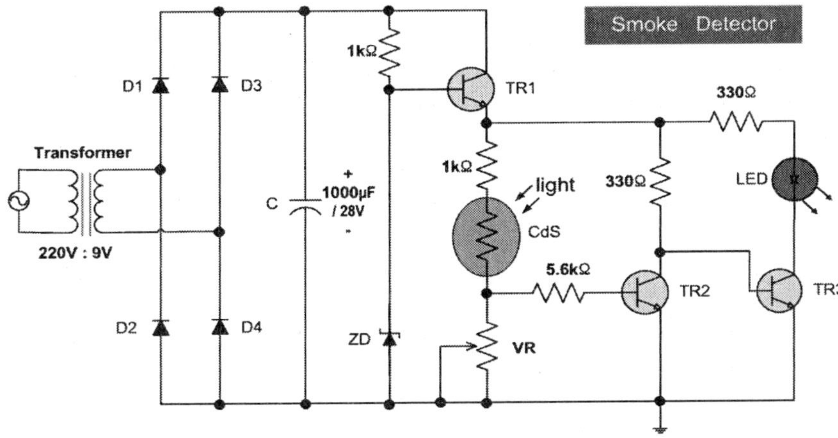

먼저 연기탐지회로(smoke detector)의 정상적인 동작을 확인한다. 정상동작을 위해 회로에서 CdS셀로 빛의 차단 및 입사에 따라 LED가 동작하도록 감도를 조절하가 위해 가변저항(VR1: 1$k\Omega$)을 조절한다.

모든 측정은 Oscilloscope를 이용하시오.

1) 변압기의 2차 전압과 전해커패시터 양단전압을 구하시오.(색상을 달리하여)

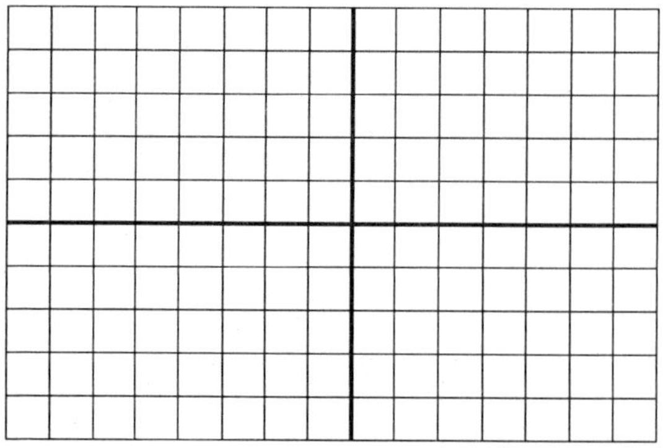

2차 피크전압:

직류전압:

2) 연기 감지기(smoke detector) 회로를 브레드보드에 구성하시오.

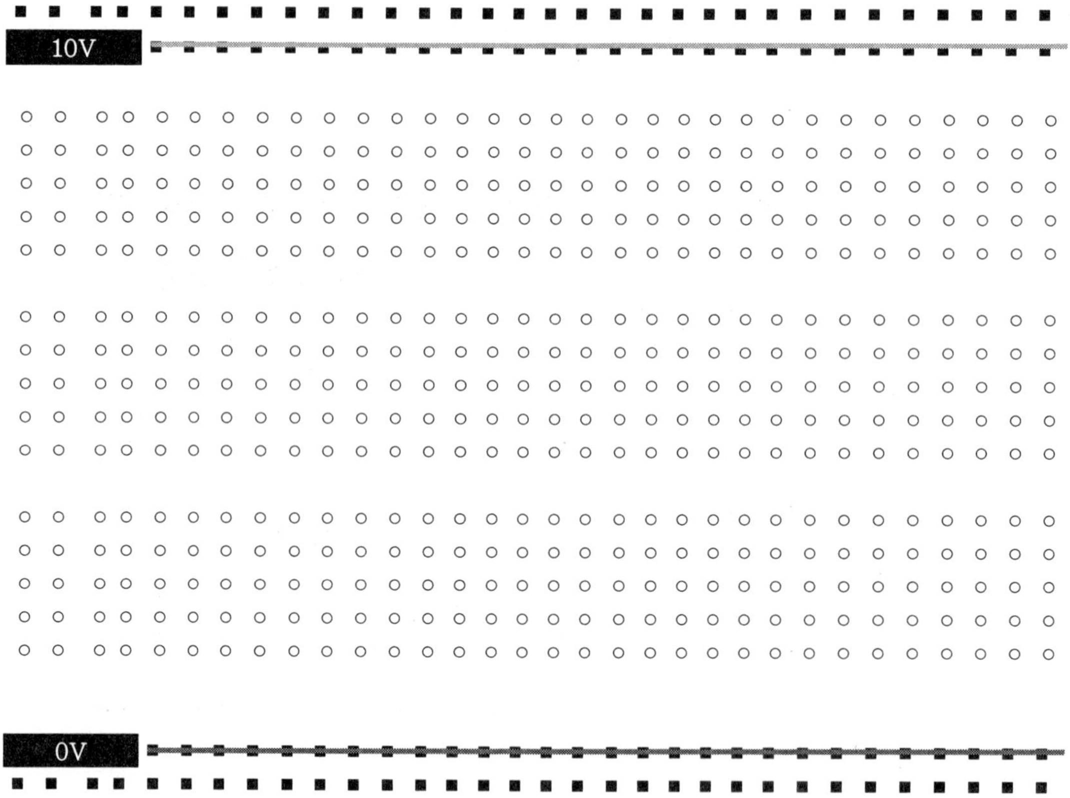

3〉 측정하여 다음 표를 완성하시오. 데이터 측정시에 반드시 단위를 표기하시오.

■ CdS cell에 빛이 입사될 때

CdS	Tr1			Tr2		Tr3		LED
	V_B	V_E	I_E	V_B	V_C	V_B	V_C	I_{LED}
in light								

■ CdS cell에 빛이 차단될 때

CdS	Tr1			Tr2		Tr3		LED
	V_B	V_E	I_E	V_B	V_C	V_B	V_C	I_{LED}
no light								

3. PCB에 soldering을 수행하여 작품을 제작하고 다음 물음에 답하시오.

1〉 유의사항

- 전해 커패시터의 극성에 유의하여 연결하고 만약 맞지 않으면 부풀어져 터진다.
- 제너다이오드 및 LED의 극성도 맞게 연결한다.
- 각 트랜지스터의 이미터, 베이스 및 컬렉터 단자를 구분하여 맞게 연결한다.

2〉 다음 표를 완성하시오.

CdS의 상태에 따라 각 트랜지스터 및 LED를 ON/OFF로 표시하시오.

	CdS	$TR1$	$TR2$	$TR3$	LED
동작 상태	no light				
	in light				

3〉 동작조건

단계별 점검사항	LED(화재경고등)	판정
CdS에 광원(빛)을 가렸을 경우	ON	완전작동
CdS에 광원(빛)을 가렸을 경우	OFF	불완전작동
CdS에 광원(빛)의 변화를 주었을 경우	변화없음	실격
VR(센서 감도조절기)을 변화 주었을 경우	ON/OFF로 변화	변화되어야 함

토의사항

1. 광도전체 저항기인 CdS는 빛이 여부에 따라 어떻게 저항값이 변하는가?

2. LED가 어떻게 ON되는지를 간략히 설명하시오.

3. 트랜지스터 Q_1의 이론적인 베이스전압과 이미터전압은 각각 얼마인가? 그 이유를 설명하시오.

1〉 $V_B =$

2〉 $V_E =$

3〉 $V_{CE} =$

4〉 위 자료들로 부터 이 트랜지스터(Q_1)는 어느 영역에서 동작하는가?

4. 위의 연기감지기에서 트랜지스터 Q_3와 Q_2가 동작하는 논리회로는?

실험 24 릴레이를 활용한 조명회로

실험목적

기판상에 릴레이(relay)와 트랜지스터(transistor)와 같은 여러 가지 전기전자소자들을 활용하여 조명회로를 설계하여 제작한 후, 이를 바탕으로 각 소자의 동작 특성들을 익힌다.

기초이론

우리는 조명세계에서 살고 있다. 인공조명이 처음 사용되면서 조명의 주목적은 최소한의 생활을 영위하기 위한 빛의 확보였다. 그러나 점차 자원의 공급이 풍부해지고 생활이 윤택해짐에 따라 조명의 목적도 기능적인 측면에서 질적인 측면으로 바뀌어 오고 있다. 최근 들어 자원의 고갈과 환경오염문제 등이 국제문제화 되면서 에너지 절약이 모든 분야에서 관심의 초점이 되면서 조명 분야에서도 질적인 향상을 가져오면서 에너지를 절약할 수 있는 방법을 다각적으로 연구하게 되었고, 이러한 방법 중 인간과 가장 친근한 주광을 건축 공간에 좀 더 적극적으로 활용하고 있다. 자연채광의 극대화를 통해 에너지를 절감하면서 양질의 빛을 이용하고자 하는 것이다.

[그림 24-1] 조명 시스템

조명 제어란 인공조명을 전자적으로 제어하여 밝기를 조절하는 것으로 공간의 용도에 맞추어 밝기를 조절함으로써 시각 환경의 질을 조절하는 미관 적 제어와 필요한 시간에만 조명을 제공함으로써 불필요한 조명에너지를 절간하고자하는 에너지 절약적 제어의 두 가지 종류가 있다. 미관 제어는 조명의 질, 분위기, 색, 위치를 변경함으로써 공간의 기능을 바꾸고 감정적인 변화를 유도할 수 있으며 에너지 절약 제어는 조명시스템의 사용전력이나 사용시간을 줄임으로써 에너지와 비용을 절감할 수 있으므로 이들을 상호 유기적으로 결합시켜 조명의 질을 유지하면서 최대절약효과를 얻을 수 있다.

1. 회로도 및 개요

우리는 앞장에서 배운 지식을 바탕으로 간략한 조명제어 회로에 대해 익혀 보자. 그림 24-1은 간단한 조명제어 회로이다. 조명에 대해 밝은 등(bright light) 및 미등(dim light)을 사용자 요구에 맞추어 선택하여 활용할 필요가 있다.

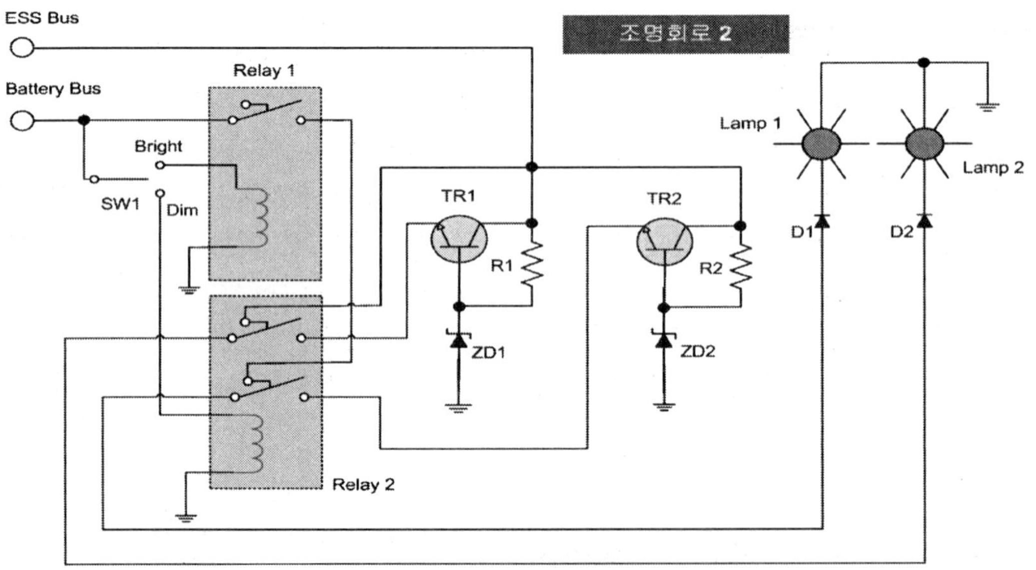

[그림 24-2] 조명회로

릴레이와 트랜지스터를 활용하여 여러 가지 조건들에 따른 램프의 상태를 제어하는 기능이 구현된다. 특히 유념할 사항은 릴레이의 사용법을 숙지하고 전압분배 바이어스 개념을 이 조명회로에서 학습하길 바란다.

이 후 LED를 활용하여 정교하게 제어되는 제품을 구입하여 이것의 동작조건을 분석하여 더 나는 재품을 생산한다면 더욱 의미가 있을 것이다. 더불어 간단한 전력제어 기능을 부가하여 실험하길 바란다.

2. 회로해석

1) 릴레이 회로

코일에 전류가 흐르면 전자석이 되는 전자유도작용을 이용한 스위치로서 다양한 응용분야를 가진다. 코일이 전자석이 되었을 때, 철편을 끌어 당겨서 그 철편이 붙어 있는 스위치부의 접점을 닫으며 동시에 반대편의 접점은 열리게 된다. 코일에 전류가 끊어져서 전자석 특성을 잃으면 원위치로 복귀된다.

코일에 전류가 흐르지 않으면 닫혀있는(NC: **normally closed**) 접점을 반면에 코일에 전류가 흐르지 않으면 열려 있는(NO: **normally open**) 접점이라 한다. 릴레이는 8핀, 6핀 등 다양한 종류를 가진다. 핀의 번호에 따라 기능이 다르므로 유념해야 한다.

회로도에서 릴레이1은 4핀 소자로서 적어도 6핀, 8핀을 사용해도 무방하다. 릴레이1의 동작은 스위치를 bright 단자로 연결하면 전자석이 동작되므로 접점 스위치가 on된다. 이 외의 연결은 아무런 영향을 미치지 못한다.

스위치가 bright단자로 연결되면 전원전압이 연결되어 NC접점되어 있는 relay2를 통과하여 다이오드1를 통과하여 램프를 점등시킨다. 반면 램프2는 bright단자와 관계없이 ESS bus전원으로부터 연결되어 점등된다. 즉 스위치1이 중립에 있어도 램프2는 bright상태로 점등되어 있다.

반면 스위치가 dim단자로 연결되면 전원전압이 연결되어 relay2가 전자석이 되므로 NO접점으로 모두 연결한다. 따라서 트랜지스터 이미터단자에 연결된다. 전압분배를 통과한 전원전압보다 감소된 전압으로 다이오드1과 2를 각각 통과하여 램프1,과 2를 점등(dim)시킨다.

2〉 전압분배 회로

그림 24-3은 외관상으로 베이스의 저항R_2 대신에 제너다이오드를 이용하고, 컬렉터저항을 단락된 상태이다.

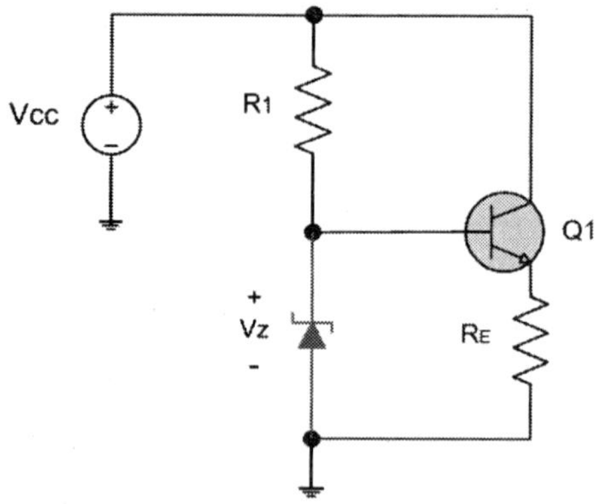

[그림 24-3] 변형된 전압분배 바이어스

위의 회로에서 각 지점의 전압 및 전류를 해석해 보자. 물론 제너다이오드는 역방향 바이어스되어 정상적인 동작을 한다고 가정한다.

$$V_B = V_Z = \text{제너전압} \qquad (24-1)$$

$$V_E = V_B - V_E = V_B - 0.7 \qquad (24-2)$$

$$I_E = \frac{V_E}{R_E} \simeq I_C \qquad (24-3)$$

$$V_{CE} = V_C - V_E = V_{CC} - I_C I_E \qquad (24-4)$$

이 트랜지스터는 활성영역에서 동작한다고 할 수 있다. 위 조명회로에서는 이미터저항이 없이 연결되어 있다. 따라서 베이스전압에서 $0.7V$ 감소된 전압이 이미터에 연결된다.

[실험장비 및 부품]

사용장비	품 목	규 격	소요량
DC Power Supply Multimeter Breadboard	substrate	200 x 400	1개
	lead wire		1 m
	transistor	2N1959	2
	diode	1N4001	3개
	LED	green, red	2개
	Zener diode	1N4742	2개
	Relay	8-pin	1개
	relay socket	16-pin	3개
	switch	3-pin	2개
	resistor	330Ω	2개

[결과보고서]

실험제목					
실험일자	월 일 (요일)		담당교수		㉐
실 험 조		학 번		성 명	

1. 다음 조명회로가 브레드보드에 구현하여 정상동작이 될 때 물음에 답하시오.

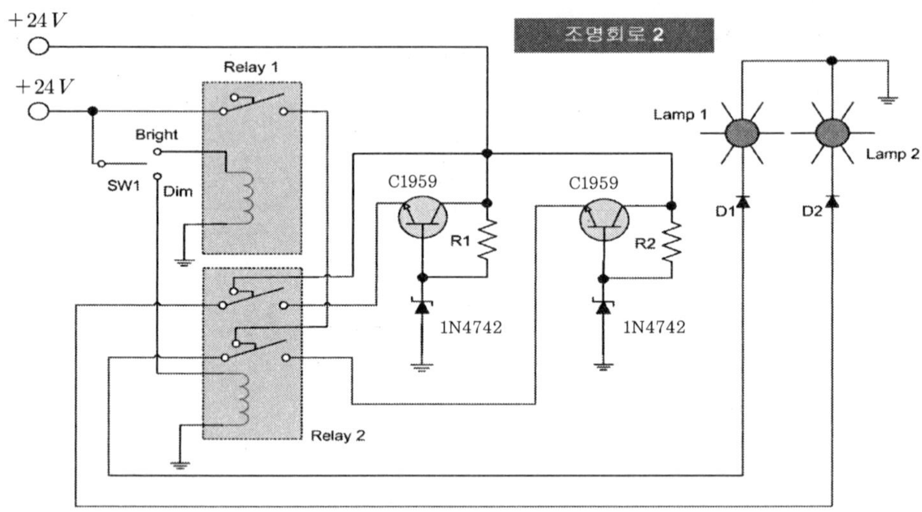

1〉 스위치1의 위치에 따라 트랜지스터 1에 전압 및 전류를 구하시오.

SW 위치	V_C	V_B	V_E	I_{R1}	비고
neutral					
bright					
dim					

2〉 8핀 릴레이가 사용될 때, 릴레이의 전원코일을 흐르는 전류를 구하시오.

3〉 트랜지스터가 정상적으로 동작될 때, 동작영역은?

4〉 위 조명회로를 릴레이의 종류에 따라 브레드보드에 구성하시오.

〈1〉 8핀 릴레이 2개

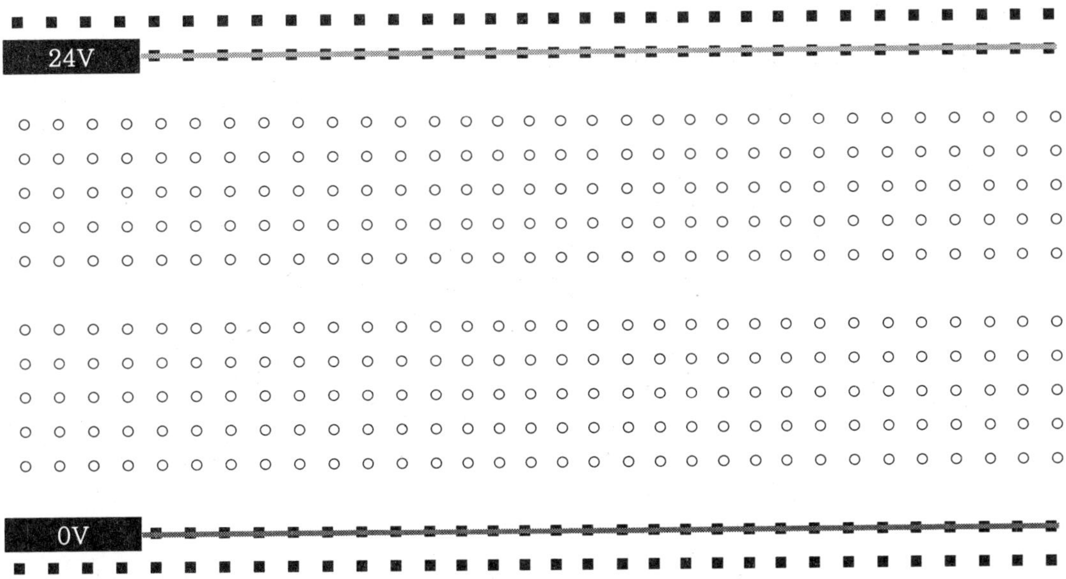

〈2〉 8핀 릴레이1개, 4핀 릴레이 1개

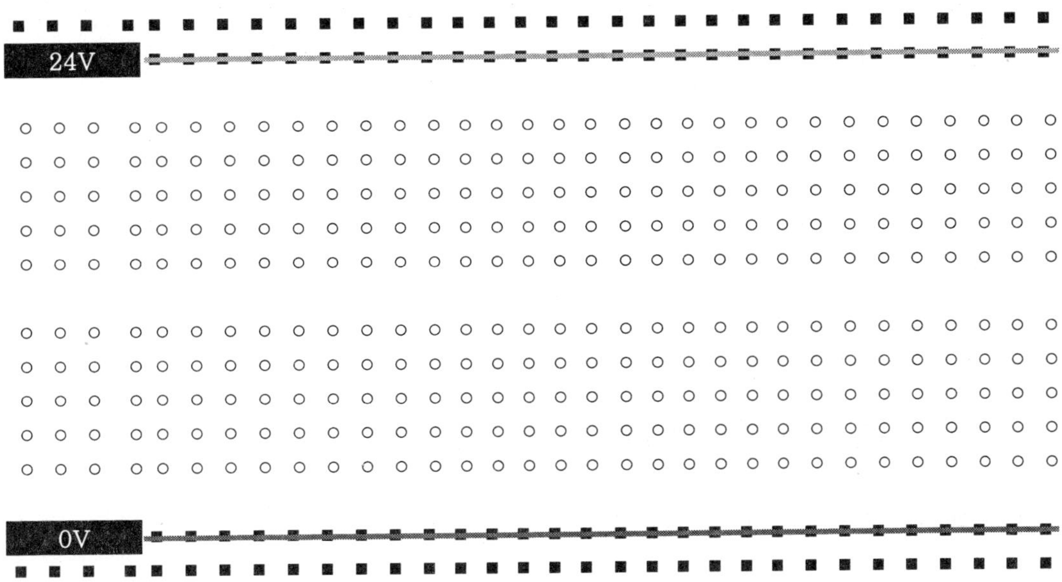

2. PCB에 soldering을 수행하여 작품을 제작하고 다음 물음에 답하시오.

1〉 유의사항

- 릴레이의 종류에 따른 핀번호에 유념하여 설계한다.
- 트랜지스터의 세 단자를 파악한다.
- 제너다이오드는 역방향 바이어스된다.

2〉 동작조건

다음과 같이 동작될 때 완전작동이 된다.

점검 단계	스위치	Relay		Lamp	
	SW1	#1	#2	#1	#2
Battery Bus에로 만 전원이 공급될 때	Neutral	OFF	OFF	No change	No Change
	Bright	ON	OFF	Bright	
	Dim	OFF	ON	OFF	OFF
ESS Bus에로 만 전원이 공급될 때	Neutral	OFF	OFF		Bright
	Bright	OFF	OFF		Bright
	Dim	OFF	OFF		Bright
Battery Bus & Ess Bus에 전원이 공급될 때	Neutral	OFF	OFF		Bright
	Bright	ON	OFF	Bright	Bright
	Dim	OFF	ON	Dim	Dim

3〉 릴레이1과 릴레이2 중에서 각각의 릴레이가 동작하고 있다는 것을 나타낼 수 있도록 구현하는 회로를 만드시오.

토의사항

1. 그림 24-2 회로에서 dim을 구현하는 방법은 무엇인가?

2. 릴레이(relay)의 주된 용도는 무엇인가?

3. 릴레이1로 6핀을 사용한다면 어떻게 연결해야 하나?

4. 만약 제너다이오드 1N4735를 사용한다면 어떤 결과가 나올까?

부 록

[Pressure Warning 계통제어]

1. 회로도 #1

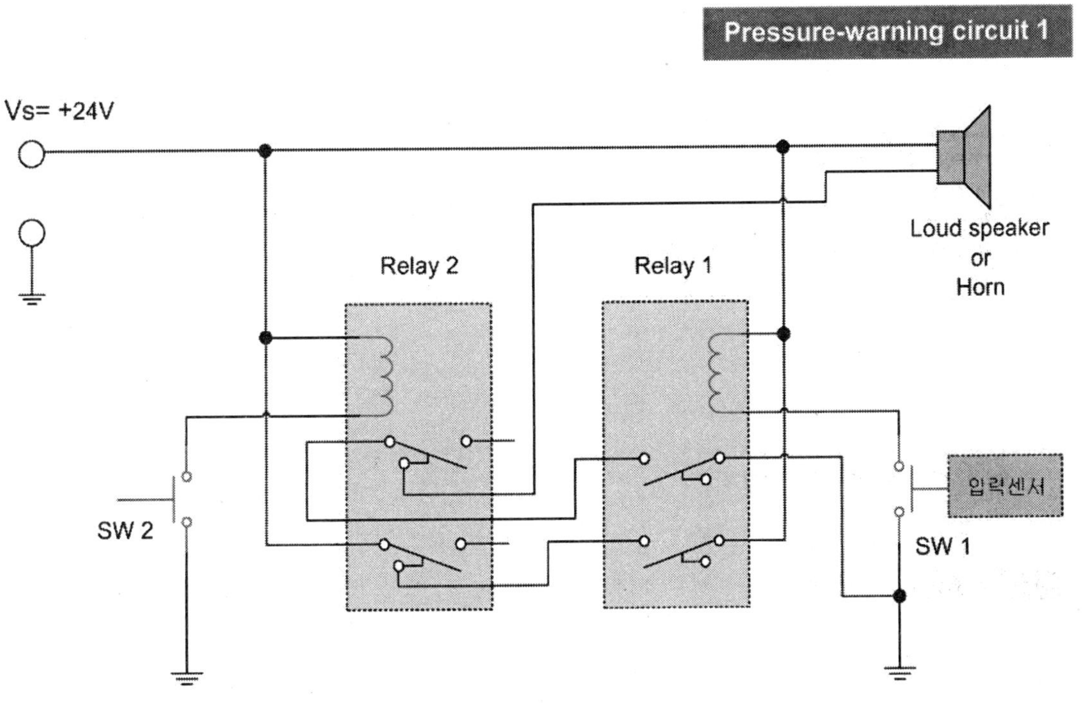

[재료 및 부품]

순번	품 명	규 격	수 량
1	기판	20×40	1개
2	실납	2m	1개
3	3색 단선	1m	1개
4	Relay	DC 24V(8 pins)	2개
5	Relay socket	16 pins	2개
6	Push button switch	2 pins	2개
7	Horn	24V	1개

[작동 점검]

1. 스위치1(SW1)을 누르면(ON) Relay1이 작동하여 스피커에서 소리가 발생한다.
2. 스피커에서 소리가 발생할 때, 스위치2(SW2)를 누르면 Relay2가 동작하여 스피커가 OFF된다.

[회로동작 설명]

위의 회로에 대한 동작과정을 상세히 설명하는데 있어서 각각 소자들의 기능 및 순서대로 연속적인 작동에 관해 나타내시오.

[실습: PCB 상의 회로배치]

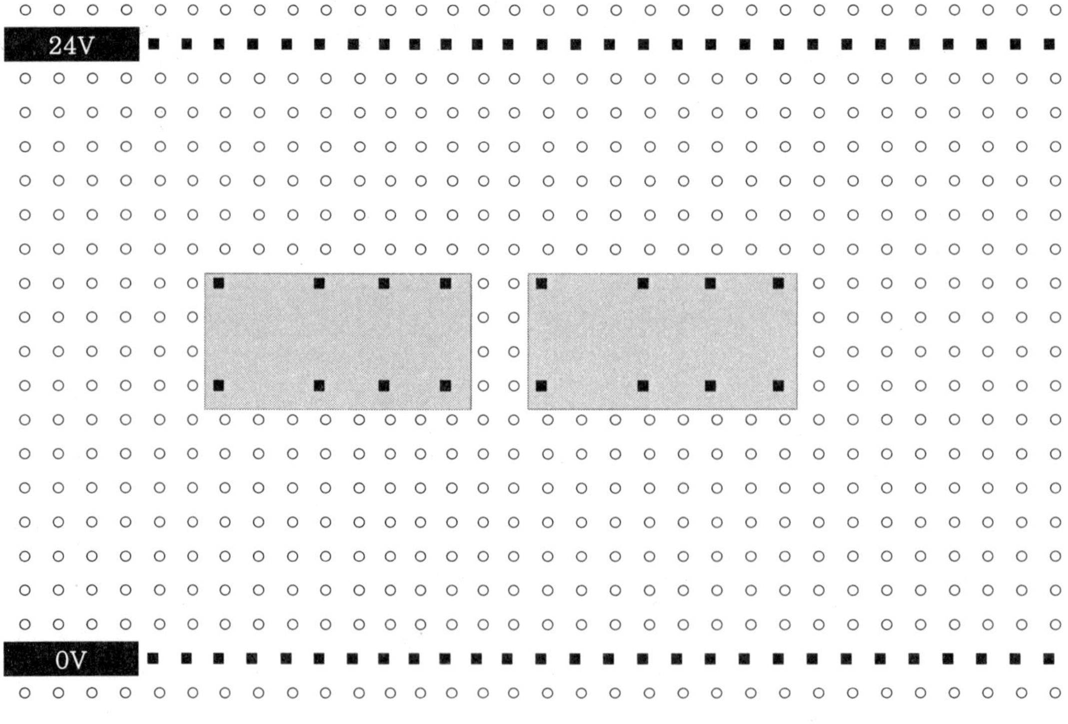

2. 회로도 #2

Pressure-Warning Circuit 2

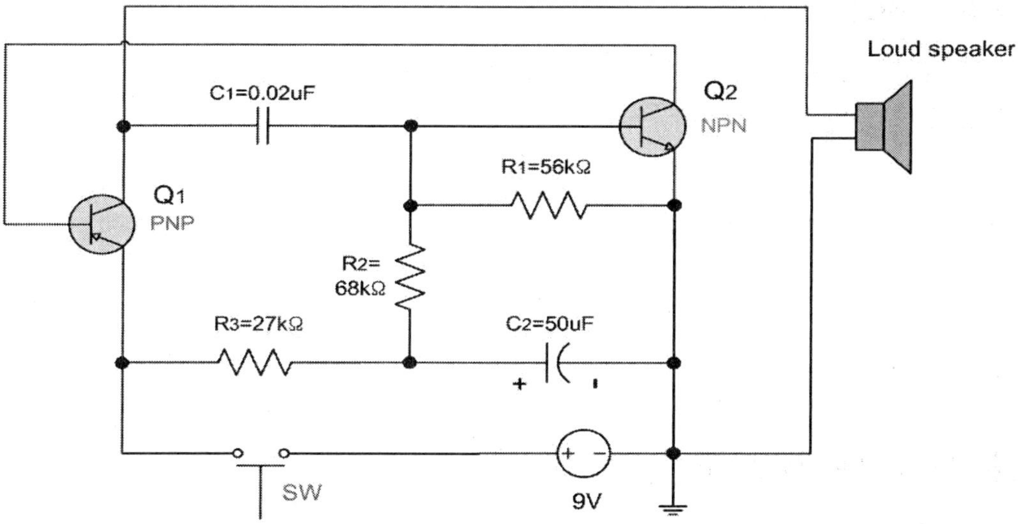

[재료 및 부품]

순번	품 명	규 격	수량
1	기판	20×40	1
2	실납	2m	1
3	3색 단선	1m	1
4	Transistor	2N3904(npn)	1
5	Transistor	A562(pnp)	1
6	Capacitor	$0.02\mu F$	1
7	Resistor	$56k\Omega$	1
8	Resistor	$68k\Omega$	1
9	Resistor	$27k\Omega$	1
10	Push button switch		1
11	Loud speaker	$24V(8\Omega)$	1
12	전해 Capacitor	$50\mu F$	1

[작동 점검]

스위치를 누르면 스피커에서 소리가 발생한다.

[회로동작 설명]

위의 회로에 대한 동작과정을 상세히 설명하는데 있어서 각각 소자들의 기능 및 순서대로 연속적인 작동에 관해 나타내시오.

[실습: PCB 상의 회로배치]

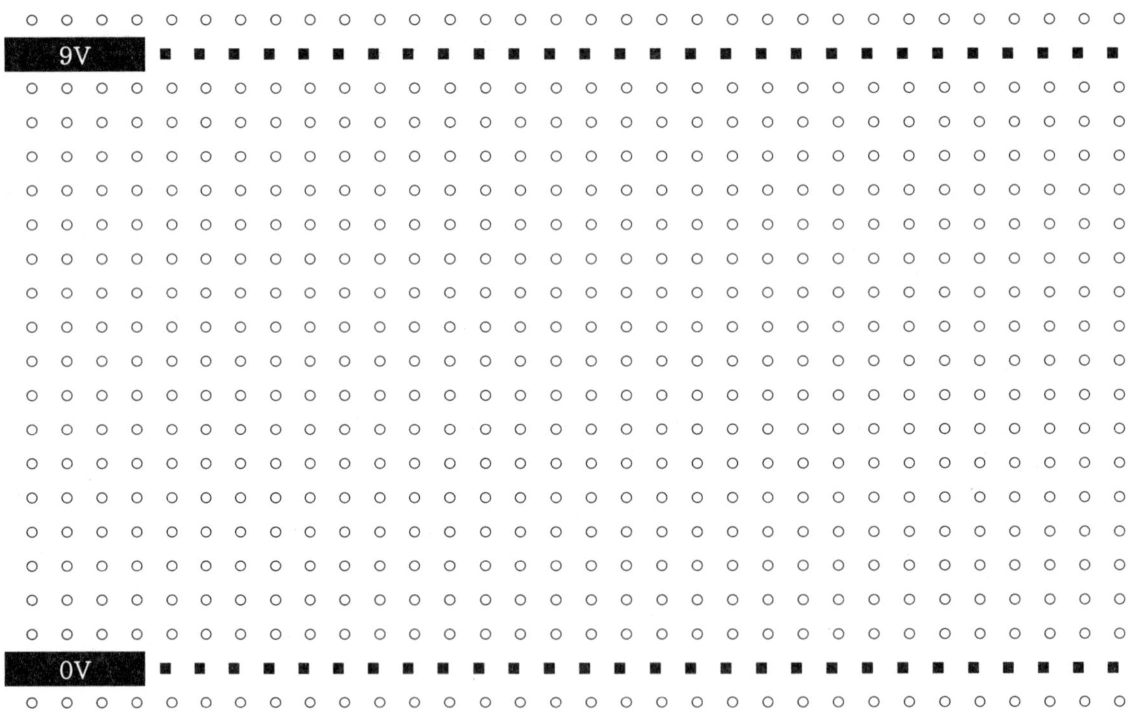

[경고 및 조명계통 제어]

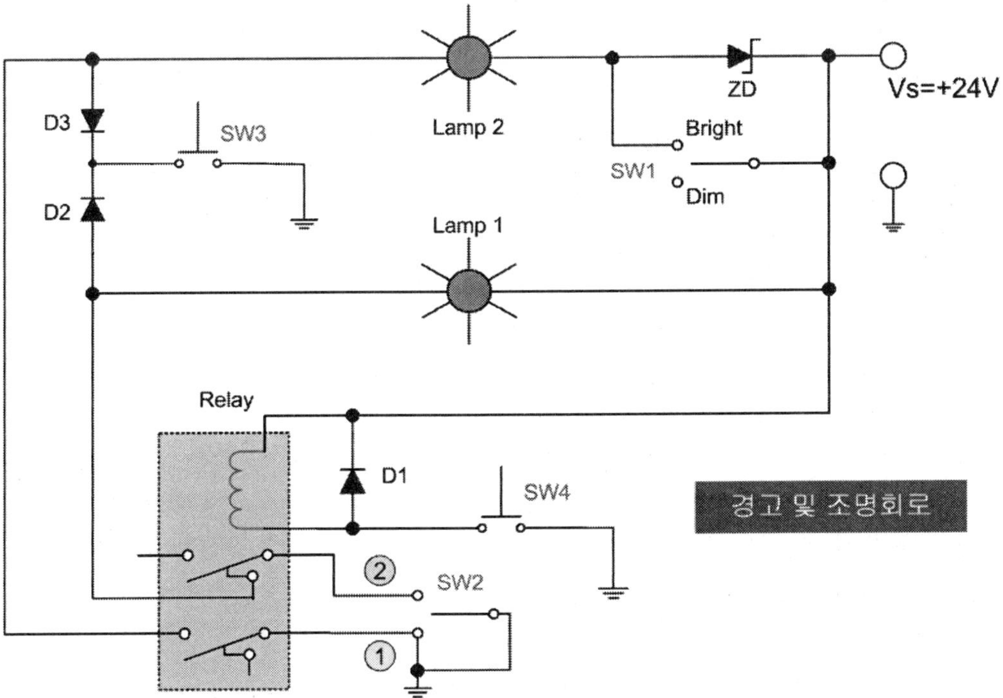

[재료 및 부품]

순번	품 명	규 격	수량	순번	품 명	규 격	수량
1	기판	20×40	1개	6	Push button switch	2 pins	2개
2	실납	2m	1개	7	Toggle switch	2 pins	2개
3	3색 단선	1m	1개	8	Diode	1N4001	3개
4	Relay	DC24V(8 pins)	1개	9	Zener diode	1N4735	1개
5	Relay socket	16 pins	1개	10	Lamp	24V	2개

[작동점검]

1〉 SW1(조도조절 스위치)에 관계없이 SW3(시험스위치)와 SW4(릴레이 스위치)가 OFF시에 SW2 (선택스위치)를 위치①에 놓으면 아무런 동작이 없고 위치②에 놓으면 램프1이 ON된다.

2〉 SW2(선택스위치)에 관계없이 SW3(시험스위치)를 PUSH(ON)하면 램프1, 2가 ON되고 이 때, SW1(조도조절 스위치)를 작동하면 램프2는 Bright, Dim이 동작된다.

3〉 SW2(선택스위치)에 관계없이 SW4(램프2 작동스위치)를 PUSH(ON)하면 Relay가 작동하여 램프1은 OFF되고 램프2는 ON된다. 이 때, SW1(조도조절 스위치)를 작동하면 램프2는 Bright, Dim이 동작된다. 또한 이때, SW3(시험스위치)을 Push(ON)하면 램프1이 ON된다.

4〉 SW2(선택스위치)를 ②의 위치에 놓으면 램프1이 ON되고, SW3(시험스위치)를 Push(ON)하면 램프2가 ON된다. 이 때, SW1(조도조절 스위치)를 작동하면 램프2는 Dim, Bright가 작동된다.

5〉 이 때, SW4(램프2 작동스위치)를 Push(ON)하면 램프1은 OFF되고 램프2는 ON된다.
SW1(조도조절 스위치)의 작동에 의해 램프2는 Dim, Bright로 변환된다.

[회로동작 설명]

위의 회로에 대한 동작과정을 상세히 설명하는데 있어서 각각 소자들의 기능 및 순서대로 연속적인 작동에 관해 나타내시오.

[실습: PCB 상의 회로배치]

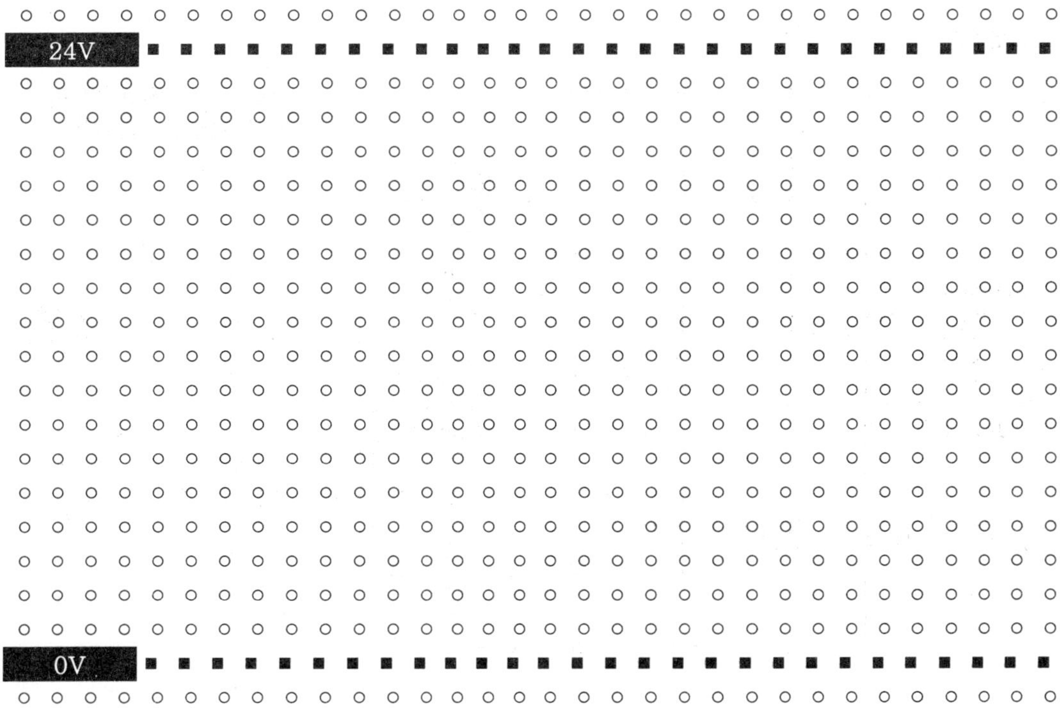

[Smoke Detector]

[회로도]

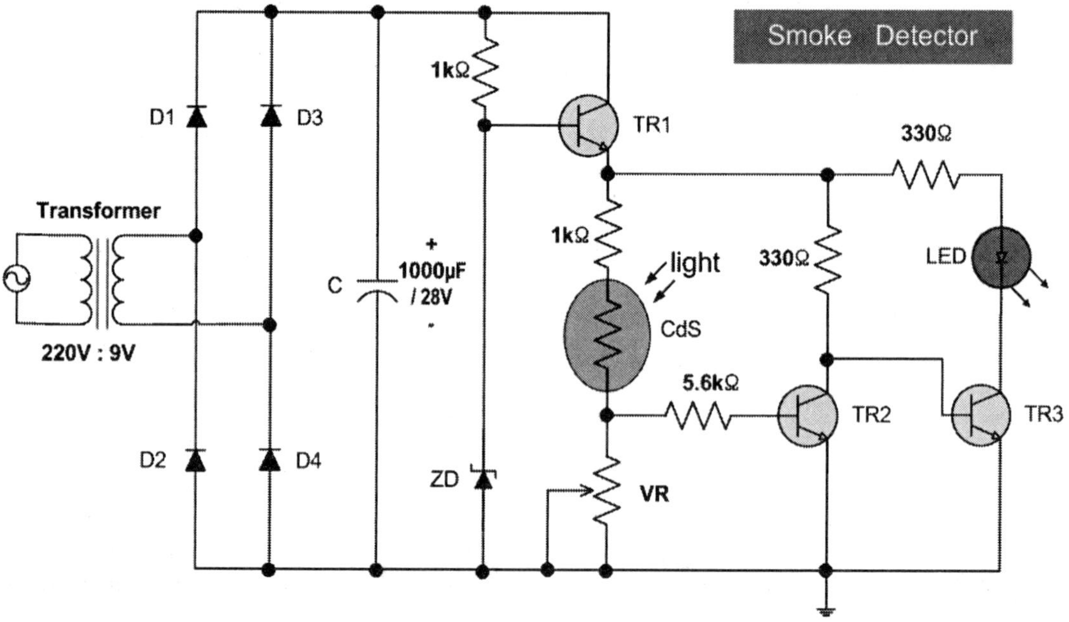

[재료 및 부품]

순번	품 명	규 격	수량	순번	품 명	규 격	수량
1	기판	20×40	1개	9	Resistor	1kΩ	2개
2	실납	2m	1개	10	Resistor	5.6kΩ	1개
3	3색 단선	1m	1개	11	가변저항(*VR*)	1kΩ	1개
4	Transistor	C1959	3개	12	Transformer	220V/9V	1개
5	Diode	1N4001	4개	13	CdS	中	1개
6	Zener Diode	1N4735	1개	14	전해 Capacitor	1,000μF/28V	1개
7	LED	4Φ (小)	1개	15	전원선	1m(plug포함)	1개
8	Resistor	330Ω	2개	16			

[작동점검]

단계별 점검사항	LED(화재경고등)	판정
CdS에 광원(빛)을 가렸을 경우	ON	완전작동
CdS에 광원(빛)을 가렸을 경우	OFF	불완전작동
CdS에 광원(빛)의 변화를 주었을 경우	변화없음	실격
VR(센서 감도조절기)을 변화 주었을 경우	ON/OFF로 변화	변화되어야 함

[회로동작 설명]

위의 회로에 대한 동작과정을 상세히 설명하는데 있어서 각각 소자들의 기능 및 순서대로 연속적인 작동에 관해 나타내시오.

1) 유의사항

- 전해 커패시터의 극성에 유의하여 연결하고 만약 맞지 않으면 부풀어져 터진다.
- 제너다이오드 및 LED의 극성도 맞게 연결한다.
- 각 트랜지스터의 이미터, 베이스 및 컬렉터 단자를 구분하여 맞게 연결한다.

2) 다음 표를 완성하시오.

*CdS*의 상태에 따라 각 트랜지스터 및 *LED*를 ON/OFF로 표시하시오.

	CdS	*TR*1	*TR*2	*TR*3	LED
동작 상태	no light				
	in light				

[실습: PCB 상의 회로배치]

[조명계통 제어]

1. 회로도 #1

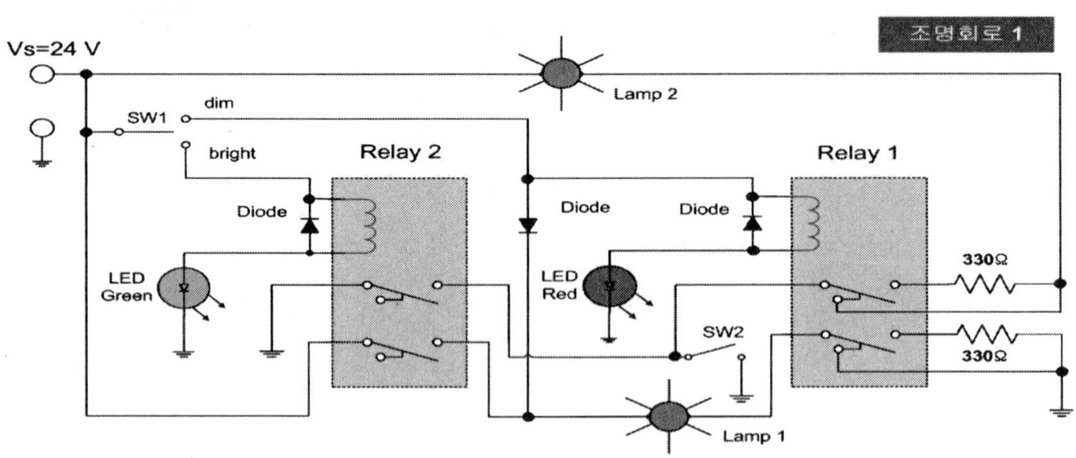

[재료 및 부품]

순번	품 명	규 격	수량	순번	품 명	규 격	수량
1	기판	20×40	1개	8	Resistor	330Ω	2개
2	실납	2m	1개	9	Diode	1N4001	3개
3	3색 단선	1m	1개	10	LED	4ø (小)	2개
4	Relay	DC 24V (8pin)	2개	11	Lamp	24V (小)	2개
5	Relay socket	DC 24V (8pin)	2개	12			
6	Toggle switch	2 pin (小)	1개	13			
7	Toggle switch	3 pin (小)	1개	14			

[작동점검]

점검단계	SW2	Relay		Lamp		LED	
		#1	#2	#1	#2	Green	Red
SW1이 중립일 때	Push(on)	OFF	OFF	OFF	ON	OFF	OFF
SW1이 Bright일 때	관계없음	OFF	ON	Bright	Bright	ON	OFF
SW1이 Dim일 때	OFF	ON	OFF	Dim	OFF	OFF	ON
	Push(on)	ON	OFF	Dim	Dim	OFF	ON

[회로동작 설명]

위의 회로에 대한 동작과정을 상세히 설명하는데 있어서 각각 소자들의 기능 및 순서대로 연속적인 작동에 관해 나타내시오.

[실습: PCB 상의 회로배치]

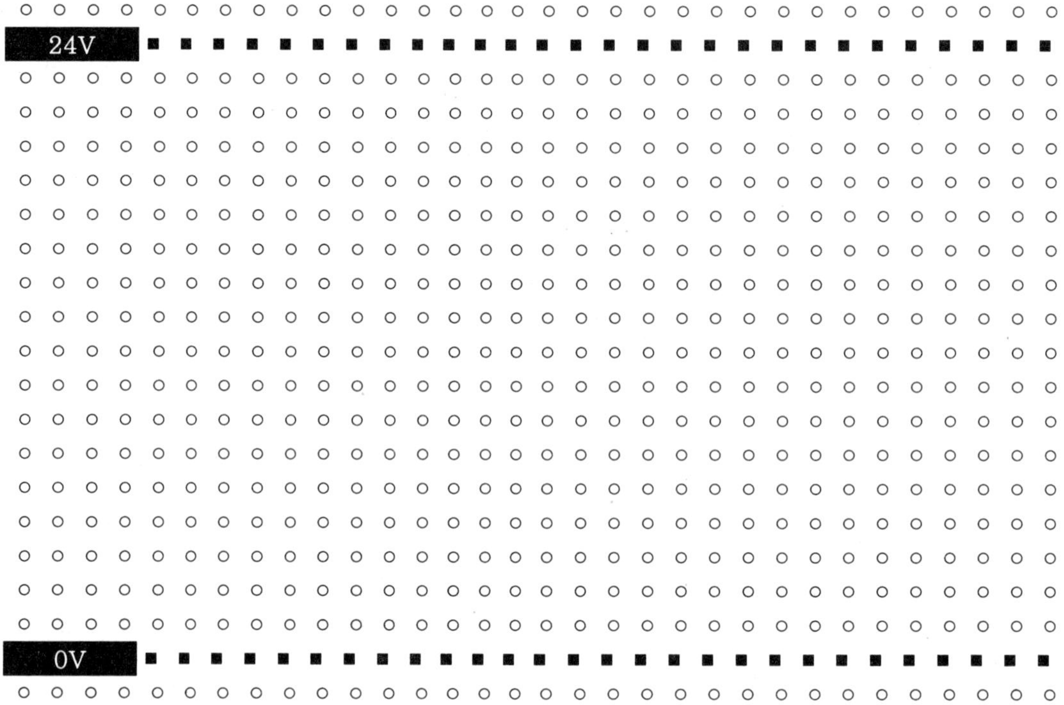

2. 회로도 #2

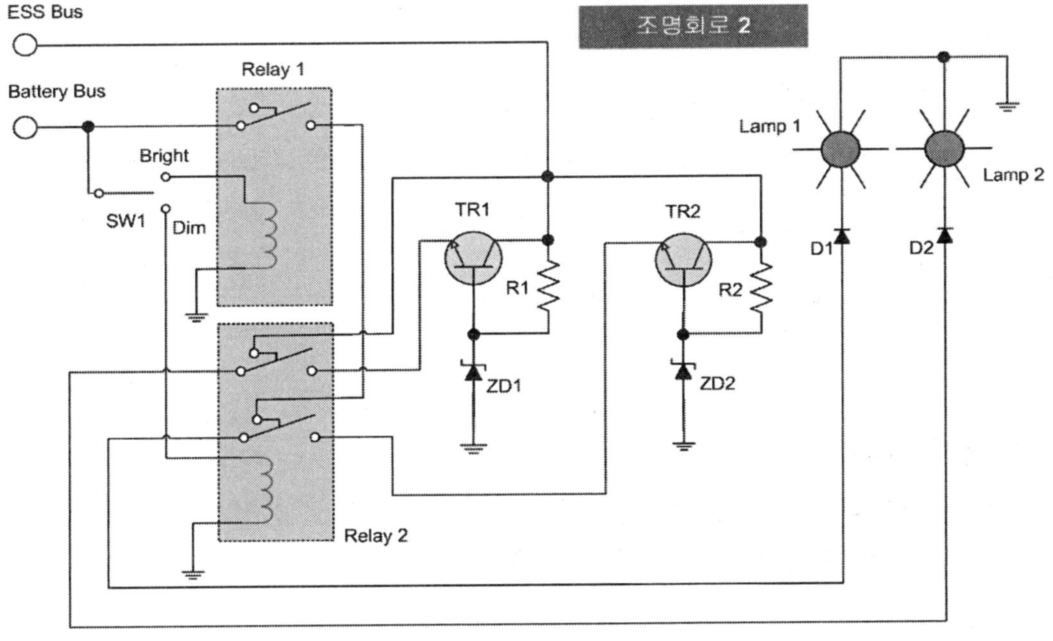

[재료 및 부품]

순번	품 명	규 격	수량	순번	품 명	규 격	수량
1	기판	20×40	1개	8	Resistor	330Ω	2개
2	실납	2m	1개	9	Diode	IN4001	2개
3	3색 단선	1m	1개	10	Zener Diode	1N4742(12V)	2개
4	Relay	DC 24V (8pin)	2개	11	Lamp	24V (小)	2개
5	Relay socket	DC 24V (8pin)	2개	12			
6	Toggle switch	3 pin (小)	1개	13			
7	Transistor	C1959	2개	14			

[작동점검] 다음과 같이 동작될 때 완전작동이 된다.

점검 단계	스위치	Relay		Lamp	
	SW1	#1	#2	#1	#2
Battery Bus에로 만 전원이 공급될 때	Neutral	OFF	OFF	No change	No Change
	Bright	ON	OFF	Bright	
	Dim	OFF	ON	OFF	OFF
ESS Bus에로 만 전원이 공급될 때	Neutral	OFF	OFF		Bright
	Bright	OFF	OFF		Bright
	Dim	OFF	OFF		Bright
Battery Bus & Ess Bus에 전원이 공급될 때	Neutral	OFF	OFF		Bright
	Bright	ON	OFF	Bright	Bright
	Dim	OFF	ON	Dim	Dim

[회로동작 설명]

위의 회로에 대한 동작과정을 상세히 설명하는데 있어서 각각 소자들의 기능 및 순서대로 연속적인 작동에 관해 나타내시오.

[PCB 상의 회로배치]

▶ 8핀 릴레이 2개

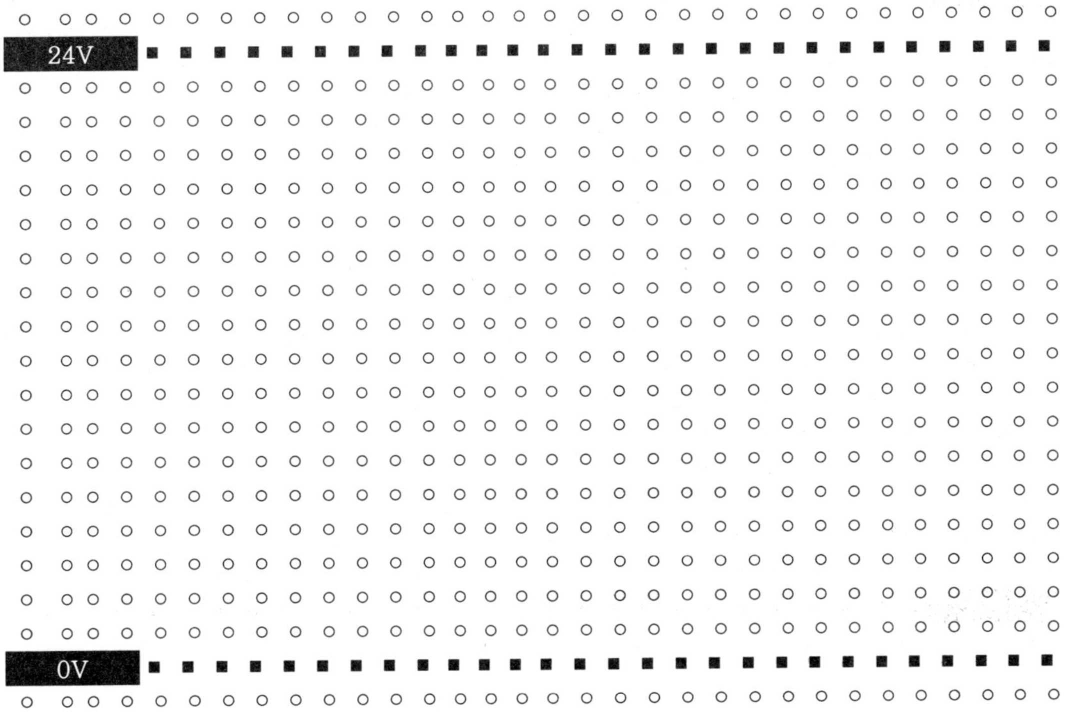

▶ **8핀 릴레이1개, 4핀 릴레이 1개**

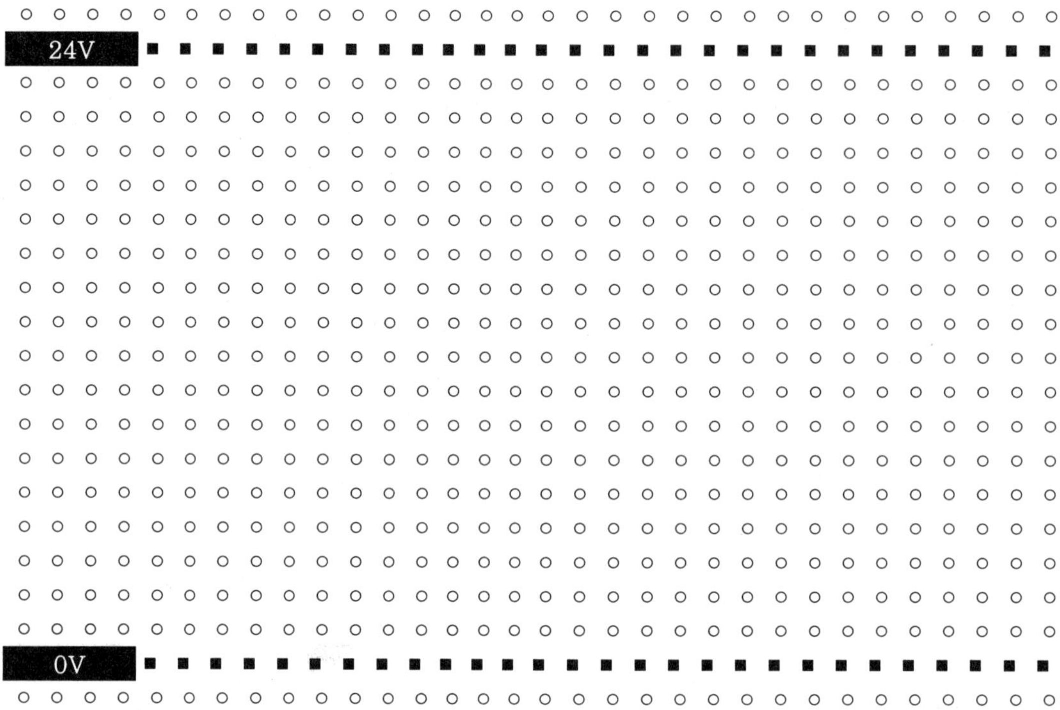

3. 회로도 #3

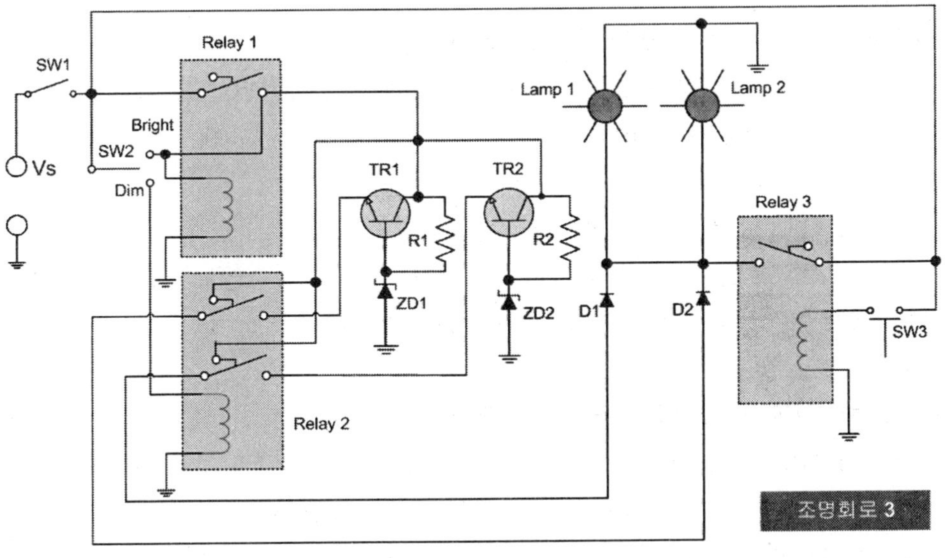

[재료 및 부품]

순번	품 명	규 격	수량	순번	품 명	규 격	수량
1	기판	20×40	1개	8	Toggle switch	3 pin (小)	1개
2	실납	2m	1개	9	Transistor	C1959	2개
3	3색 단선	1m	1개	10	Resistor	330Ω	2개
4	Relay	DC 24V(8pin)	3개	11	Diode	1N4001	2개
5	Relay soket	DC 24V(8pin)	3개	12	Zener Diode	1N4742	2개
6	Push button sw	2 pin (小)	1개	13	Lamp	24V (小)	2개
7	Toggle switch	2 pin (小)	1개	14			

[작동점검]

1. SW2가 중립일 때
   - SW1이 OFF시 작동없음(SW3도 관계없음)
   - SW1을 ON시 작동없음, 이때 SW3을 Push하면 Relay3이 작동하고, Lamp1,2,는 ON(Bright)
2. SW2가 Bright일 때
   - SW1이 OFF시 작동없음(SW3도 관계없음)
   - SW1이 ON시 Relay1 작동하고, Lamp1,2,는 ON(Bright)되고, 이때 SW3를 Push시 Realy3은 작동하고, Lamp는 변화 없음
3. SW2가 Dim일 때
   - SW1이 OFF시 작동없음(SW3도 관계없음)
   - SW1이 ON시 Relay2가 작동하고, Lamp1,2는 OFF되고 이때 SW3를 Push시 Relay는 작동하고 Lamp1,2는 On(Bright)된다.
4. SW1을 ON하고 SW2를 Bright로 놓으면 Relay1이 작동되고, Lamp1,2는 ON(Bright)되고, 이때 SW3를 Push하면 Relay3은 작동하고 변화는 없음. 이때 SW2를 중립으로 놓으면 Relay2가 작동하고, Lamp1,2가 ON(Dim)된다. 또한, 이때 SW3를 Push시 Relay3가 작동하고, Lamp1,2는 Bright가 된다. SW2가 Dim일 때는 중립과 동일하다.

[회로동작 설명]

위의 회로에 대한 동작과정을 상세히 설명하는데 있어서 각각 소자들의 기능 및 순서대로 연속적인 작동에 관해 나타내시오.

[실습: PCB 상의 회로배치]

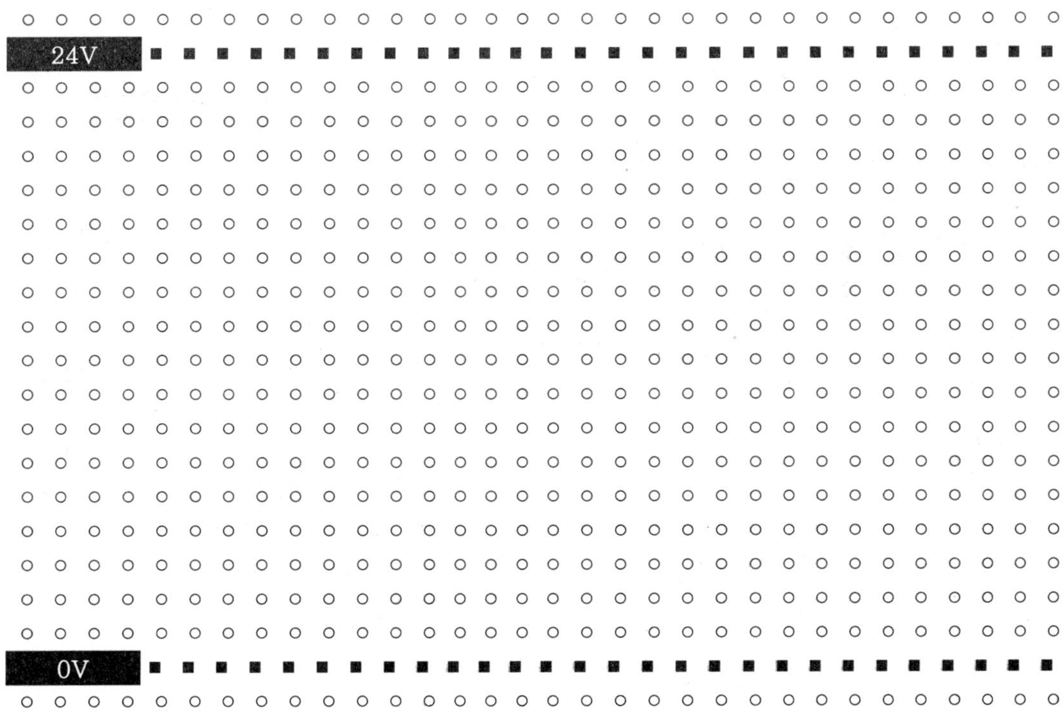

[APU 제어]

[회로도]

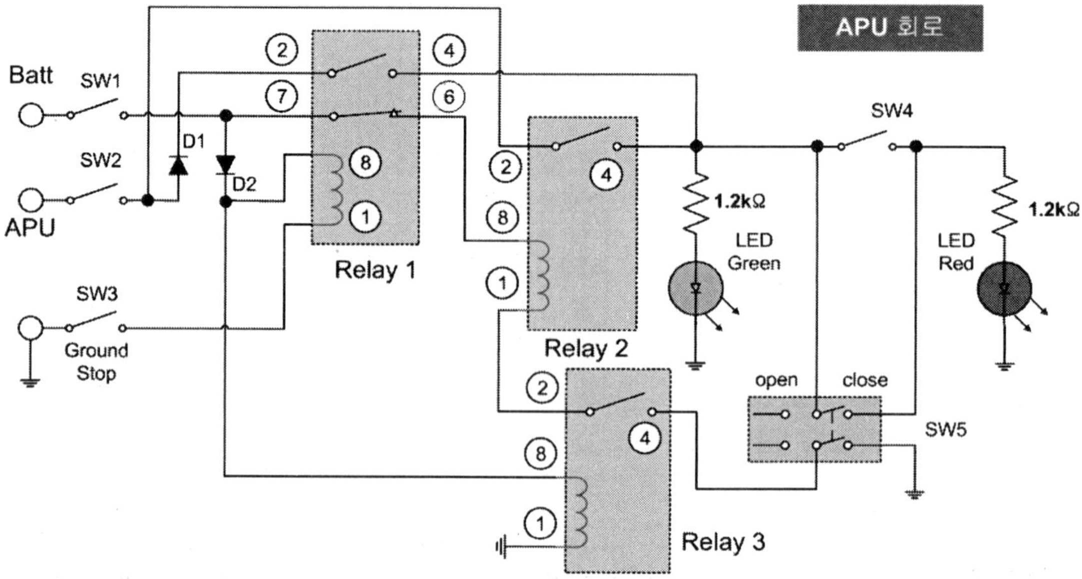

[재료 및 부품]

순번	품 명	규 격	수량	순번	품 명	규 격	수량
1	기판	20×40	1개	6	Toggle switch	3 pin (小)	4개
2	실납	2m	1개	7	Toggle switch	6 pin (小)	1개
3	3색 단선	1m	1개	8	LED	적, 녹	각1개
4	Relay	DC 24V (8pin)	3개	9	Diode	1N4001	2개
5	Relay socket	DC 24V (8pin)	3개	10	Resistor	1.2$k\Omega$	2개

[작동점검]

1. 완전작동이란?

가. 지상에서 문을 열 때

a. SW4는 Open(OFF), SW5는 Close(ON)에 놓는다. SW3는 OFF한다.

b. SW1과 SW2는 ON이면 LED(청색)과 LED(적색)에 불이 켜진다.

c. SW3을 닫아도 LED(녹색)과 LED(적색)에는 불이 켜진다.

d. SW1이나 SW2중 한 개의 스위치를 OFF하여도 LED(녹색)과 LED(적색)은 불이 꺼진다.

나. 지상에서 문을 닫을 때

a. SW1, SW2를 OFF한다. SW4는 Close에 놓는다.

b. SW3과 GND STOP(ON)에 놓는다.

c. SW1과 SW2는 ON한다. LED(녹색)과 LED(적색)에 불이 켜진다.

2. 불완전작동이란? : 지상에서 열림 한개 과정만 동작하는 상태

[회로동작 설명]

위의 회로에 대한 동작과정을 상세히 설명하는데 있어서 각각 소자들의 기능 및 순서대로 연속적인 작동에 관해 나타내시오.

[PCB 상의 회로배치]

〈1〉 8핀 릴레이 3개

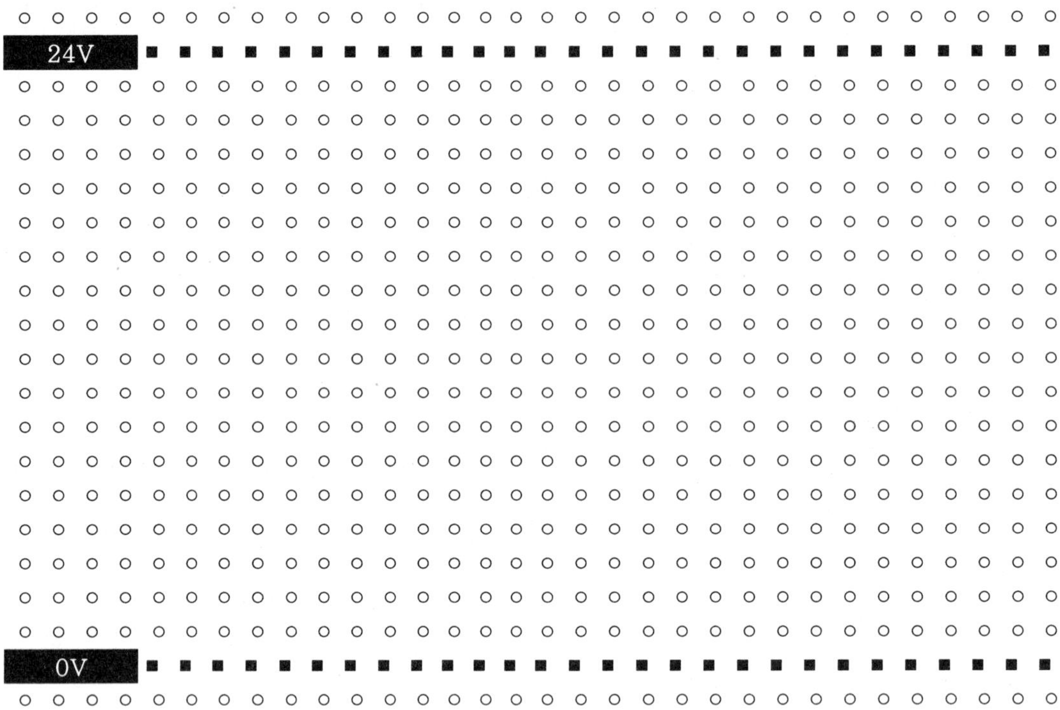

〈2〉 8핀 릴레이 1개, 6핀 릴레이 2개

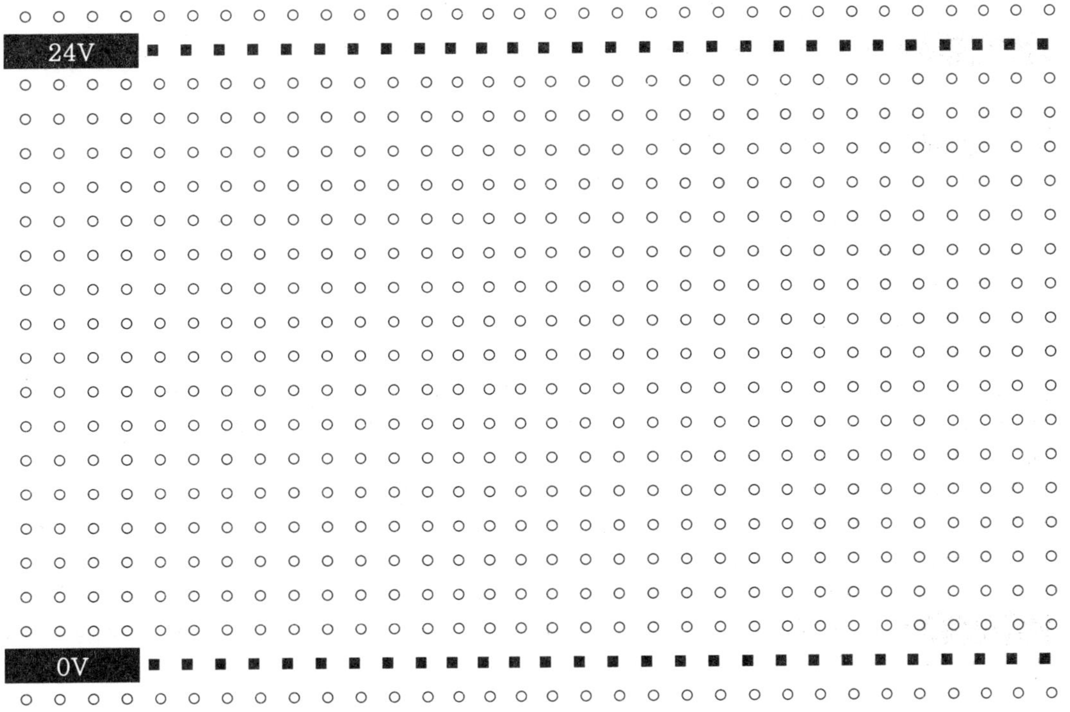

〈3〉 8핀 릴레이 1개, 4핀 릴레이 2개

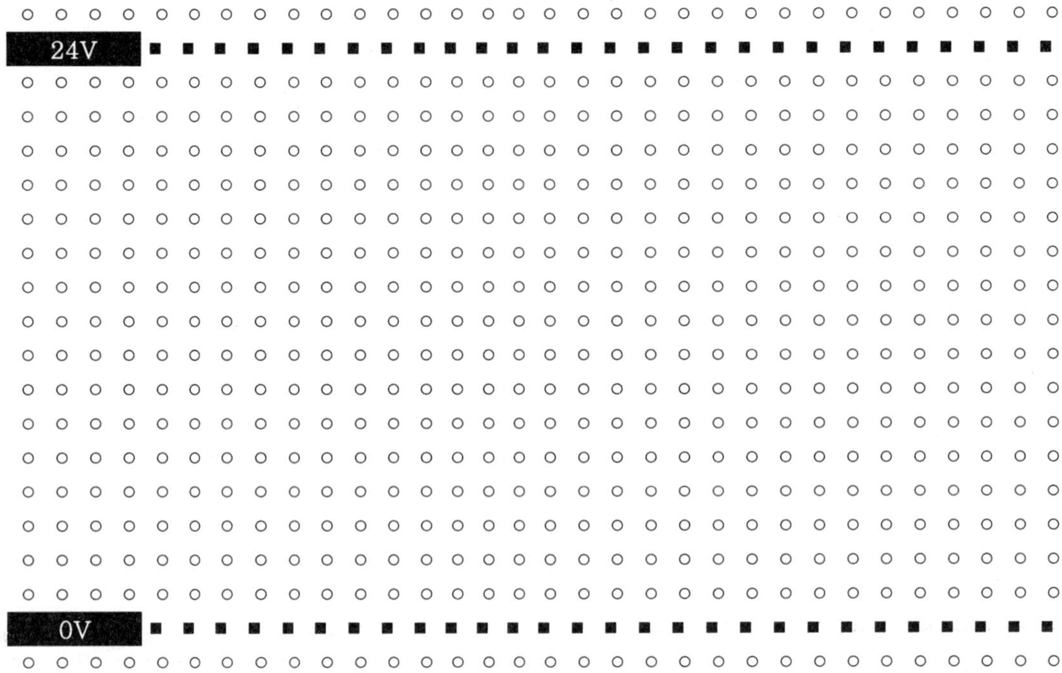

[부록회로 답안]

1. Pressure Warning 계통제어

[1] 회로도 #1

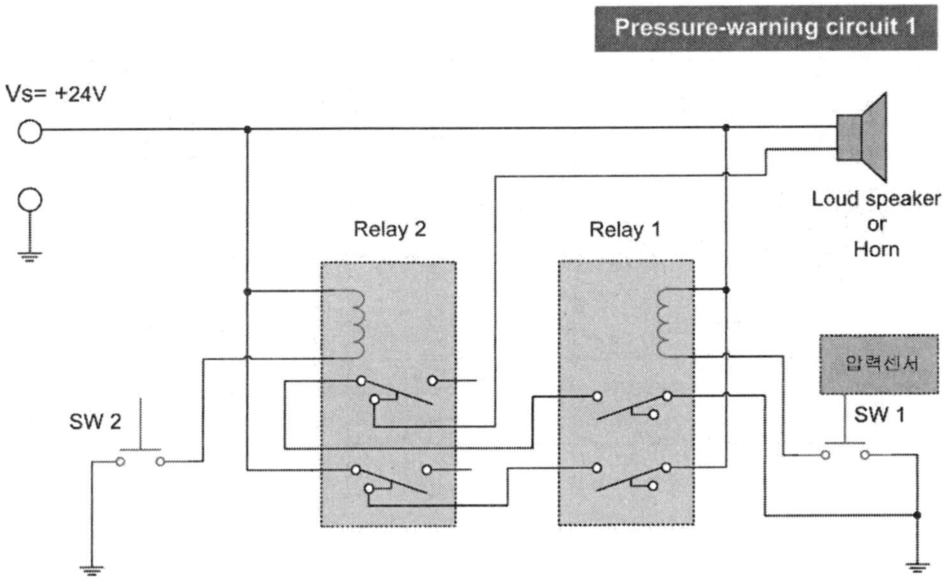

[2] PCB 제작

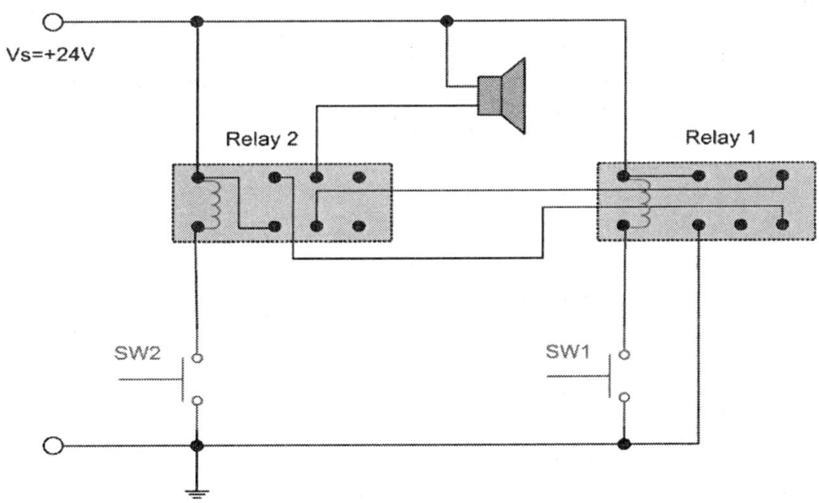

2. 경고회로

[1] 회로도

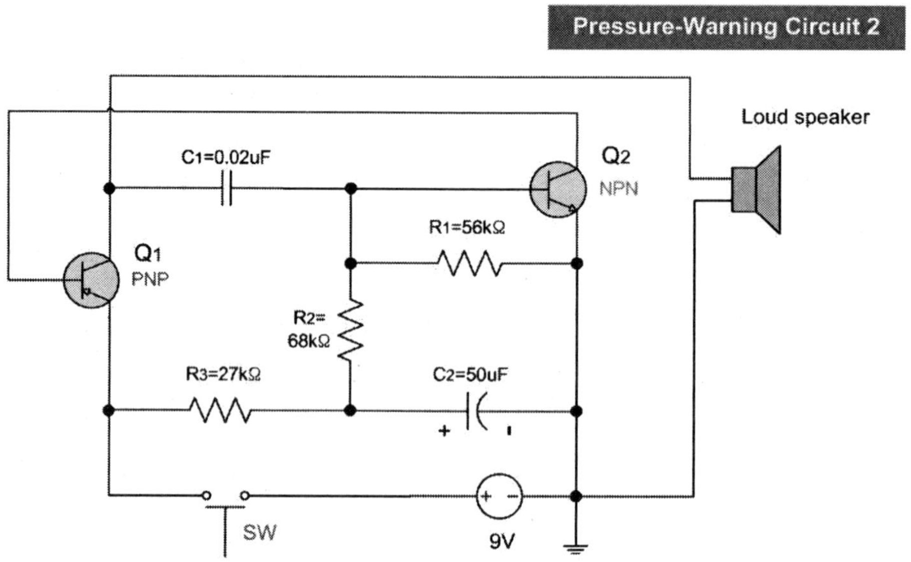

[2] PCB 제작

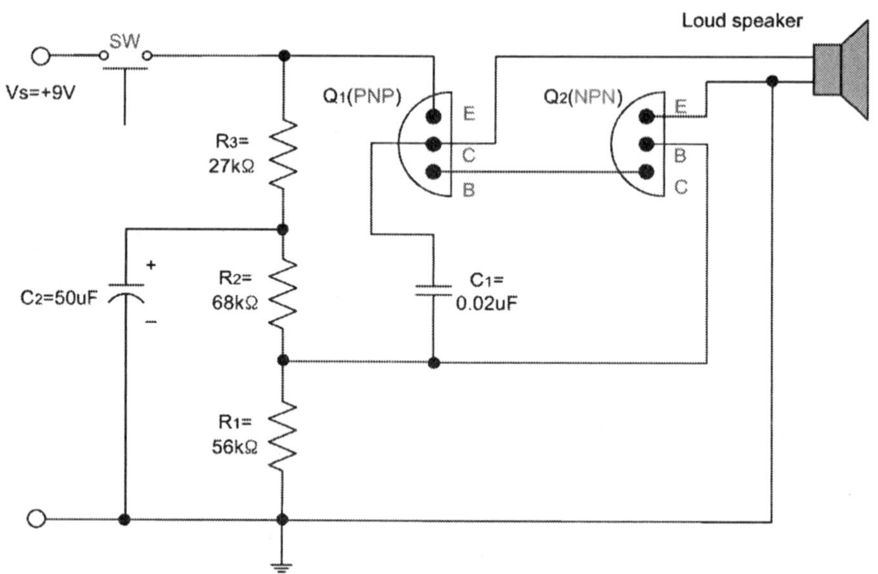

3. 연기탐지기: Smoke Detector

[1] 회로도

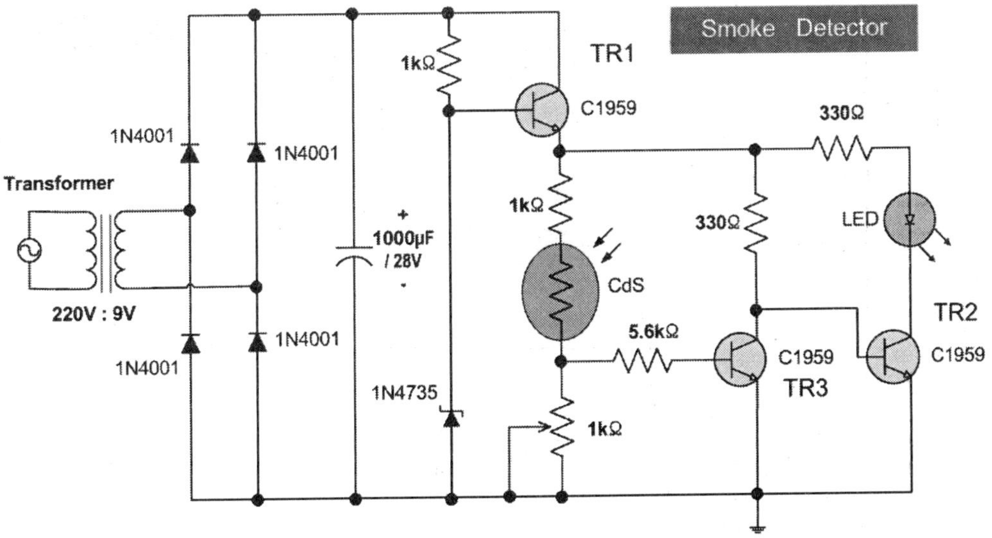

[2] PCB 제작

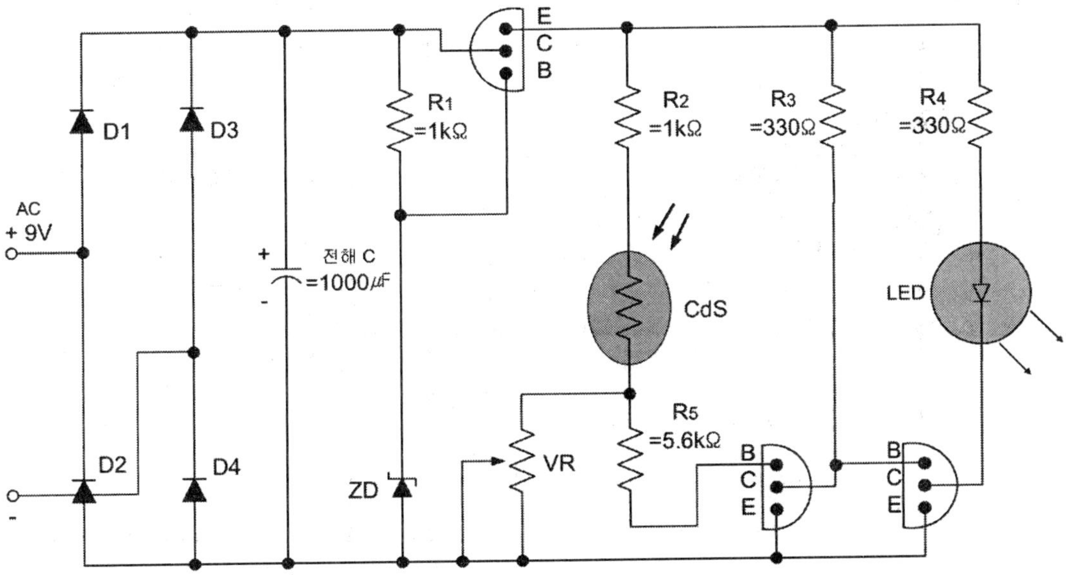

4. 조명계통 제어 1

[1] 회로도

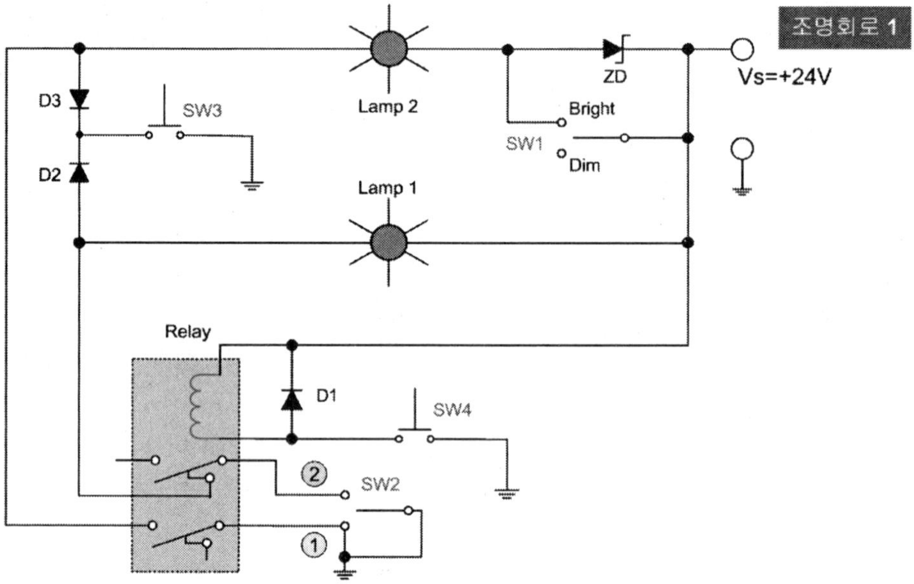

[2] PCB 제작

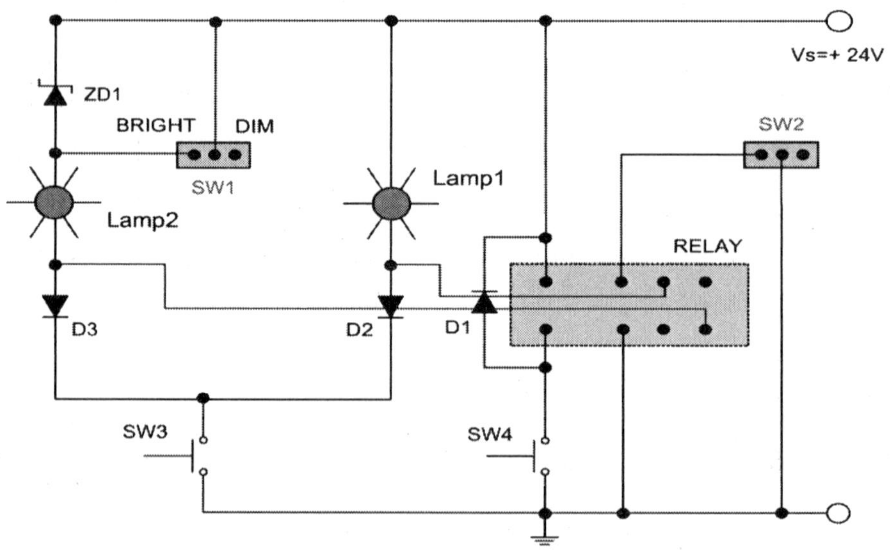

5. 조명계통 제어 2

[1] 회로도

조명회로 2

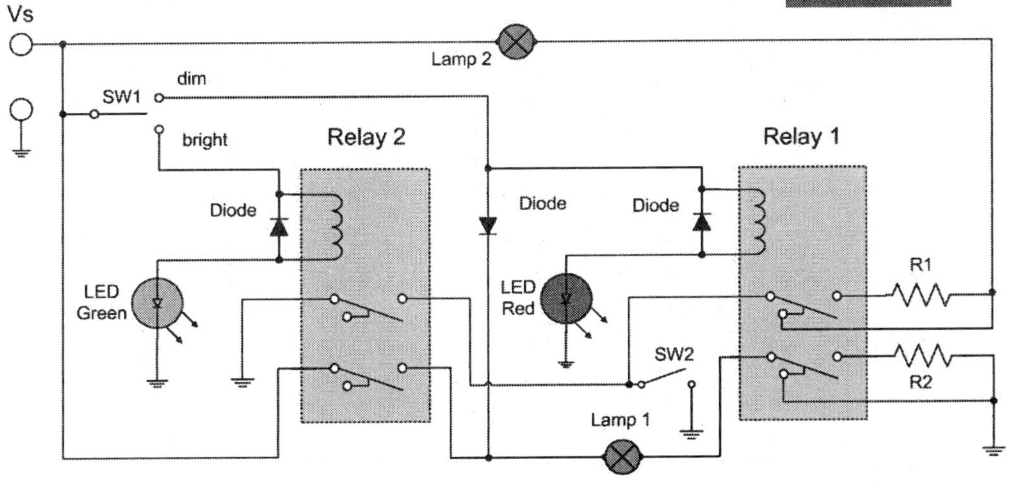

[2] PCB 제작

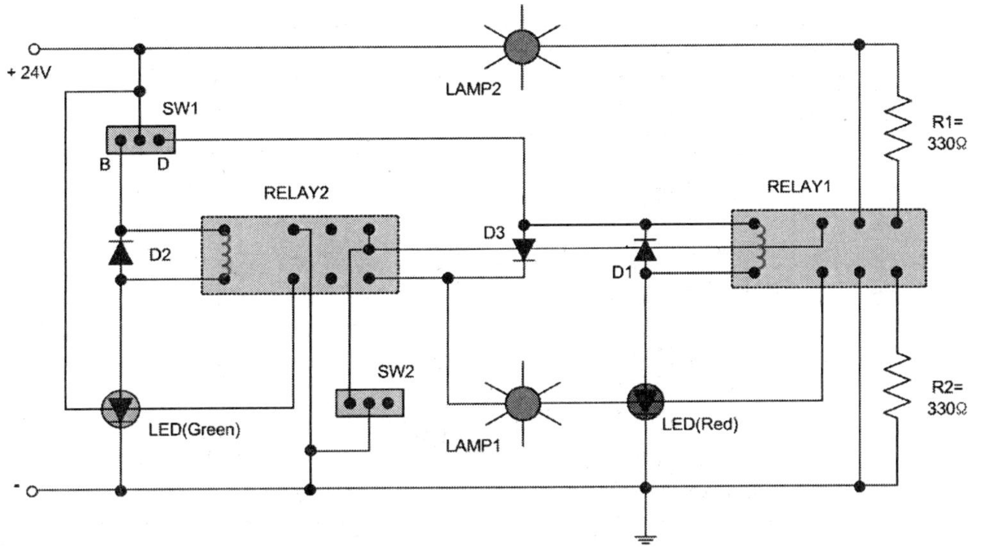

6. 조명계통 제어 3

[1] 회로도

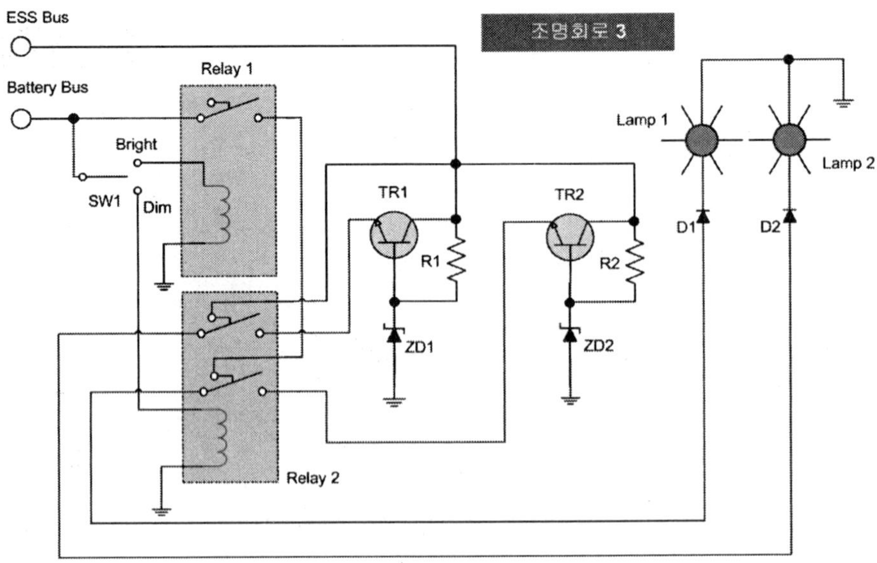

[2] PCB 제작

⟨1⟩ 8핀 릴레이 2개

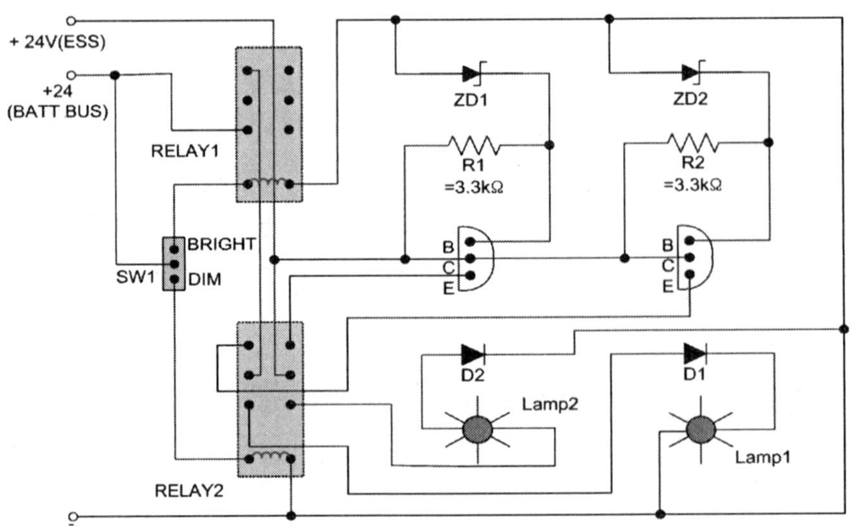

〈2〉 8핀 릴레이1개, 4핀 릴레이 1개

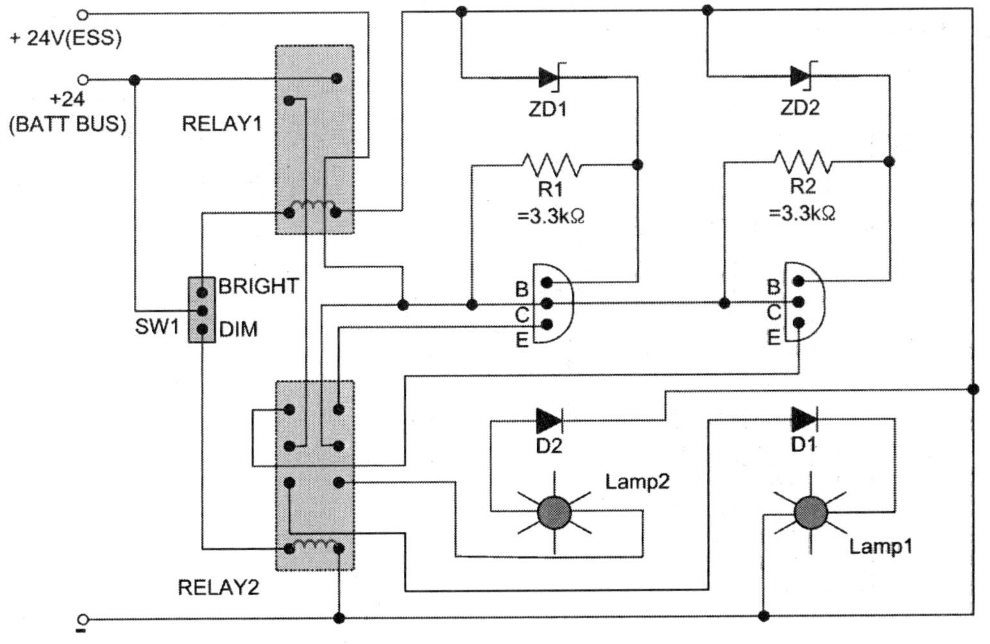

7. 조명계통 제어 4

[1] 회로도

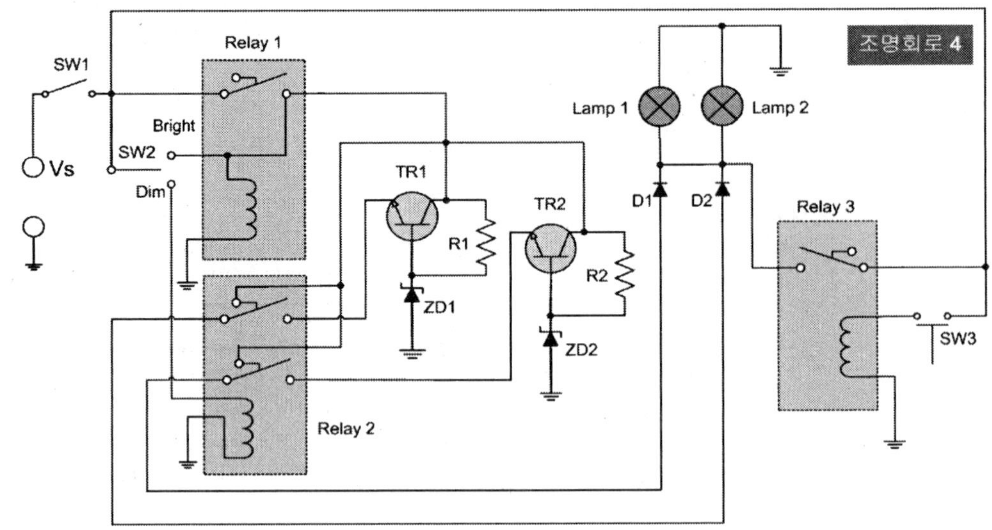

[2] PCB 제작

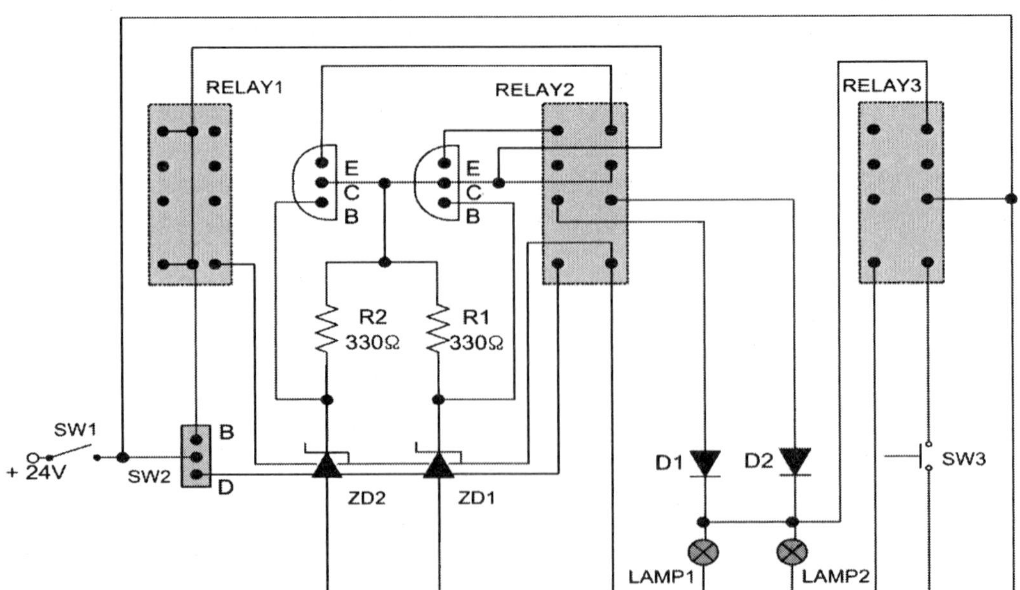

8. APU 제어

[1] 회로도

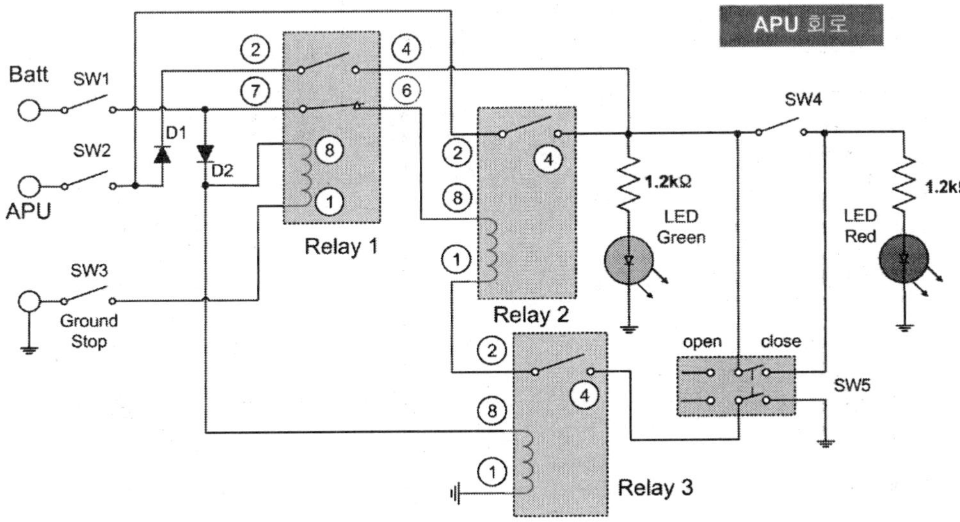

[2] PCB 제작

〈1〉 8핀 릴레이 3개

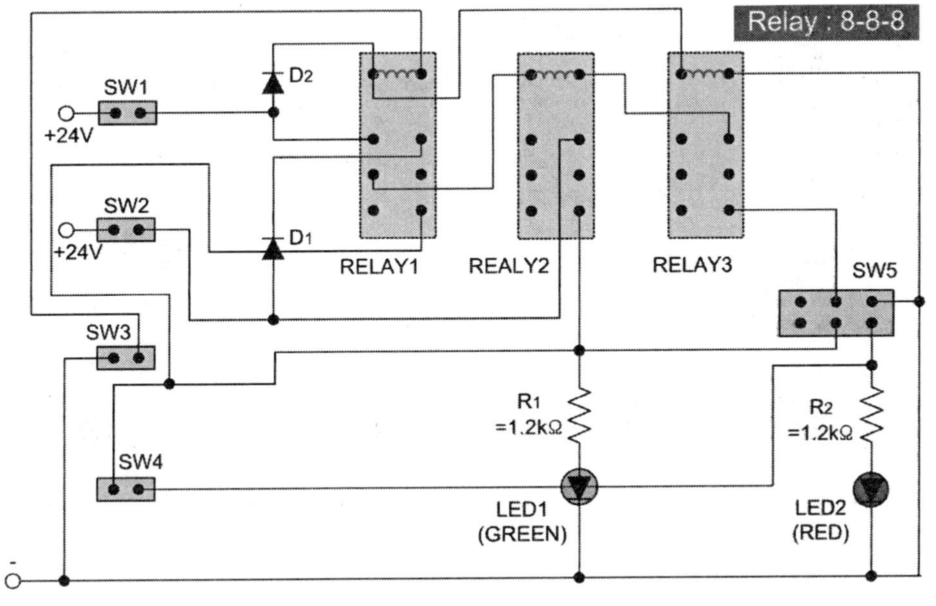

〈2〉 8핀 릴레이 1개, 6핀 릴레이 2개

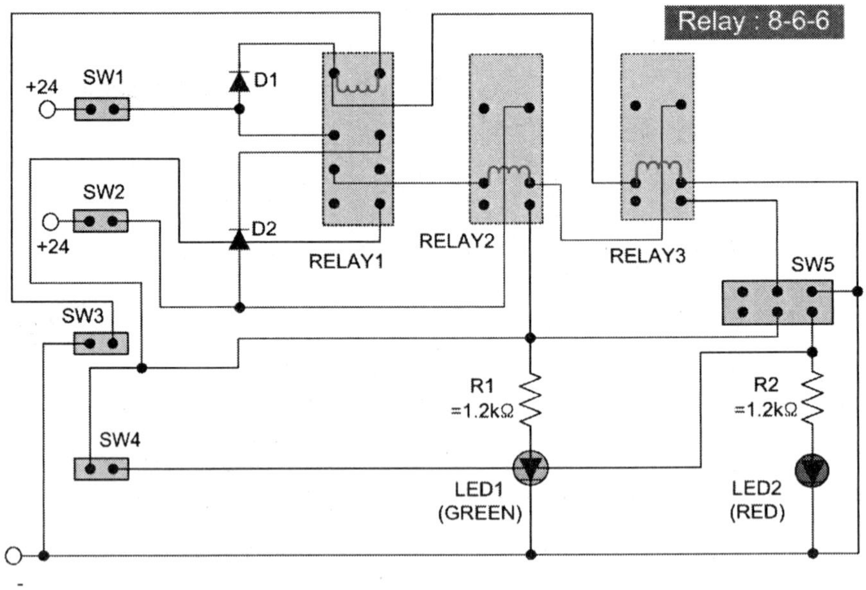

〈3〉 8핀 릴레이 1개, 4핀 릴레이 2개

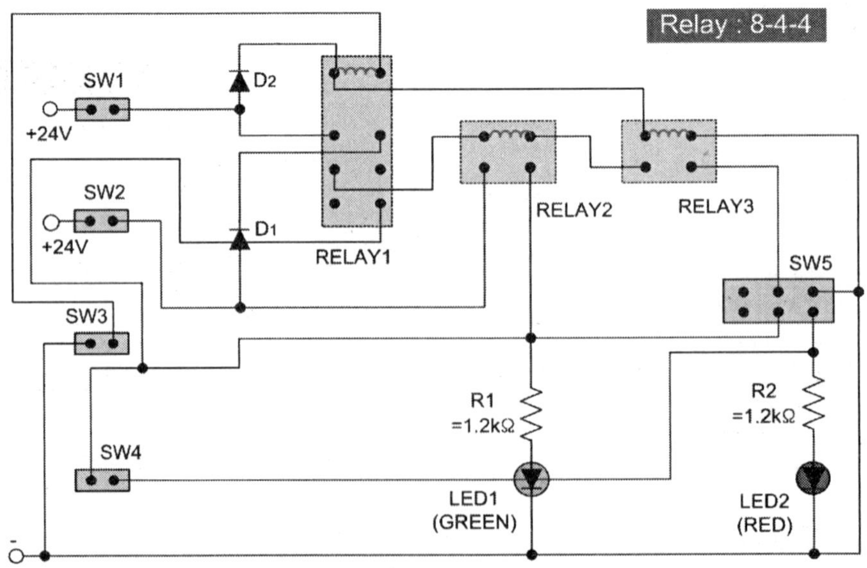

저자소개

오상광

공학박사
SDI 연구원 및 대호아이엔티 기술고문
창신대학교 교수

박윤명

공학박사
LG전자 선임연구원
동원과학기술대학교 항공정비과 학과장

김정래

동국대학교 전기전자공학대학원
육군항공작전사령부 인사참모
여주대학교 군사학부 교수

송병호

기계항공공학박사
항공(기술사, 기능장, 정비사)
구미대학교 헬기정비과 학과장

신동호

한양대학원 전자공학 석사
국방대학교 국방과학 석사
서울벤처대학원 경영학 박사
육본, 합참, 연합사 등 정책부서 근무
국제대학교 군사학과 학과장